全国高职高专印刷与包装类专业教学指导委员会规划统编教材
国家精品课程“包装材料性能检测及选用”主讲教材
国家示范性高等职业院校建设计划重点建设专业核心课程教材

包装材料性能检测及选用

郝晓秀 主 编
孙 诚 主 审
郝晓秀 曹 菲 付春英 编 著

中国轻工业出版社

图书在版编目（CIP）数据

包装材料性能检测及选用/郝晓秀主编．—北京：中国轻工业出版社，2025.2

国家示范性高等职业院校建设计划重点建设专业核心课程教材

ISBN 978-7-5019-7449-8

Ⅰ.①包…　Ⅱ.①郝…　Ⅲ.①包装材料-性能-检测-高等学校：技术学校-教材　Ⅳ.①TB484

中国版本图书馆 CIP 数据核字（2009）第 234250 号

责任编辑：杜宇芳

策划编辑：林　媛　　责任终审：劳国强　　封面设计：白利波

版式设计：王超男　　责任校对：燕　杰　　责任监印：张　可

出版发行：中国轻工业出版社（北京鲁谷东街 5 号，邮编：100040）

印　　刷：三河市万龙印装有限公司

经　　销：各地新华书店

版　　次：2025 年 2 月第 1 版第 9 次印刷

开　　本：787 × 1092　1/16　印张：10.25

字　　数：243 千字

书　　号：ISBN 978-7-5019-7449-8　　定价：34.00 元

邮购电话：010 - 85119873

发行电话：010 - 85119832　010 - 85119912

网　　址：http://www.chlip.com.cn

Email：club@chlip.com.cn

250228J2C109ZBW

前言

包装是为在流通过程中保护产品、方便运输、促进销售，并按一定技术方法采用容器、材料及辅助物等以及为达到上述目的而采用的一些技术措施的总称。随着各行各业产品竞争的日趋激烈，产品的包装已由商品的附属地位逐步演变成为商品的重要组成部分。包装工业的发展和进步，大多体现在新型包装材料和工艺技术的开发和应用方面。包装新技术的开发，主要取决于包装材料的性能、包装机械的自动化程度以及包装设计者的专业水平。因此，只有具备丰富的包装材料知识，才有可能创造出新型的产品包装方法，提高包装技术的整体水平。

2007年，天津职业大学“包装技术与设计”专业有幸成为国家示范性高等职业院校建设项目首批重点建设专业之一，根据项目提出的课程改革要从高技能人才培养的实际需要为出发点的精神，教材编写人员走访相关包装企业，了解包装设计师、包装材料检验工的职业岗位要求，课程在原有教材《包装材料学》的基础上，删减了部分理论强而应用差的知识点，确定了包装纸、纸板、塑料和复合软包装材料以及玻璃材料和金属材料为主要内容，同时增加了食品、药品、日用品包装材料特性、包装材料质量检测、包装材料鉴别等应用型知识，教材名称更改为《包装材料性能检测及选用》。

本书的主要特点：内容体系是由“学习情境→项目→任务”的顺序编写的，根据产品包装材料和容器的选用以及质量检测的工作流程构建内容体系，本书设计了商品纸包装材料与容器的性能检测及选用、商品塑料和复合软包装材料与容器的性能检测及选用、商品玻璃、金属包装材料与容器的选用、商品整体包装材料与容器的选用及性能检测四个学习情境，共十个教学项目。符合学生认知规律由单一向综合的转换。全书以任务和案例的方式重点讲解各类常见包装材料的性能、加工等理论知识，着重介绍各种包装材料及制品的检测技术与方法，使读者能根据商品性能和包装要求，提出正确选择包装材料、正确测试和评价材料的质量的方法，在完成项目和任务的过程中学习包装材料选用以及质量检测的知识，真正达到学习和工作融为一体的效果。

本书由郝晓秀担任主编，孙诚担任主审。学习情境一由郝晓秀和曹菲编写；学习情境二、三、四由郝晓秀和付春英编写，全书由郝晓秀统一定稿。本书理论联系实际，具有较强的实用性，适用于印刷包装高职院校的专业课程教材，也可供相关专业技术人员阅读参考。本书是国家精品课程“包装材料性能检测及选用”的主讲教材，使用本教材的读者可以访问 http：//211.68.224.2/k10。网站上有课程整体设计、单元设计、教学录像、模拟仿真、生产视频、图库等更丰富的教学资源供您参考。

书中引用其他作者的资料不分先后，在此谨向他们致以真诚的感谢！

由于编者水平有限，书中难免出现疏漏和错误之处，敬请读者批评指正。

编者

目录

绪 论

包装不仅是商品的必要组成部分，而且也是沟通商品生产的最后一道工序。从流通过程看，包装可保护商品、美化商品、宣传商品以及便利商品贮存、运输、销售和使用，从而是提高商品市场竞争能力的重要手段。因此，激烈的市场竞争要求重视包装，不断地改进包装，这已成为企业的一个经营观念。

包装工业未来发展的四大趋势是包装设计趋于多样化；包装工艺趋于简单化；包装机械趋于智能化以及包装材料趋于环保和可降解。没有好的包装材料就不可能有好的包装产品。可以说包装新材料与包装新技术的完美结合是包装工业永远的追求。现在很多新产品和新工艺必须要有好的包装材料与之配套，方可达到很好的包装效果。

一、包装材料及其在材料工业的重要性

包装材料是指用于制造包装容器、包装运输、包装装潢、包装印刷、包装辅助材料以及与包装有关的材料的总称。包装主要材料有塑料、纸和纸板、金属、玻璃，还包括竹木与野生藤类、天然纤维与化学纤维、复合材料、缓冲材料、纳米材料、阻隔材料、抗静电材料、可降解材料等。包装辅助材料主要有黏合剂、印刷油墨、涂料等。各种包装材料及其容器所占的比例为：纸和纸板35.6%，塑料31.1%，玻璃6.6%，金属26.6%。

包装材料的初级阶段，可以追溯到人类有记载的历史之前，那时的包装材料取之于天然。随着人造包装材料的产生，如纸和纸板、塑料、玻璃、金属等为包装提供了更好的原料，包装的品种逐渐多了起来，并被人们广泛接受。由于纸和纸板的环保特性以及塑料具有质轻、耐用、阻隔性、易成型、形状多样、资源和能源消耗少等优点，因此大量地取代了天然资源包装材料，促进了新包装机械的出现。可以说现代包装是随着造纸工业和塑料工业的发展而发展起来的。在20世纪70年代到80年代发展起来的复合包装材料，如铝塑复合材料、纸塑复合材料、塑与塑复合材料等，提高了包装的阻隔性、印刷安全性且利于结构造型，可代替金属、玻璃等包装材料，使包装更方便、更轻巧。现代新技术的发展促进了各种新兴包装的出现。

包装材料是实现包装的三大功能的保证。包装材料对实现包装的保护功能起着决定性的作用。比如包装材料的强度韧性、阻隔性、耐腐蚀性等均取决于包装材料，优质的包装材料可以有效地减少破损，提高保质保鲜效果，延长货架期。包装的方便功能也与包装材料有密切关系。轻便结实的包装材料和容器，自然能使商品流通更方便，同时也方便消费者携带。至于包装的促销功能，虽与容器造型、装潢设计和印刷有关，但新颖高档的包装材料本身所具有的特性和外观，同样具有促销效果。

由于包装使用寿命短、使用量大，包装材料逐渐在材料工业中占据了重要位置。世界纸和纸板总产量中，约50%用于包装；塑料包装占其总产量30%以上。

二、包装材料的分类

以包装材料作为分类标志，是研究包装材料的主要分类方法。包装材料可以从不同的

角度进行分类：

① 按材料材质可以分为塑料、纸和纸板、玻璃、金属和复合材料等。

② 按材料的软硬性质可以分为软包装材料（如纸、铝箔、天然纤维等）、半硬包装材料（如瓦楞纸板、塑料等）和硬包装材料（如金属、硬质塑料、玻璃等）。

③ 按材料来源可以分为天然包装材料和加工包装材料。

④ 按材料的主辅作用可以分为主要包装材料和辅助包装材料（如对包装进行装饰印刷的油墨以及在包装中用于制作纸制容器和覆膜的黏合剂等）。

三、包装材料的性能及测试

（1）力学性能　包装材料的力学性能，主要包括弹性、塑性、强度、韧性和脆性等。

① 弹性。包装材料的弹性主要是指其缓冲防振性能。在包装件受到外力的作用下，包装材料的变形量愈大，说明其弹性愈好，缓冲性能就愈佳。

② 塑性。塑性是指包装材料在外力作用下发生变形，移去外力后不能恢复到原来形状的性质，这种变形称为塑性变形或永久变形。包装材料受外力作用，拉长或变形的量越大，又不会出现破裂现象，说明该材料的塑性好。

③ 强度。包装材料强度分为抗压、抗拉、抗弯曲、抗撕裂、抗戳穿、抗剪切和抗磨等强度。包装材料适用范围和使用条件不同，包装承受外力的形式也不同，因此，强度对于不同包装材料有不同的意义。比如包装堆码时要求抗压强度，起吊时要求抗拉强度，搬运时要求抗弯曲、抗磨、抗戳穿强度等。

（2）物理性能　包装材料的物理性能主要包括密度、吸湿性、阻隔性、导热性、耐热性和耐寒性等。

① 密度。密度是表示和评价某些材料的重要指标，它不但可以判断这些材料的紧密度和多孔性，而且对包装材料的耗料量，以及搬运、装卸、堆码都很重要。现代包装材料要求密度小、质轻、方便流通，以减少运费，并降低材料成本。

② 吸湿性。吸湿性是指包装材料在一定温度和湿度条件下，从空气中吸收或放出水分的性能。具有吸湿的包装材料在潮湿环境中能吸收空气中的水分而增加其含水量；在干燥环境中，则会放出水分，减少含水量。包装材料吸湿性的大小，对包装物有很大的影响。吸湿率和含水率对控制包装的安全水分，保证商品质量安全都是重要的指标。

③ 阻隔性。阻隔性是指包装材料对气体和水气的阻隔性能。它对于防湿、保香包装十分重要。阻隔性的反面是渗透性与透水性，是指被空气或水透过的性能。不同商品的包装，对包装材料的阻隔性能要求不完全相同。

④ 导热性。导热性是指包装材料对热量的传递性能。由于包装材料的组成成分和结构不同，各种包装材料的导热性有很大差异。金属材料导热性强，陶瓷的导热性差。材料的导热性，还受材料的颜色、光滑程度的影响。

⑤ 耐热性和耐寒性。耐热性和耐寒性是指包装材料耐温度变化而不致失效的性能。耐热性大小，取决于材料的成分和其结构的均匀性。一般规律是晶体结构材料大于非晶体结构材料，无机材料大于有机材料，金属材料最高，玻璃次之，纸、塑料和木材更低。熔点愈高，耐热性愈强。有的包装材料及容器需经加热，如热灌装、高温灭菌、蒸煮、烘烤、微波加热等，要求包装材料具有足够的耐热性。包装材料有时又需要在低温或冷冻条件下使用，则要求其具有耐寒性，即在低温下保持韧性，脆化倾向小。

（3）化学稳定性　化学稳定性是指包装材料受外界条件的作用，不易发生化学变化（如老化、锈蚀等）的性能。老化是指高分子材料在日光、空气和高温作用下，它们的分子结构受到破坏，物理机械性能急剧下降的现象。塑料的老化会造成其分子结构主链断裂，分子量降低，变软、发黏，机械性能变坏等。为了提高塑料包装材料的防老化性能，一般是在材料的制造过程中，添加防老化剂。锈蚀是指金属表面受周围电介质腐蚀的现象。金属锈蚀的基本类型有：斑锈蚀、点锈蚀、孔锈蚀、晶粒间腐蚀和全部腐蚀等。为增加金属包装材料的抗锈蚀性能，可采取几种金属合金、电镀、涂防锈油与油漆、气相防锈技术等措施。抗锈蚀主要要求包装材料要耐水、耐酸、耐腐蚀性气体和耐其他化学物质的性能，使材料不易与这些物质发生化学变化。

（4）（成型）加工性能　包装材料一般需加工成容器或进行其他加工。因此，包装材料的（成型）加工性能的好坏十分重要，（成型）加工性能不好的材料难以推广。对不同的包装材料和不同的成型加工工艺有不同的加工性能要求。如金属包装材料的冲压性、焊接性；塑料包装材料的黏合性、热封性，对各种包装材料都有适印性的要求。

（5）安全性　安全性是指包装材料必须是无毒（或不含有有害物质或不溶出有害物质）、无菌、无放射性等。也就是说包装材料必须对商品无污染，对人体不产生损害，这点对食品包装和药品包装尤为重要。

（6）无污染、能自然分解和易于回收利用　易于回收处理性能主要指包装材料要有利于环保，有利于节省资源，对环境无害，尽可能选择绿色包装材料。对此要研究包装废弃物的回收、回用和再生等。

包装材料测试主要是对用于制造包装容器和运输包装、包装装潢、包装印刷等有关的材料和包装辅助材料的测试，一般包括纸、纸板、塑料、金属、玻璃、陶瓷、化学纤维和复合材料等材料。

四、包装材料的选用原则

（1）对等性原则　在选择包装材料时，首先应区分被包装物的品性，即把它们分为高、中、低三档。对于高档产品，如仪器、仪表等，本身价格较高，为确保安全流通，就应选用性能优良的包装材料。对于出口商品包装、化妆品包装，虽都不是高档商品，但为了满足消费者的心理要求，往往也需要采用高档包装材料。对于中档产品，除考虑美观外，还要多考虑经济性，其包装材料应与之对等。对于低档产品，一般是指人们消费量最大的一类，则应实惠，着眼于降低包装成本、方便使用，以经济性为第一考虑原则，可选用低档包装规格和包装材料。

（2）适应性原则　包装材料是用来包装产品的，产品必须通过流通才能到达消费者手中，而各种产品的流通条件并不相同，包装材料的选用应与流通条件相适应。流通条件包括气候、运输方式、流通对象与流通周期等。气候条件是指包装材料应适应流通区域的温度、湿度、温差等。对于气候条件恶劣的环境，包装材料的选用更需倍加注意。运输方式包括人力、汽车、火车、船舶、飞机等。它们对包装材料的性能要求不尽相同，如温湿度、振动条件大不相同，因此包装材料必须适应各种运输方式的不同要求。流通对象是指包装产品的接受者，由于国家、地区、民族的不同，对包装材料的规格、色彩、图案等均有不同要求，必须使之相适应。流通周期是指商品到达消费者手中的预定期限，有些商品保质期很短，如食品；有的可以较长，如日用品、服装等，其包装材料都要相应满足这些要求。

（3）协调性原则　包装材料应与该包装所承担的功能相协调。产品的包装一般分个包装、中包装和外包装，它们对产品在流通中的作用各不相同。个包装也称小包装，它直接与商品接触，主要是保护商品的质量，多用软包装材料，如塑料薄膜、纸张、铝箔等。中包装是指将单个商品或个包装组成一个小的整体，它需满足装潢与缓冲双重功能，主要采用纸板、加工纸等半硬性材料，并适应于印刷和装潢等。外包装也称大包装，是集中包装于一体的容器，主要是保护商品在流通中的安全，便于装卸、运输，其包装材料首先应具备足够的强度，并兼顾其他的功能，多采用瓦楞纸板、木板和胶合板等硬性包装材料。

（4）美学性原则　产品的包装是否符合美学，在很大程度上决定一个产品的命运。从包装材料的选用来说，主要是考虑材料的颜色、透明度、挺度、种类等。颜色不同，效果大不一样。当然所用颜色还要符合销售对象的传统习惯。材料透明度好，使人一目了然，心情舒畅。挺度好，给人以美观大方之感，陈列效果好。材料种类不同，其美感差异甚大，如用玻璃纸和蜡纸包装糖果，其效果就大不一样。

在当今国际市场激烈竞争的情况下，商品包装的形状、图案、材料、色彩以及广告，都直接影响商品的销售。

学习情境1　商品纸包装材料与容器的性能检测及选用

知识目标

1. 了解包装用纸和纸板的规格、特点和种类。
2. 了解纸和纸板包装材料的发展趋势、世界各国最新开发的包装用纸的基本状况等。
3. 掌握包装用纸的主要组成、纸和纸板的制造工艺。
4. 掌握加工纸包装材料的种类、性能特点以及生产方法。
5. 掌握纸、纸板和瓦楞纸板包装材料检测技术方法的原理。

能力目标

1. 具有根据商品特性，综合质量和成本正确选用纸和纸板包装材料和容器的能力。
2. 具有根据商品包装要求确定瓦楞纸板强度，正确选配瓦楞原纸和箱纸板的能力。
3. 具有利用互联网等资源进行纸包装专业和市场信息检索和搜集的能力。
4. 具有根据国家标准对纸、纸板和瓦楞纸板包装材料的性能进行检测的能力。
5. 具有辨别和初步解决纸箱和纸板经常出现的质量问题的能力。

学习情境介绍

以纸和纸板为原料制成的包装，统称为纸制包装。纸和纸板作为传统包装材料，发展至今仍是现代包装最主要的包装材料。纸包装材料是最早采用的包装材料之一，也是当今世界各国包装行业用得最广、用得最多的包装材料。在全世界包装材料与容器的消费中，纸和纸板的消费在数量上和金额上都占有优势。纸制包装产值约占整个包装材料产值的45%，它广泛的应用于商品的销售包装、运输包装，以其独特的性能为商品提供良好的保护，是包装材料中极具发展前途的材料。

该学习情境共包括4个教学项目：认识纸包装材料和容器、包装用纸和纸板的性能检测、包装用纸和纸板材料与容器的选用、瓦楞纸板、瓦楞纸箱的性能检测与选用。培养学生具有商品纸包装材料与容器的性能检测及选用的能力。

项目1　认识纸包装材料和容器

项目任务

通过教师课前准备和学生自己收集的各种纸包装材料和容器的实物展示，了解纸包装材料的发展历史、纸包装材料的应用现状、包装用纸的组成和生产工艺流程以及包装废弃物处理的基本原则和纸包装废弃物回收利用的方法，要求学生根据自身体验总结纸包装的特点。

◆　具有初步识别纸包装材料和容器的能力。

◆　具有初步分析包装用纸生产工艺各环节对纸张性能影响的能力。

最早的类似纸的材料是古埃及人在公元前三千年发明的一种纸草。而第一张真正意义上的纸则是由中国人蔡伦在公元105年发明的，几百年后阿拉伯人将造纸术传到了欧洲。纸是最早采用的包装材料之一，已广泛应用于各行各业的产品包装中。应用于包装工业及包装印刷的纸张和纸板，种类繁多，涵盖面广，从小螺丝钉到大型机电设备，从用于美化生活的礼品包装到为了生活方便的垃圾包装，从装饰性包装到防护性的保护包装，只要是用于包装的纸质材料，全统称为包装纸。主要包括有：箱纸板、瓦楞纸、白纸板及白卡纸、医药包装纸、垃圾包装纸，还有五彩缤纷的礼品包装纸以及各种特殊用途的特种加工包装纸。

国际标准定义：纸是连续的片状形式或卷筒薄材形式的一类材料的通称。由植物纤维、矿物纤维、动物纤维、合成纤维或其混合纤维的悬浮液沉淀，加或不加其他添加物质在成型机上成型制成。在制造过程中或制成后，可以涂布、浸渍或转制而不失纸的特性。

一、包装用纸的组成

包装用纸的主要组成如图1-1-1所示。

- 包装用纸
  - 植物纤维
    - 木材纤维
      - 针叶木纤维：杉木、松木纤维等
      - 阔叶木纤维：杨木、桦木纤维等
    - 非木材纤维
      - 禾草纤维：龙须草、竹子、芦苇、蔗渣等
      - 韧皮纤维：麻类、檀皮、构皮、桑皮等
      - 籽毛纤维：棉花、棉短绒、废棉等
  - 填料：滑石粉、碳酸钙、高岭土、钛白粉等
  - 胶料
    - 植物胶料：淀粉、松香胶和沉淀剂硫酸铝等
    - 动物胶料：骨胶、皮胶、干酪素等
    - 矿物胶料：水玻璃、石蜡等
    - 合成胶料：聚乙烯醇等
  - 色料
    - 调色用少量蓝色、红色染料和荧光增白剂等
    - 染色用碱性染料、酸性染料和直接染料等

图1-1-1　包装用纸的主要组成

1. 植物纤维原料的化学组成

不管是木材还是非木材造纸植物纤维原料，其化学组成都是纤维素、半纤维素及木素。不同的造纸植物纤维，其纤维素、半纤维素及木素的含量不相同。表1-1-1列出了几种代表性的植物纤维的主要化学成分。

表 1-1-1　　几种植物纤维的主要化学成分　　单位：%

原料组成			纤维素	半纤维素	木素
木材	阔叶木纤维	白　桦	43～53	18～25	19
	针叶木纤维	云　杉	52.1～63	10～18	27～30
		落叶松	54～58	15～22	18～20
草类	草类纤维	稻　草	36～40	16～23	14
		麦　草	40～52	20～21	9.5～12
		甘蔗渣	50～59.5	20.5～26	18～20.5
		芦　苇	43.7～51	21～23	21～23.5
韧皮纤维		亚　麻	80～82	3.5～5.9	2.74
棉纤维		棉　花	94～97	0.5～1	0

(1) 纤维素　纤维素是植物和树木细胞壁的主要组成部分。经测定，纤维素是由三种元素化合而成的，其元素比例为：碳 (C) 44.4%，氢 (H) 6.2%，氧 (O) 49.4%。从以上百分比可以推算出纤维素的实验分子式：$C_6H_{10}O_5$。

近来通过 X 射线对纤维素进行研究，说明纤维素分子是由许多的葡萄糖基通过氧桥结合成的链状大分子，也就是说葡萄糖基是组成纤维素分子的基本化学单位。纤维素的分子式是 $(C_6H_{10}O_5)_n$，n 为聚合度，纤维素相对分子质量的大小，只要测得纤维素的聚合度 n 就可知了，因为葡萄糖基的相对分子质量是 162。

一般来讲，由纯粹的纤维构成的棉纤维素的聚合度为 3500～5000，而木材的纤维素的聚合度不超过 2000，图 1-1-2 就是纤维素的化学结构式。葡萄糖基是构成纤维素分子的基本单位，纤维素分子之间又连接起来成为链状的巨分子束。它们进一步的结合就形成极细的纤维丝（微纤维），又由无数细小的微纤维组合得到基本的纤维。纤维素是典型的亲水性胶体物质，这是因为它的葡萄糖基上有三个羟基的缘故，故具有多元醇的性质。由于纤维素具有这一特性，无论是在造纸工业还是在印刷工业的实际生产中都具有重要意义。

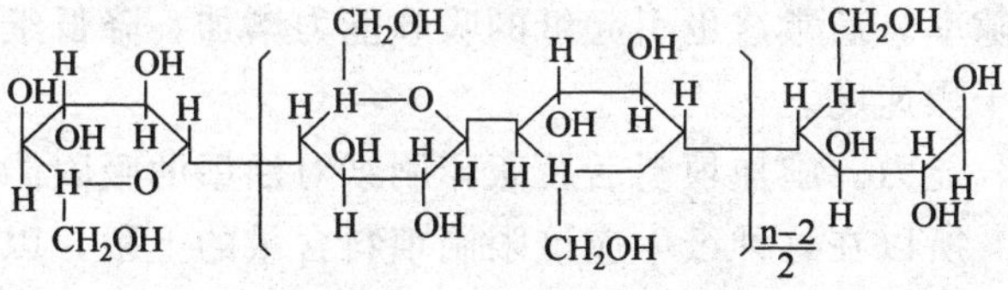

图 1-1-2　纤维素化学结构

(2) 半纤维素　半纤维素是类似纤维素的物质，没有固定的化学组成，它是除纤维素以外的一切碳水化合物的总称。它同纤维素的区别主要在于：

① 可溶于稀碱液，并能溶于沸水中。

② 被稀酸所水解生成简单的五碳或碳糖。若纤维中含有较多的半纤维素，它在成纸之前的工艺处理时易于水化膨胀，成纸后彼此交织得紧密，使纸张的机械强度提高。

(3) 木素　木素也是植物纤维的组成之一，其结构非常复杂，到目前为止尚未确定它的分子结构。木素能溶于碱液、酸液，在各种氧化剂的作用下能够分解。因此在造纸过程中，就利用这一特性，通过碱液或酸液的蒸煮处理，先将木素溶解去掉，将纤维素分离出来。因为木素受日光空气的作用会变成褐色的物质，而木素存在于纸张中，因此，经日光长期照射的纸张会变黄，发脆而变质。

植物纤维中除了含有纤维素、半纤维素和木素外，还有少量的果胶、树脂、脂肪及其他成分，一般来说对纸张的性能都有影响，必须把它们除去。

2. 造纸过程中的添加剂

(1) 填料

① 常用填料的种类。

滑石粉。滑石粉是我国用得最多的填料，化学式为 $3MgO \cdot 4SiO_2 \cdot H_2O$，可以提高纸张的平滑度、柔软性和光泽度。

碳酸钙。碳酸钙主要是提高纸的不透明度，增加纸张吸收油墨的能力，成纸柔软性强，紧密而有光泽。

钛白粉。钛白粉有优良的性能、分散度高、覆盖能力高，折射率高，具有较高的不透明度、白度和光泽度。

膨润土。膨润土可以提高浆料中细小纤维的留着率。

② 包装用纸加填料的目的和作用。

降低成本。通常矿物填料的价格比纸浆便宜，因此用滑石粉或其他价廉的填料来代替一定量的植物纤维，具有一定的经济意义。

提高纸张的白度和不透明度。造纸工业中应用的填料的白度，大部分高于所用纸的白度，因此，在配比中加入填料，一般有助于提高纸的白度。

提高平滑度。在加进矿物填料时，不经压光的纸的平滑度是不会提高的，但是含有填料（硫酸钡、滑石粉、高岭土）的纸，再经过超级压光机以后，与不含填料的纸相比，变得较为平滑。这是因为当压光时，填料粒子填平了纸页粗糙表面的凹处，促使纸页平滑度增加。

降低弹性，提高塑性。

增大纸页总的孔隙率。含有矿物填料的纸，通常比不含矿物填料的纸毛细管增多，从而增大了纸页总的孔隙率。通常这也引起纸的吸收能力增加，降低纸的湿变形，减少纸的卷曲性，提高纸页的干燥速度。

增加对油墨的吸收能力。施加填料后胶版印刷纸对油墨的吸附能力，因纸中填料的增加毛细孔增多而提高。所以在这种纸中应该限制填料含量的上限，以防止在胶版印刷过程中油墨渗透到纸的另一面。

提高紧度。纸的紧度是随着所用填料的比重、纸中填料量和分散度的增加而提高。尤其是在超级压光之后，紧度提高很多。

掉粉。随着纸中矿物含量增加，纸的掉粉程度增大。

(2) 胶料　施胶目的是使纸张具有一定的抗水性、提高表面强度和某些性质，减少掉毛掉粉现象。施胶方法有内部施胶和表面施胶。

内部施胶剂常用松香胶、石蜡松香胶。要配用沉淀剂硫酸铝 $Al_2(SO_4)_3$。如果再配用铝酸钠 $Al_2O_3 \cdot Na_2O \cdot H_2O$ 即为中性或弱碱性施胶，提高纸的耐久性。

表面施胶剂常用淀粉、动物胶、松香胶、聚乙烯醇等。现今为止使用最广泛的是淀粉和动物胶，它们与纸张有一定的亲和性，使植物纤维彼此黏和起来在纸表面形成一层薄膜，阻止墨水或水渗透到纸页内部。同时提高了纸的耐磨性和纸的机械强度。

松香胶或石蜡松香胶可以提高纸张的光泽度；聚乙烯醇可以提高纸张的抗油脂渗透性；湿强树脂可以提高纸张的湿强度。因此，采用表面施胶时，要根据纸张的质量要求来选择表面施胶剂。

另外，为了提高纸张的强度，在纸浆中通常添加分子量相当高的和含有大量能够形成氢键的聚合物，有助于提高纸张的机械强度，如抗张强度、耐破度、拉毛强度、耐磨强度等。

（3）色料　色料起调色和染色的作用。

调色的目的是提高纸的白度和使生产的每批纸张保持一定的色度。浅黄色或灰白色的纸浆可用少量蓝色染料进行调色；浅绿色或浅蓝色纸浆可用少量红色染料进行调色；对于白度要求高的纸张，可在浆料中加些荧光增白剂以提高白度。

染色是为了生产有颜色的纸张，例如，有色书皮纸、标语纸、广告纸等。

造纸工业常用染料有碱性染料、酸性染料、直接染料和荧光增白剂等。

二、纸的生产工艺流程

1. 制浆

制浆是指利用化学方法或机械方法或两者结合的方法，使植物纤维离解成本色浆或漂白浆的生产过程。

（1）化学法制浆　化学法制浆就是利用化学药品的水溶液在一定温度和压力下处理植物纤维原料，将原料中的木素溶出，尽可能地保留纤维素和不同程度地保留半纤维素，使原料纤维彼此分离成浆。化学法中最有代表性的有硫酸盐法和亚硫酸盐法两种。

硫酸盐法药液的主要成分是 $NaOH$ 和 Na_2S，溶液中 S^{2-}、HS^- 和 OH^- 可与木素结构单元发生反应，使木素结构单元之间的链接发生断裂，成为溶于水的低分子物质，从而使纤维间分离成单根纤维。硫酸盐法应用范围广，各种类型的原料均可采用此法，成浆强度大，因此抄制包装用牛皮纸和纸袋纸都采用此法制浆，故又称硫酸盐浆为牛皮浆。但此法得浆率低，成浆颜色较深，要制成漂白木浆，需采用技术上较复杂的多段漂白，废液回收设备复杂。尽管如此，硫酸盐法仍然是目前最主要的制浆方法。

亚硫酸盐法根据药液的组成和 pH 不同，一般又可分为四类：酸性亚硫酸盐法、亚硫酸氢盐法、中性亚硫酸盐和碱性亚硫酸盐法，但无论是酸法还是碱法，脱木素的主要作用都是基于溶液中的 SO_3^{2-} 和 HSO_3^- 与木素反应，在木素结构单元引进了亲水性基团——磺酸基，使木素溶出，因此木素大分子没有太大的变化，当然在碱性亚硫酸盐法中 OH^- 也有一定的脱木素作用。亚硫酸盐法的未漂浆色浅易漂，纤维润胀能力大，较硫酸盐法易打浆，成纸质地柔软，对原料要求严格。

（2）机械法制浆　机械法制浆是利用机械方法对纤维原料进行处理，使纤维离解。用木材为原料的称之为机械木浆，以草类为原料的称之为机械草浆。目前工业应用的主要是机械木浆，也称磨木浆，机械草浆正在研究开发之中。机械浆保留了原料中的大量木素，显然得浆率高于化学浆。

磨木浆又分为普通磨木浆、木片磨木浆。普通磨木浆是应用机械力将原木段压在磨石表面，由旋转的磨石将木材磨解成纤维，再用水把它从磨石表面冲洗下来，即成磨木浆。普通磨木浆主要用来生产新闻纸或与化学木浆配合生产凸版纸及其他印刷用纸。木片磨木浆是在不用化学药品的情况下，分离木片中的纤维并精磨而成的纸浆。若在磨浆前对木片进行热处理，即为热磨机械浆。与普通磨木浆比较，木片磨木浆扩大了原料的范围，通过适当的预热处理，用阔叶木也能生产出较高强度的磨木浆。用木片磨木浆抄造的纸张，不透明度高，印刷性能好，可减少纸中化学浆的用量，但热磨机械浆颜色较深。实际印刷中也发现，用机械浆配抄的印刷纸，不透明度高，纸面平滑细致，组织均匀，可压缩性好，吸墨性好，印出的字迹、图像清晰美观。

(3) 化学机械法制浆　先用化学药品对原料进行预处理，然后再用机械方法进行进一步磨解。由于化学处理条件比较温和，所以得浆率很高，被称之为高得率浆。目前已成功地用化学机械浆来抄造新闻纸、包装纸和各种包装纸板，经过漂白后还可用于制造书写纸、杂志纸等一些较高档的印刷纸。化学机械法是制浆方法的一个发展方向。

除上述制浆方法外，目前新发展起来的新方法有蒸气爆破法制浆和生物制浆，这些方法不仅成浆得率高，成纸强度高，而且能耗低，可减少或消除制浆废液对环境的污染，因而是制浆的发展方向。

2. 漂白

经过化学蒸煮或机械磨解等方法制得的纸浆，叫做本色浆，本色浆都有一定的颜色，深的呈暗褐色，浅的呈灰白色。浆料中的木素是纸浆呈色的主要原因。要满足纸张的使用要求，就必须对纸浆进行漂白处理，使纸张具有一定的白度。漂白的目的就是用适当的漂白剂通过氧化或还原或分解等反应，使纸浆中残留的木素进一步溶出，或在保留木素的情况下使有色物质褪色。常用的漂白方法有两大类：一类是氧化性漂白剂，能破坏木素的结构，使其溶解，达到提高纸浆纯度，同时也提高纸浆白度的目的。此类漂白剂有 Cl_2、ClO_2 和氯酸盐等。另一类是还原性漂白剂，它可以使发色基团改变结构，使其褪色。由于不会造成纤维组分的损失，并保持原浆料的特性，因此特别适用于磨木浆、化学机械浆等高得浆率的漂白。此类漂白剂有连二亚硫酸锌、连二亚硫酸钠、过氧化氢和过氧化钠等。还原性漂白剂漂白的纸浆成纸白度稳定性差，在空气中长时间光照日晒后又会恢复原来的颜色。因此目前仍以氧化性漂白为主要的漂白方法。氧化性漂白剂为氯漂白，由于污染严重，也将逐渐被含氧漂白方法所取代。新的生物漂白方法正在研究之中。

3. 纸料的制备

(1) 打浆　经过蒸煮或机械磨解、洗涤、筛选和漂白以后的纸浆，还不能直接用来抄纸。因为纸浆中的纤维缺乏必要的柔曲性，如果用它抄纸，纸张会疏松、多孔，表面粗糙，强度低，不能满足使用的要求。打浆就是利用机械方法处理水中的纤维，使其具有满足造纸机生产要求的特性，使生产的纸张能达到预期的质量指标。所以打浆是造纸过程中最重要的工段。

打浆的作用是使纤维细胞发生位移变形，破除初生壁和次生壁外层，纤维润胀和细纤维化，并受到部分切断。打浆过程中，这些作用是交错进行的。吸收润胀为纤维的细纤维化创造了有利条件；反过来，纤维的细纤维化又能促进纤维的进一步吸水润胀。纤维的细纤维化分为外部细纤维化和内部细纤维化。外部细纤维化的结果，纤维表面游离出大量具有亲水性能的羟基，在水中通过水的作用形成水桥，在干燥脱水后，转化为纤维之间氢键结合，氢键只有在相邻羟基间距离小于 2.55～2.75μm 范围之内才能形成。内部细纤维化的结果，纤维变得具有高度的柔软性和可塑性，因而利于纸页成型时增加纤维之间的交织，干燥后纤维间形成更多的氢键。所以打浆的结果，大大增强了纤维间的结合力，提高了纸张的强度。图 1-1-3 所示为打浆对纸张强度的影响，从图中可以看出，随着打浆的进行，纤维间结合力不断增加，除撕裂度外，抗张强度、耐破度和耐折度均不断增加，但打浆到一定程度后又开始下降。因此控制一定的打浆度，可得到所希望的纸张强度。打浆除影响纸张的强度外，打浆还导致纸张平滑度增加，紧度增加，吸收性和不透明度下降。这些影响对于印刷纸张来讲，有的是有利的，有的是不利的，因此，只有根据不同的纸张品种，选择适当的打浆工艺，才能得到具有良好印刷性能的纸张。

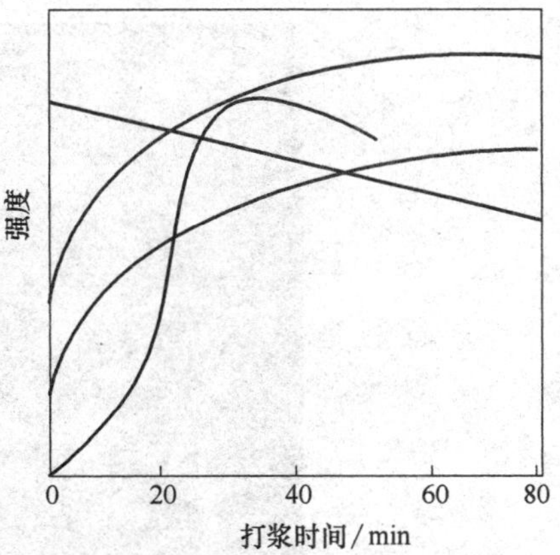

图 1-1-3　打浆对纸张强度的影响

(2) 调料　调料就是根据纸张不同用途要求，向打浆完毕的浆料中加入各种辅料，如胶料、填料和色料等，以制成适合造纸机抄造纸页的纸料。因此，调料的目的主要是从不同的角度，改进与纸浆和纸张有关的质量指标，但并不是所有纸张都必须经过调料处理。

4. 纸页的抄造

(1) 抄造方法和设备　纸页的抄造方法可以分为干法和湿法两大类，其主要区别在于湿法造纸以水为介质，干法造纸则以空气为介质，目前绝大多数的纸张都是湿法抄造的。

湿法造纸机按纸页成型的结构，一般可以分为长网造纸机、圆网造纸机和夹网造纸机三大类。长网造纸机和圆网造纸机是目前我国应用最多的两类造纸机，夹网造纸机是近年来发展起来的新造纸设备。三种造纸机都是由网部、压榨部、干燥部与卷纸机等组成，所不同之处是不同纸机网部的形式与成型的方法不同。长网纸机的网部是由成型网、案辊(或案板)、真空吸水箱、伏辊等脱水元件组成；圆网造纸机的网部是由网槽与网笼组成；夹网造纸机的网部包括立式和弧型以及S型成型器。长网纸机和圆网纸机在纸页成型时都是采用单面脱水，因而会造成纸页的两面差，而夹网造纸机采用双面同时脱水，有效地减少或消除了纸页的两面差，提高了成纸的匀度。

(2) 抄造过程及特点　长网造纸机是目前应用最为广泛的造纸机，图 1-1-4、图 1-1-5

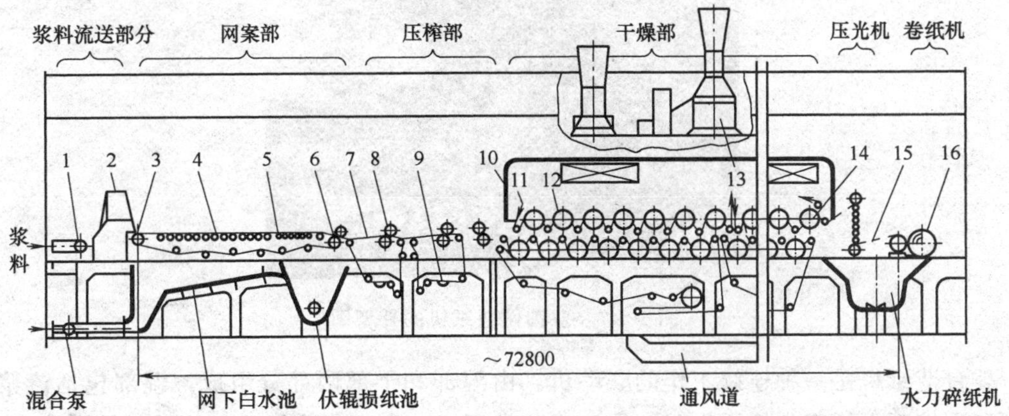

图 1-1-4　长网造纸机的示意图

1—浆流分布器　2—流浆箱　3—胸辊　4—案辊　5—真空吸水箱　6—伏辊　7—压榨毛毯　8—压榨辊　9—毛毯洗涤器　10—通风罩　11—干燥帆布　12—烘缸　13—通风系统　14—冷缸　15—纸幅　16—纸卷

图 1-1-5　长网造纸机的外型图

为长网造纸机的示意图和外型图。圆网造纸机包括单圆网单烘缸造纸机以及多圆网多烘缸造纸机。图 1-1-6、图 1-1-7 为双圆网双烘缸造纸机的示意图和外型图。

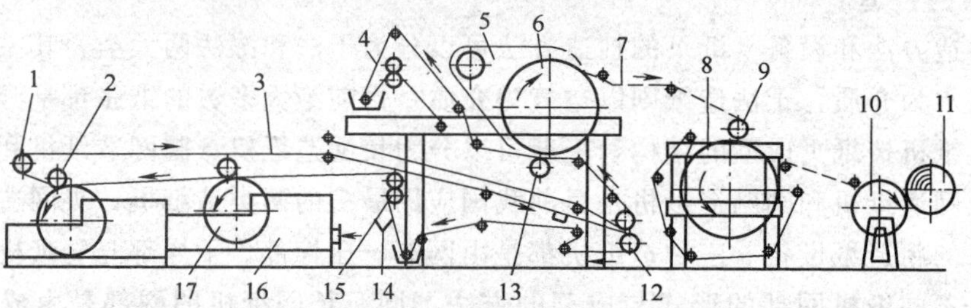

图 1-1-6　双圆网双烘缸造纸机的示意图

1—回头辊　2—伏辊　3—下毛毯　4—上毛毯　5—通风罩　6—第一烘缸　7—纸幅　8—第二烘缸　9—压光辊　10—卷纸　11—纸卷　12—压榨辊　13—托辊　14—打毯器　15—毛毯洗涤压榨辊　16—圆网槽　17—圆网笼

图 1-1-7　双圆网造纸机的外型图

整台造纸机是一种连续工作的联动机，由湿部和干部两部分组成，湿部包括流浆箱、网部和压榨部；干部包括干燥部、压光部和卷纸机。由净化系统送来的纸料悬浮液，通过流浆箱以均匀、稳定的出浆速度喷到网面上，通过网部成型并脱去大部分水后，送到压榨部进一步脱水，并改善纸页性能，增加纸页的紧度和表面平滑度。纸页通过压榨部机械脱水后，被送到干燥部利用热能进一步脱水，以达到成纸干度的要求。胶版纸在干燥部还要进行表面施胶处理，以提高纸张的表面强度，适应高速印刷的要求。从干燥部出来的纸，表面还很粗糙，不能适应印刷和书写的要求。为了提高纸张的平滑度，调整纸张的厚薄，纸页还必须经过一道或几道金属压轮进行压光处理。出压光机的纸在纸机出口卷成卷筒，最后经切纸机分切成平板纸或用复卷机卷成卷筒纸。

三、纸和纸板包装材料的规格种类和特点

1. 包装用纸和纸板的规格

包装纸和纸板分为平板纸、卷筒纸和卷盘纸三种商品形式，如图 1-1-8。它们的规格尺寸各有不同。

(a) 平板纸

(b) 卷筒纸

(c) 卷盘纸

图 1-1-8　包装纸和纸板的规格

平板纸尺寸规格差别较大，常见规格为 787mm × 1092mm、850mm × 1168mm、880mm×1230mm、900mm×1280mm。平板纸既可以按重量来计量，也可以按令来计数，我国规定 500 张为一令，10 令为一件，但每件纸重量不应超过 250kg，以利于包装与装卸。

卷筒纸的宽度一般都有统一的标准，卷筒直径也规定了一定的范围，由于纸和纸板的定量差别较大，故卷筒纸长度没有统一的规定。习惯上的做法是，如新闻纸和胶版纸长度为 6000m 左右，卷筒纸袋纸长度为 4000m。

卷盘纸多用来制造胶带和缠绕纸管。一般来讲，复合软包装纸板也可以看成卷盘纸。

2. 包装用纸和纸板的种类

纸和纸板一般是按定量和厚度来区分的。一般认为，定量小于 225g/m^2 的称为纸，大于 225g/m^2 的则称为纸板。既考虑定量，又考虑厚度的分法是：定量在 200g/m^2 以下、厚度不到 0.1mm 的称为纸，定量超过 200g/m^2、厚度大于 0.1mm 的则称为纸板。但也有例外，如白卡纸其定量可达 400g/m^2，已属于纸板的范围，但习惯上还是称为“纸”或“卡纸”。

包装纸和纸板种类繁多，根据加工工艺可分为包装纸、包装纸板、加工纸和纸板等几大类。

包装纸主要用来制造纸袋、裹包和包装标签等纸包装制品，所使用的纸张主要品种有牛皮纸、纸袋纸、瓦楞原纸、铜版纸、鸡皮纸、食品包装纸和中性包装纸等。

包装纸板主要用来制造加工纸盒、纸管、纸桶或其他包装制品，常用的纸板有白纸

板、黄纸板、箱纸板、灰纸板、茶纸板、标准纸板和厚纸板等，多用来包装普通商品。

加工纸和加工纸板是为了增加纸和纸板的包装适性，对纸和纸板进行表面涂布、浸渍、改性、复合及其他加工技术处理后得到的产品。加工纸主要品种有羊皮纸、玻璃纸（铸涂纸）、防锈纸、保险纸、防油纸、真空镀铝纸、无碳复写纸；加工纸板包括涂布纸板（单面、双面涂布白纸板、铸涂纸板）、复合纸板（纸/塑复合、纸/铝复合、纸/铝/塑复合）、钢纸板、瓦楞纸板和蜂窝纸板等。

3. 包装纸和纸板的特点

从包装的功能上讲，任何包装材料都必须要满足保护商品、方便储运和促进销售这三个功能。而纸和纸板以及纸制容器除能很好满足这三项要求之外，还具有其他包装材料所不具有的以下优点：

（1）原料充沛，价格低廉　纸和纸板的原料丰富而广泛，易进行大批量、机械化生产，成本价格低廉。用木材制成纸板箱，每制 1t 包装纸板用 3～4m^3 木材，它可以替代 10～12m^3 木材制成的木材包装箱，即可降低一半的板材消耗，因此，不论以单位面积还是单位容积价格，与其他材料相比都是经济的。

（2）保护性能优良　与其他材料的包装容器相比，纸箱的抗冲击性强，又隔热、遮光、防尘、防潮，能很好地保护内容物。纸箱在内部装满载荷物时抗压强度好，而空箱运输和贮存时，折叠起来占用空间又小。

（3）安全卫生　纸和纸板包装材料无毒、无味、无污染，纸箱既可以做成完全封闭型，又可以制成具有“呼吸作用”型，以满足不同商品贮存、运输的要求，且不会污染内容物。

（4）加工储运方便　纸和纸板的成型性和折叠性优良，便于裁剪、折叠、黏合、钉接，既适于机械化加工和自动化生产，又利于手工生产，同时可以根据需要设计制成各种形状。

（5）印刷装潢适性好　纸和纸板作为承印材料，具有良好的印刷性能，印刷的图文信息清晰牢固，便于复制和美化商品。尤其是面对当前盛行的仓储式超市，印刷精美的商品外包装直接面对消费者，可使消费者对内容物一目了然，从而刺激消费者的购买欲。

（6）绿色环保，易于回收处理　纸制包装可回收复用和再生，废物容易处理，不造成公害，节约资源。纸制品的原始材料——植物纤维，在自然界可以循环再生，取之不尽，用之不竭。

（7）加工性能好　以纸为基材，可以和其他包装材料如塑料、金属箔、纤维制的线和布等制成复合包装材料。

纸和纸板包装具有独特的优点，在强调绿色包装和工业可持续发展的形势下，越来越受到人们的欢迎和重视，在包装材料中纸包装的用量与比例逐年上升。

四、纸包装材料的回用

废纸再生利用不仅具有良好的经济效益，也具有良好的社会效益，它是直接关系环境治理与资源保护的国计民生的重大问题。目前，世界各国对废纸回收利用，不论在规模上，还是在生产技术方面都具有相当水平。

1. 废纸的分类

废纸的分类，对废纸的收集、处理有直接的影响。废纸的来源不同，其纤维种类、成分以及性能等差异甚大。对废纸进行分类，可以达到分级使用，物尽其用的目的。废纸的分类一般按废纸的来源和废纸纤维的种类来划分，但世界各国废纸分类的方法和标准均有较大的差异。

（1）国外废纸的分类　联合国粮农组织按废纸用途将废纸分为四大类：新闻纸和书籍废纸、纸板箱废纸、高质量废纸及其他废纸。日本将废纸分为九类：上等白纸卡纸、特白中白马尼拉纸、有色道林纸、证券纸、牛皮纸、报纸、杂志纸、瓦楞箱板和硬纸板。

英国将废纸分为11类：不含机械浆的白色未印刷废纸、不含机械浆的白色已印刷废纸、含机械浆的白色及轻度印刷废纸、不含机械浆的有色废纸、含机械浆的重度印刷废纸、有色牛皮纸和马尼拉纸、新的牛皮挂面纸板、容器废纸、混合废纸、有色卡纸和含杂质废纸。

美国将废纸分为三大类：纸浆代用品、可净化的废纸和普通废纸。纸浆代用品指白纸与白纸的切边，这类废纸经打散成纤维后不做进一步处理即可作为成浆使用。可净化的废纸经脱除印刷油墨后即可成浆使用。普通废纸包括旧报纸、旧瓦楞箱和混合废纸等。另一更细的分类法是将废纸分为47种，另列特殊等级7种。与此同时，还颁布了一项废纸原料标准，使每个类别的废纸均有明确的质量标准。

德国将废纸分为低级、中级、高级和保强废纸四大类。后者包括用过的防水或不防水的牛皮纸袋，用过或未用过的纯硫酸盐浆纸、旧瓦楞箱纸等。

（2）我国废纸的分类

① 白色废纸。这类废纸也可以看成是纸浆的代用品，其中包括未经印刷、具有比较一致的白度和无有害物的白纸，其废弃物不超过0.5%。此类废纸碎浆后可作为生产一般书写、印刷纸的漂白浆，或用于抄造中、高档卫生纸。这类废纸主要是印刷厂切下的白纸边。

② 书籍、杂志废纸。这类废纸主要包括印刷厂或书店未发行的和发行后回收的书籍、不含或仅含少量机械浆的废刊物、书籍等。这类废纸要求不含禁止物，无用物不超过0.25%。此类废纸经脱墨处理除去颜色、油墨后，可生产有光纸、书写纸、凸版纸、卫生纸等，也可生产提箱纸板，或在新闻纸中掺用。

③ 旧新闻纸。此类废纸由成捆的、选择过的旧报纸组成，不包括旧杂志，凸印和彩印部分不高于正常的百分率，包装必须不含焦油、禁止物，无用物不超过0.25%。此类废纸脱墨后主要用作配抄新闻纸用，或用于抄造生活用纸和一般文化用纸。

④ 纸箱与纸板废纸。此类废纸包括牛皮纸板、瓦楞纸板切边，旧瓦楞纸箱，各色废纸盒、纸箱，黄、白、灰色纸板等，其禁止物不超过1%，无用物不超过5%。这类废纸可用于回抄草纸板、茶纸板、箱纸板、瓦楞原纸等，其中的竹、木浆废纸可用于生产挂面纸板。

⑤ 纸袋纸废纸和牛皮纸废纸。这类废纸是指包装水泥后回收的破水泥袋、废牛皮纸袋及其他纸袋和牛皮纸废纸。此类废纸经拆线挑选，不含杂物，可回抄代用纸袋纸（即仿纸袋纸）、再生条纹包装纸，也可掺入木浆作箱纸板挂面浆。

⑥ 混合废纸。这类废纸属低级废纸，包括部分“垃圾废纸”（从垃圾堆拣来的废纸）。主要含混合杂志书籍、传票、单据账簿、中小学生练习本、办公废纸及包装物品后的废纸。各种废纸的比例不限，其禁止物含量不超过2%，无用物含量不超过1%。此类废纸

主要用于生产屋顶纸板、防潮纸板及普通的低级纸板芯层等。混合废纸含有大量杂质，如金属粒子、石头、砂子、带子、破布、细绳、塑料以及热熔物、沥青等。

2. 纸包装废弃物再生造纸

废纸的再生造纸主要是两道工序：制浆和造纸。制浆的工艺流程是：碎解、净化、筛选和浓缩。造纸是将废纸浆输送到造纸机上，经过过网、压榨、干燥和压光，制成卷筒纸或平板纸。纸张、纸板回收系统示意图如图 1-1-9。

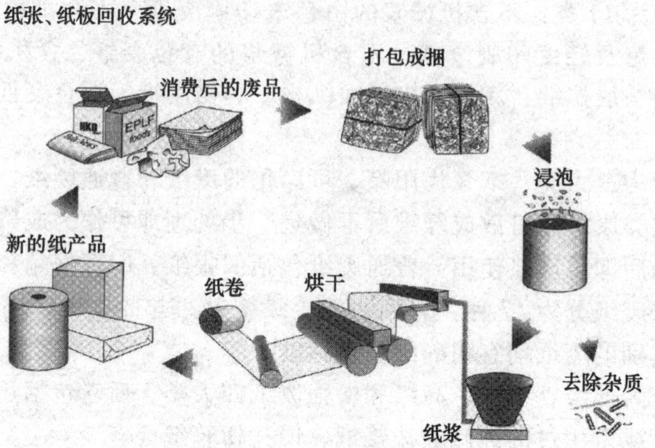

图 1-1-9　纸张、纸板回收系统示意图

（1）废纸的碎解　废纸经过初步挑选后一般用水力碎浆机碎解。碎解的工艺条件详见表 1-1-2。

表 1-1-2　新闻纸和草浆书刊纸碎解工艺条件

工艺条件 / 纸类	氢氧化钠/%	亚硫酸钠/%	脱墨剂/%	温度/℃	碎解时间/min	保温时间/min
新闻纸	1.5	4	0.4	60	15	30
草浆书刊纸	3	4	0.3～1.0	100	15	30

（2）废纸的筛选，疏解和浓缩　废纸碎解后的筛选主要是利用转筒筛（孔径为10mm）和 25L 筛（孔径为 2.5mm）去掉碎解后废纸中的杂物（塑料片、木片、尼龙绳、装订线等）；疏解是将未完全碎解的废纸部分（如订书针周围部分）由疏解机继续碎解，并使纸浆纤维上残留的油墨进一步分离；低浓纸浆料需采用浓缩设备（如圆网浓缩机和真空过滤机等）进行脱水浓缩。

（3）浆料去沥青、热熔胶等杂物　如果浆料中含有沥青和蜡，需加热熔化，然后用旋风分离器将其均匀地分散在浆料中。由于分散得较细，所以成品纸张不易觉察出来；浆料中的热熔胶在抄纸过程中会堵塞网孔，染脏压辊和烘缸，发生纸张断头等，因此要采用热分散法、冷筛法和热喷放法等方法脱除。

（4）废纸脱墨　废纸脱墨通常在间歇式操作的水力碎浆机内进行，为了达到良好的脱墨效果必须重视加料顺序（脱墨剂先加入碎浆机的热水中，溶解后再加废纸）；适当提高温度以促进油墨扩散（因废纸性质和脱墨剂而异，低温 40～60℃，高温 80～90℃）；适当延长时间以促进废纸疏解和油墨分散（通常每池浆料脱墨时间为 1～1.5h）；及时洗涤脱墨后的浆料以防止纤维返色。

（5）纸浆的漂白　废纸存放一段时间后纤维的白度会下降，脱墨后的浆料需要漂白才能恢复原有白度。一般工厂都用漂白剂来漂白纸浆，其漂白剂若为漂白粉时有效氯的含量为7%，漂白时间约为2h。如要提高废纸浆的白度，还可以采取以下措施：其一，强化洗涤和筛除微细纤维；其二，按纤维长短分别漂白；其三，漂白前采用酶预处理。

（6）纸浆的调配处理　纸浆的调配处理包括配浆、打浆、施胶和染色等工序。配浆是根据纸的质量要求采用多种纸浆配合；打浆可使纤维性质加以改善，以利于纸的抄制、施胶、加填、染色等工序，可使纸具有某种特性。

（7）纸浆的活化处理　废纸的纤维不可避免地受到损伤，质量退化现象明显，需要进行活化处理，即将废纸纤维通过化学或物理方法，破坏在再循环中形成的第二次纤维内部结合（角质化），增加自由羟基，同时排除一些细小纤维，恢复纤维的抄造适应性，提高纸的强度。

（8）施胶、加填、调色、增强和抄造　施胶就是在纸料中加入某种胶状物质，使其包覆在纤维表面或填于纤维间隙，以防液体的渗透和扩散；加填是将粉末状的矿物性物质（如滑石粉、碳酸钙、高岭土、钛白粉等）加于纸料中，使其填满纤维空隙，使纸面平滑美观；调色是为了增加纸的美观，保持一定色度，提高纸的白度，为了提高纸的强度，纸料中有时添加一些增强剂（如填料改性剂等）。纸浆经调配处理和除杂后可送入抄纸机进行抄纸。抄纸是将废纸浆送到造纸机上，经过网部脱水、压榨、干燥和压光工序等造成纸。抄纸机是造纸关键设备，它直接关系着纸的质量。抄纸机制造的纸还要进行整理和包装等工序。

3. 纸包装废弃物开发新产品

（1）制造纸浆模塑制品　纸浆模塑制品是将无杂物的废纸浆通过真空造型、液压造型和空气压缩造型等方法，将其快速均匀地沉积到网状模型上，再压缩烘干而成。其工艺流程为：废纸分选、磨碎打浆、配制成纸浆、纸浆施胶、调配浓度、制品成型、冷挤压和形状校正。该制品具有质轻、价廉、防震、透气性良好，对环境无污染等特点，因而广泛地用于蛋品、水果、玻璃等商品的包装。

（2）制造复合材料板　废纸可以制造强度比较高的胶合硬纸板。其方法是：将废纸和酚醛或脲醛等树脂，共同压制而成。酚醛树脂压制温度为170℃；脲醛树脂压制温度为140℃；废纸也可制造沥青瓦楞板，其方法是：将废纸、棉纱头、椰子纤维和沥青等原料模压而成。该产品隔热性好、不透水、轻便、防火和耐腐蚀，可以作房屋建筑材料。

（3）制造纸屑浆糊　用废纸屑水解生产黏力强的浆糊，其方法是：将干净无油墨纸屑（1份），放入氢氧化钠（0.1份）中浸泡24h，经搅拌溶解，再加入氯乙酸（0.35份）和碳酸钠（0.1份），最后加水搅拌成浆。为了防止霉变和变色，可加入少量盐酸将pH调至中性。

（4）生产牲畜饲料　废纸可以生产牲畜饲料，其方法是：将废纸切碎，加入水和2%的盐酸，然后煮沸2h，在高温和酸的作用下，纤维素发生分解断裂，再添加到饲料中（添加量为20%～40%），适量补加营养物，用来喂牲畜，其效果比普通饲料提高1/3。用此种饲料喂养的牛羊，比一般饲料的要少疾病，多长膘。

项目 2　包装用纸和纸板的性能检测

项目任务

分成检测项目小组，教师下发包装材料检验通知，根据国家标准和实训指导书的要求，完成纸和纸板包装材料定量、厚度、抗张强度、耐折度、撕裂度、挺度、耐破度、戳穿强度、含水率和白度等指标的性能测试，提交实训报告。

- ◆ 具有能够根据纸和纸板用途的不同，初步选择评价其质量的主要性能指标的能力。
- ◆ 具有能够利用互联网快速准确查阅相关国家标准或行业标准的能力。
- ◆ 具有科学地进行纸和纸板性能测试采样的能力，以及正确进行试样裁切和预处理的能力。
- ◆ 具有正确分辨纸和纸板纵横向和正反面的能力，为后续测试做好准备。
- ◆ 具有正确使用和维护相应的包装材料的检测设备，并进行标准化操作，完成数据处理工作，准确测试和评价包装材料的质量的能力。
- ◆ 具有爱岗敬业、爱护设备、具有高度的责任心、团结合作的职业操守；严格执行相关标准、工作程序与规范、安全操作规程的职业道德素质。

纸包装广泛用于食品、医药、五金、百货、电器等商品的包装，其中纸、纸板是重要的纸包装材料。在选用纸包装时，首先要掌握商品的特点及其对包装的基本要求，同时应当对纸和纸板包装材料，特别是常用纸和纸板包装材料的基本性能及主要特点有一个比较清楚的了解。这样，就能选择到比较理想的纸包装材料。

商品对包装有许多要求，如缓冲性能、透气或阻隔性能、防水防潮等。作为包装材料，纸和纸板应该具备各种包装适性，以满足不同商品包装的要求。

一、纸包装材料性能要求

1. 外观性能

纸和纸板的外观性能主要是指通过肉眼可以观察到的纸张质量缺陷，也称外观纸病，如尘埃度、斑点、砂子、浆疙瘩、孔洞、针眼、透明点、半透明点、皱纹、裂口、折子、条痕，显著的网痕、毛布痕、鱼鳞斑、同批纸张色调的显著差别等，因纸的种类和用途不同，对外观质量要求也不一样。

2. 强度性能

所谓纸和纸板的强度是指在外力作用下，材料本身发生破裂时所能承受的最大应力，也是纸和纸板的物理机械强度。如纸袋纸的抗张强度和撕裂度，纸板的耐破度，瓦楞纸板的戳穿强度等，对商品的保护而言都显得尤为重要。

3. 抗弯曲及压缩性能

纸和纸板抗弯曲及压缩性能是制造包装箱、盒的重要指标，它包括挺度、环压强度、边压强度、平压强度等。

4. 表面性能

纸和纸板的表面性能包括粗糙度、平滑度、印刷表面强度以及掉毛、耐磨、粘合等性能。对于需要精美印刷或用于瓦楞纸板制造的瓦楞原纸和箱纸板，纸张表面性能良好显得十分重要。

5. 透气与吸收性能

纸和纸板的透气性能包括透气度、透气阻力、水蒸气透过率等指标；吸收性能主要是指吸水性、油墨吸收性、施胶度等。这些性能对于防潮包装、防锈包装、保鲜包装、粉粒料包装和液体包装尤为重要。

6. 光学性能

纸和纸板的光学性能反映了其对投射光线的反射、透射和吸收的能力，给人的感官视觉就是纸张白度、透明度、不透明度、光泽度和颜色等性能指标。绝大部分包装用纸对光学性能都有具体要求，尤其用于高档商品包装的铸涂纸板和用于香烟包装及制作标签的铜版纸，对纸张白度、光泽度要求很高。

7. 适印性能

包装纸和纸板必须具有良好的适印性能，才能制造出外观精美的包装。随着商品竞争日趋激烈，包装装潢印刷技术要求越来越高。目前在印刷方式上，除了传统的凸版、凹版和平版印刷外，还广泛采用丝网印刷、柔性版印刷、凹凸印刷、烫金等印刷工艺；印刷油墨有水性、油性、速干性和苯胺油墨等多种。不论采用何种印刷方式，都要求纸和纸板有良好的油墨吸收性、表面均一性、尺寸稳定性等，只有这样才能印制出精美的包装效果与制品。

8. 卫生、化学性能

对于专门用途的纸和纸板，除了一般性能以外，在卫生、化学性能方面还有专门的要求，如用于食品、药品、化妆品包装用纸，必须检测安全卫生性，包括砷、铅含量，荧光物质、大肠杆菌检出水平，应当控制在安全的范围内。

纸和纸板的化学性能主要指水分、灰分、化学组成和其水抽提物的酸碱度等。化学组成指纸和纸板的纤维、填料和涂料等，一些金属离子如铜、铁、锰、钙、钾、钠等的含量，它们对纸和纸板的物理性能、光学性能、印刷性能、电气性能均有较大的影响。不同用途的包装纸和纸板对化学性能要求不同，例如防锈原纸对水抽提液的值、水溶性氯化物和硫酸盐含量有严格的规定。

另外，一些特殊功能的包装纸和纸板还要进行规定的性能检测，如防锈纸的防锈性能，保鲜纸的保鲜性能，集成电路、半导体元器件包装的防静电性能等。

根据国家标准使用仪器进行纸和纸板性能指标的测试，可以全面了解影响纸和纸板性能的因素，并能将检测结果作为商品选用包装材料的依据。

二、纸和纸板包装材料性能检测

（一）试验样品的准备

1. 试样的采取

为了保证产品质量，给用户提供合格的产品，除了生产上按时对产品进行取样检查外，在交付使用前，用户也要对整批（批：品种相同，特性相同的纸或纸板的集合体，批的包装单位是根据产品标准所规定的）产品进行抽样检查。抽样的原则是，取样尽量少要有代表性。

目前我国实行的标准规定，从整批产品中采取试样时，应先从其中抽出若干包装单位（规定平板和卷筒包装抽取3%～5%的包装单位；卷盘包装抽取0.2%的包装单位）。然后再从抽出的包装单位中采取试样，进行检测。要检测的试样应能代表整批产品所具有的性能；试样要保持平整，不折不皱，没有破损或其他纸病；要避免阳光照射，防止潮湿或局部温、湿度变化；供测水分的试样应立即置于干燥、严密的容器内。以上为成批产品交付使用时的抽样方法。在生产中，可根据各厂的具体情况，按时或按纸辊取样进行检测，以及时掌握生产情况，控制生产，保证产品质量。

（1）选取包装单位　按 GB/T 2828 的规定选取，包装单位应该是无损伤并有完整的包装。

（2）整张样品的选取　从所选取的包装单位中取整张样品，其方法如下。

① 平板纸的取样。按所选取的包装单位的总张数抽取样品，其数量如下表 1-2-1 所示。

表 1-2-1　　平板纸取样数量

整批材料张数	最少取样张数	整批材料张数	最少取样张数
1000 以下	10	5000 以上	20
1001～5000	15		

② 卷筒纸的取样。从卷筒外部去掉全部受损伤的纸层，在未损伤的部分再去掉三层（定量不超过 225g/m²）。或一层（定量超过 225g/m²）沿卷筒的全幅刀切一刀，其深度要能满足取样所要的张数，让切取的纸样与纸卷分离。

从每叠切取的纸样上，随机采取相同张数的纸样，取样方法如上表所示。整批材料的张数即相当于全部卷筒所能切出的相应大小的总张数。

③ 盘纸的取样。去掉卷盘外部带有破损、皱纹或其他外观纸病的纸幅，切取长 5～10m 的纸条，按上表所示取样方法，从总的纸条中随机采取所需的试样。

产品的采样方法，目前各国尚不一致，ISO 国际标准采取数理统计方法，我国参照 ISO 标准制定了 GB 2828—1987《逐批检查计数抽样程序及抽样表》标准。该抽样方法已在我国一些行业得到贯彻，造纸行业也正在探讨采纳，以取代现行的百分数抽样方法。

2. 试样的切裁

按检测所规定的尺寸大小，用切纸刀从纸样上切取一定长宽的纸条或纸片，并注明其纵横向和正反面。对有缺陷和有纸病的纸样应废弃不用。

3. 试样的处理

构成纸和纸板的纤维材料具有亲水性，因此，周围环境温湿度的变化，必然要引起纸页水分含量的变化，而水分含量的变化使纤维间的结合状况会发生变化，从而使纸张的技术性能受到影响。因此，纸与纸板在进行检测前，必须先在一定的相对湿度和温度下进行处理，使水分达到平衡后再进行检测，这样才能得到准确、具有可比性的结果。

图 1-2-1　恒温恒湿箱

4. 检验状态分析

包装行业通常采用如下两个包装物料的检验状态：试验纸浆、纸和纸板用的标准大气应是相对湿度（50±2）%、温度（23±1）℃，一般纸预处理 4h，薄纸至少要 5～8h，高定量或其他纸种至少要 48h 或更长（标准来源：GB/T 10739—2002《纸浆、纸和纸板试样处理和试验的标准大气》）；纸箱试样温度、湿度分别为（23±2）℃，（50±5）%预处理 24h（标准来源：SN/T 0262—93《出口商品运输包装瓦楞纸箱检验规程》）。试样放在恒温恒湿箱预处理，如图 1-2-1 所示。

（二）纸和纸板纵横向和正反面的检测

1. 纵横向检测

纸和纸板经造纸机成形后具有一定方向性。通常把纸张分为纵横两个方向：与造纸机运行平行的方向为纵向；垂直于造纸机运行的方向为横向。纸张的许多性能因纵横向的不同而有差别，如抗张强度和耐折度，其纵向大于横向，撕裂度则横向大于纵向。很多纸张在使用时要求纵横向强度尽量接近一致，但有些纸则要求纵向强度要大。因此，在检测纸张的性能时，一定要区别其纵横向。未经起皱处理（含弹性处理）的纸的纵横向按下述方法之一检测：

（1）从所取纸样切取两条相互垂直的长约 200mm、宽 15mm 的纸条。将其重叠，用手捏住一端，使另一端自由弯向手指的下方，若两纸条重合，则上面的一条为横向；若两纸条分开，则上面的一条为纵向。如图 1-2-2 所示。

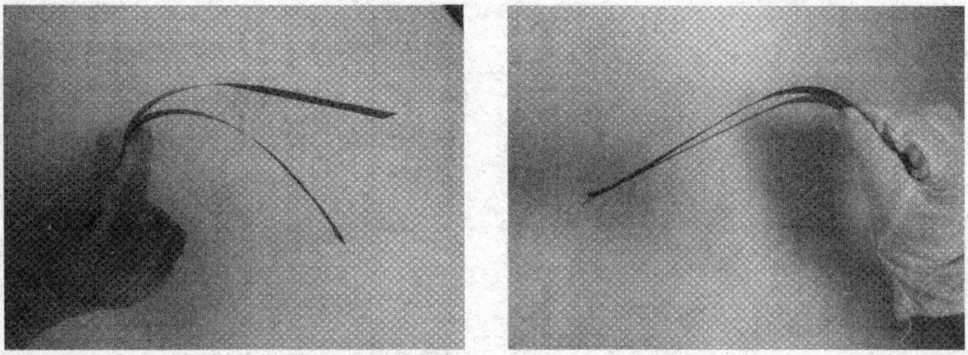

图 1-2-2　辨别纸样纵横向的方法——纸条弯曲法

（2）沿原试样平行方向切取约 50mm×50mm 见方的试片，标注方向，将其置于水面上，观察卷曲方向，与卷曲轴平行的方向为纸的纵向。皱纹纸（含经弹性处理的纸）纵横向的检测；与皱纹平行的方向为纸的横向。

2. 正反面的检测

纸张分正、反两个表面。贴向铜网的一面为反面，亦称网面；接触毛毯的一面为正面，亦称毛毯面。纸张的反面固有网痕，加之细小纤维流失率大，因而使纸面较粗糙且疏松，正面相对较紧密。纸张两面结构组成的差异，使纸张的一些性能如平滑度、白度、施胶度等，因纸张正反面而呈现差别。这种差别，称为纸张的两面性。

纸张的一些性能检验，习惯上正、反面都做，若只检验一面，必须说明检验的是哪一面。

纸张正反面的鉴别方法：

① 将纸页折叠，使两面处于同一方位上，观察两面的状况，有纸机网印者，即为反面（网面），另一面即为正面。

② 若用眼直接观察不清楚时，可借助于放大镜或用水（或弱碱液）将纸页湿渍，放置数分钟后再观察，呈现纸机网印者，即为反面。

（三）纸和纸板基本物理性能的检测

1. 定量

定量是指纸或纸板每平方米的重量，以 g/m^2 表示。定量是纸和纸板重要的指标之一，定量的大小会影响纸张的技术性能，但为了节约原料，增加单位使用面积，在保证使用性能的前提下，应尽量降低纸张的定量。

（1）仪器　用电子天平或定量测定仪进行称量。

（2）检测步骤

① 取样。平板纸和卷筒纸利用专用的定量取样器（图 1-2-3）切取试样直径：$\phi(112.84\pm0.05)$mm（面积 100cm^2），至少 5 张为一组，一并称量（图 1-2-4），使用时将需要切取的纸样放入上刀刃与下刀刃之间，按下手柄，上刀刃向下移动并切下试样。试样落在接样板上并从侧面自动滑出。一次切冲完成后，松开手柄，上刀刃由于弹簧作用能自动升起复位；宽度在 106mm 以下的盘纸应按卷盘全宽切取 5 条长 300mm 的纸条，一并称量（图 1-2-5）。并测量纸条的长边和短边（准确至 0.1mm），计算面积。

图 1-2-3　定量取样器

图 1-2-4　D-DLY50 型纸与纸板定量测定仪

② 测试准备。将随机附带的稳压电源插入仪器右后侧电源插孔内，接通电源，预热 30min。

③ 校准。按质量键，按清零键，将随机附带的 50g 5 级 M1 专用校准砝码放置在载物盘上，待显示值稳定后按校准键，2～3s 后显示屏显示“50.00”，取下砝码，校准完毕。

④ 测试

a. 按试样层数选择键（五层、四层或十层），按清零键，然后将相应层数或相应面积的试样放在载物盘中，显示屏将显示出被测试样的定量。

b. 取下试样，待显示回复零位后，再放另一组试样，显示屏显示出第二次测定的定量值。依此可连续进行多次测定。

（3）结果计算（若利用电子天平测定，需要进行结果计算）

定量按下式计算：

$$G=\left|\frac{m}{A}\right|=\frac{m}{S_a n}$$

式中　G——试样的定量，g/m^2

m——试样总质量，g

A——试样总面积，m^2

S_a——单张试样面积，m^2

n——试样张数

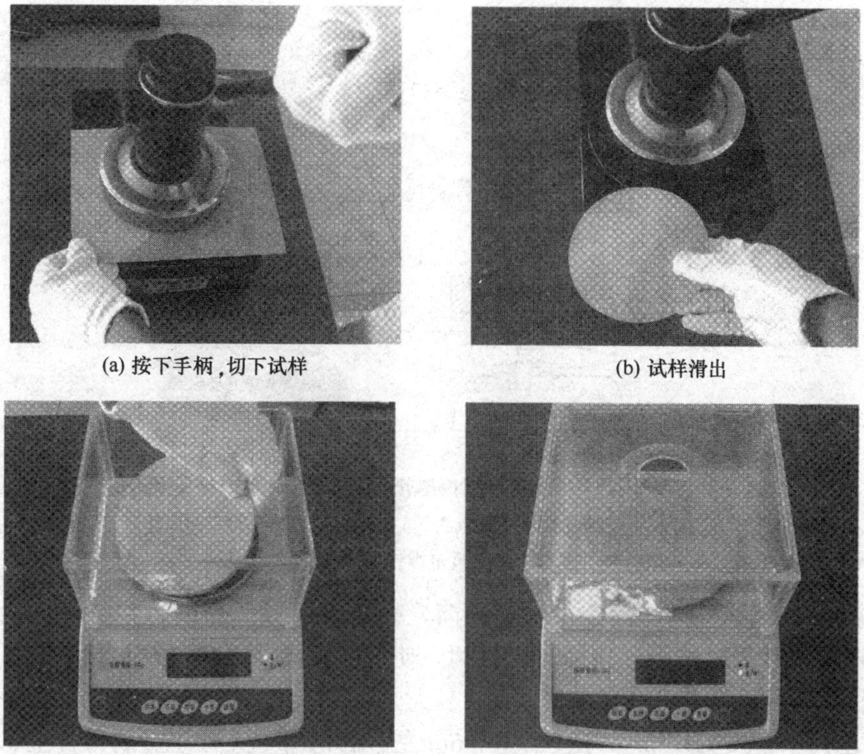

(a) 按下手柄，切下试样　　(b) 试样滑出

(c) 选择试样层数，放入试样　　(d) 读取数据

图 1-2-5　纸样定量检测流程图

以所有检测值的算术平均值表示结果，并报出最大值和最小值。计算结果取三位有效数字。

纸和纸板的物理性能（抗张强度、耐破度、撕裂度、环压强度等）都与定量有关。为了使同一类型的纸张的强度具有可比性，需要将有些物理性能换算为抗张指数、裂断长、耐破指数、撕裂指数和环压指数等，其间都涉及到纸和纸板的定量。

2. 厚度

厚度是指纸样在测量板间经受一定压力所测得的纸样两面之间的垂直距离，其结果以 mm 表示。

厚度能影响纸和纸板的很多技术性能，要求一批产品每张纸的厚度应趋一致，同一张纸不同部位之间的厚度亦应一致，以保证使用效果。

(1) 仪器及工作原理　厚度检测仪（厚度计）有电动和手动两种形式。

① 仪器结构。J-HDY04 型纸与纸板厚度测定仪如图 1-2-6 所示。包括四部分：

a. 测量机构。由重锤、测量头和量砧组成。规定测量面积为 0.05cm^2，测量压力为 (100±10)kPa [(1±0.1)kg/cm^2]。

b. 指示机构。为一标准型百分表或千分表，用以记录厚度数值。其刻度的精确度在 0.005mm 之内。

c. 提升机构。用以升降测量头，以取放纸样。座体：由底座与上述三部分机构连接构成仪器的整体。

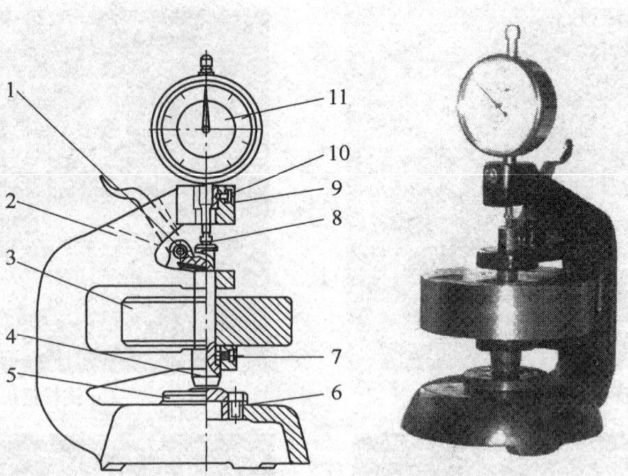

图 1-2-6　J-HDY04 型纸与纸板厚度测定仪结构原理图及外型图

1—拨杆　2—座体　3—重锤　4—测量头　5—量砧　6—螺钉　7—顶丝　8—小轴　9—铜套　10—紧定螺钉　11—百分表

② 工作原理。置纸样于测量头与量砧间，并受重锤一定的压力，纸样所占居的厚度通过测量杆的位移传递给量表内的齿轮机构，使表针转动一个角度从而得到厚度的读数。

(2) 仪器的校准

① 测量面平行度的校准。将直径 1.5mm 左右的钢珠，夹持于金属薄片上，置于两测量面间，在测量面的 5 个不同位置测量其厚度，各点所测结果相差不得超过 0.005mm。

② 测量面单位压力的校准。用一根金属丝，一端系在厚度计压力杆的顶部，另一端连在事先校准的准确度不小于 100mN (10g) 的天平上，检测拉力测量板所需的力，将其换算成测量板上的单位压力应为 (100±10)kPa [(1±0.1)kg/cm^2]。

③ 刻度值的校准。将指针调至零点，然后用精度 0.001mm 的标准厚度块，或经校准的塞缝尺，在全部测量范围内校准若干点的刻度值。

纸样厚度检测流程图见图 1-2-7 所示。

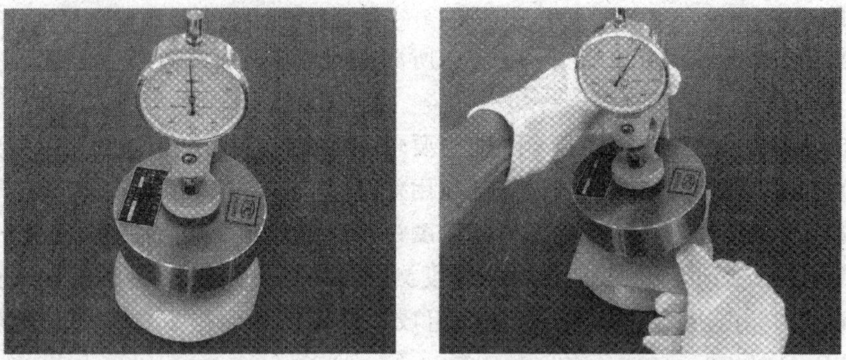

(a) 指针调至零点　　(b) 放入试样进行测量读数

图 1-2-7　纸样厚度检测流程图

(3) 检测步骤

① 按标准规定采取试样，以每张纸样上切取 100mm×100mm 的试样至少 5 张。

② 按下拨杆，抬起测量头至足以放入纸样的高度（若为电动的，则由仪器自动控制高度），置纸样于测量头与量砧之间。

③ 缓慢放松拨杆，使测量头与纸样接触（若为电动的，则自动下降接触纸样），待指针稳定后读数。在纸样的不同位置测量厚度，至少两处。

④ 宽度在 100mm 以下的盘纸，应按全宽切取 5 条长 300mm 的纸条，在每条不同位置测量其厚度，至少两处。

（4）结果计算　以所有检测值的算术平均值表示结果，并报出最大值和最小值。厚度小于 0.05mm 的纸准确至 0.001mm。厚度小于 0.2mm 的纸，准确至 0.005mm。厚度在 0.2mm 以上的纸，准确至 0.01mm。

3. 紧度和松厚度

紧度又称表观密度，是指每立方厘米的纸或纸板的质量，是由定量和厚度计算而得，单位为 g/cm^3。紧度与纸浆品种、打浆状况以及抄造条件有关，是衡量纸或纸板组织结构紧密程度的指标，决定着纸张的透气度、吸收性、刚性和强度等性能。因此，紧度是纸或纸板很重要的性能指标之一。紧度按下式计算：

$$D=\frac{G}{t}$$

式中　D——紧度，g/cm^3

G——定量，g/m^2

t——厚度，mm

计算结果准确至 $0.01g/cm^3$。

松厚度为紧度的倒数，单位为 cm^3/g。

4. 纸和纸板化学性能——水分的检测

水分是指纸或纸板在规定的烘干温度下，烘至恒重时，所减少的质量与试样原质量之比，以百分数表示。

（1）仪器

① 天平感量 0.001g。

② 干燥器。

③ 温度可以控制在（105±2）℃的烘箱。

（2）试样的选取、制备和称量

① 当单位是令或包时。

a. 纸或纸板的定量小于或等于 $225g/m^2$。从每令或每包的中央至少连续取 4 张试样，将试样快速折叠或切开，装入容器中，容器内装的试样质量至少为 50g，称量装有试样的容器，并计算试样的质量。

b. 纸或纸板的定量大于 $225g/m^2$。从每包或每令的中部取一张或多张试样。取宽度 50～75mm，长度不小于 150mm 的样品条。其总质量至少为 50g，立即装入容器中，称量装有试样的容器，并计算试样的质量。

从每令或每包的中部，连续取若干张样品，将这些样品切成 50～75mm 试样条，并切取距离原样品页边 150mm 以内的纸或纸板，切好后去掉顶层和底层试样条，将中间的两组合并成一种试样，从边上切取的两组试样组成另外两种试样，每种要有两份试样，每份试样质量至少为50g，立即将各份试样放入容器中，分别称量装有试样条的各容器，计算出每个试样的质量。

② 当单位是卷筒时。将卷筒外部的损坏层全部取下弃去，如果定量小于$225g/m^2$，至少再去三层未损坏层。如果定量大于$225g/m^2$，至少再去一层未损坏层。将卷筒按横向切取至少厚5mm的样品层，然后将样品层铺平，从纵向切取宽50～75mm的试样组条，从靠近卷筒两边上各切取一组试样条，在两边之间的中部处切取另一组试样条，或从卷筒上整幅切取。试样切取时注意不要使一叠样品中的纸页或一组样品中的纸条分开。弃去每组试样条的上层和底层纸页，将余下的试样条合并在一起组成试样，并将不少于50g的试样装入容器中。若50g试样体积过大，可用较少量试样，但应在试验报告中说明。

(3) 检测步骤　取样前，将洁净、干燥的容器编上号，并在大气中平衡，然后将每个容器称重，并盖好备用。

将试样放入已烘干至恒重的容器中，打开容器的盖子，连盖一起放入(105±2)℃的烘箱中烘干，试样也可以从容器内取出来摊开烘，容器和盖也在同一烘箱中烘干。当烘干结束后，应在烘箱内将容器盖好。如摊开烘，应将纸条放回容器中盖好。移入干燥器中，冷却30min称量，重复上述操作，直至两次称量相差不大于原试样重的0.1%时，即可认为达到恒重。

(4) 结果计算　水分X(%)按下式计算：

$$X=\frac{m_1-m_2}{m_1}\times 100\%$$

式中　m_1——烘干前试样质量，g

m_2——烘干后试样质量，g

测试结果准确至0.1%。

(四) 纸和纸板机械性能的检测

1. 抗张强度和伸长率

抗张强度是指纸或纸板在一定条件下所能承受的最大张力。通常以下面几种方式表示：①抗张强度。一定宽度的试样断裂时所承受的张力，以kN/m表示；②裂断长。一定宽度的试样由本身重量将其拉断时的长度，以m表示。

纸和纸板的抗张强度受纤维的结合力和纤维本身的强度影响，而纤维的结合力是影响抗张强度的决定因素。抗张强度是很多纸种应予检测的性能指标，对于包装纸和纸板尤为重要，是纸袋纸、包装纸、纸绳纸、纱管纸、电缆纸等纸张的重要指标。

伸长率为纸条受张力至断裂时所增加的长度对原试样长度的百分率，伸长率是衡量纸张韧性的一项指标，其值越大越能减轻外力冲击的破坏作用，对纸袋纸、包装纸等都是重要的性能

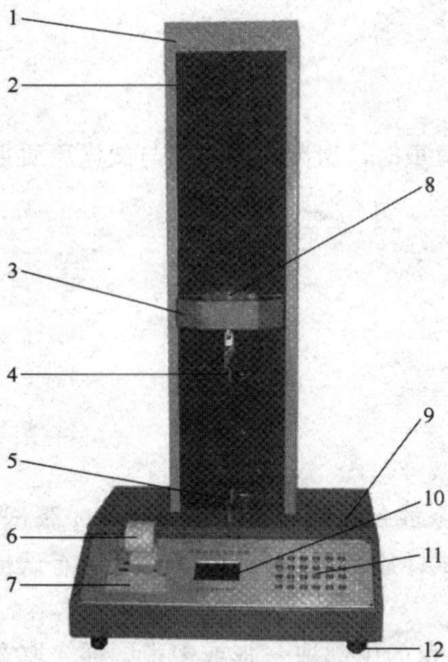

图1-2-8　DCP-KZ1000型电脑测控抗张试验机结构原理图及外型图

1—外罩　2—防尘折布　3—活动梁　4—上夹头　5—下夹头　6—打印纸卷　7—打印机　8—传感器压盖　9—圆水平器　10—液晶显示屏　11—操作按键　12—可调支足

指标。

（1）仪器及工作原理（图 1-2-8）　检测纸与纸板用的抗张强度检测目前用的较多的是电子拉力试验机。电子式拉力试验机是现代电子技术与机械传动技术相结合的产物，可对各种材料进行拉伸、压缩、弯曲等多项性能试验，且有测量范围宽、精度高、响应快等特点。工作可靠，效率高，可对试验数据进行实时显示记录、打印。

电子式拉力试验机是由测量系统、驱动系统、控制系统及电脑等结构组成。

① 测量系统

a. 力值的测量。通过测力传感器、放大器和数据处理系统来实现测量，最常用的测力传感器是应变片式传感器。所谓应变片式传感器，就是由应变片、弹性元件和某些附件（补偿元件、防护罩、接线插座、加载件）组成，能将某种机械量变成电量输出的器件。简单来说，外力 F 引起传感器内应变片的变形，导致电桥的不平衡，从而引起传感器输出电压的变化，我们通过测量输出电压的变化就可以知道力的大小。

一般来说，传感器的输出信号都是非常微弱的，通常只有几个毫伏，如果我们直接对此信号进行测量，是非常困难的，并且不能满足高精度测量要求。因此必须通过放大器将此微弱信号放大，放大后的信号电压可达 10V，此时的信号为模拟信号，这个模拟信号经过多路开关和 A/D 转换芯片转变为数字信号，然后进行数据处理，至此，力的测量告一段落。

b. 变形的测量。通过变形测量装置来测量，它是用来测量试样在试验过程中产生的形变。该装置上有两个夹头，经过一系列传动机构与装在测量装置顶部的光电编码器连在一起，当两夹头间的距离发生变化时，带动光电编码器的轴旋转，光电编码器就会有脉冲信号输出。再由单片机对此信号进行处理，就可以得出试样的变形量。

c. 横梁位移的测量。其原理同变形测量大致相同，都是通过测量光电编码器的输出脉冲数来获得横梁的位移量。

② 驱动系统。主要是用于试验机的横梁移动，其工作原理是由伺服系统控制电机，电机经过减速箱等一系列传动机构带动丝杆转动，从而达到控制横梁移动的目的。通过改变电机的转速，可以改变横梁的移动速度。

③ 控制系统。顾名思义，就是控制试验机运作的系统，人们通过操作台可以控制试验机的运作，通过显示屏可以获知试验机的状态及各项试验参数，若该机带有电脑的话，也可以由电脑实现各项功能并进行数据处理分析、试验结果打印。

④ 电脑。用来采集和分析数据，进入试验界面后，电脑会不断采集各试样试验数据，实时画出试验曲线，自动求出各试验参数及输出报表。

（2）检测步骤

① 接通电源，打开电源开关，通电预热 30min。

② 通过操作面板上的“夹距选择”键进行夹间距（试验长度）设定。

③ 按“定量设置”键和“速度设置”键，设置试样定量和试验速度。

④ 根据实测的抗张力值，按照在测量上限值的 20%～80%内选择的原则，按动“量程选择”键，选择合适的测量范围挡位。

⑤ 测试（图 1-2-9）

a. 切取宽 15mm、长约 250mm 纵向和横向的试样至少各 5 条，按“准备”键，进入待测试状态。

b. 在上夹头上夹入一条或多条试样。

c. 轻轻拉直试样，将靠近固定钳口一侧的一条试样夹入下夹头钳口内。

d. 按“测试”键，试验机自动完成一次工作循环。读取试样断裂时的抗张强度至三位有效数字，伸长率准确至0.2%。纸条若在夹头内部或距夹口10mm以内断裂时，该数据应弃去不计。

e. 更换试样进行下一次试验，直至一组试验完毕。

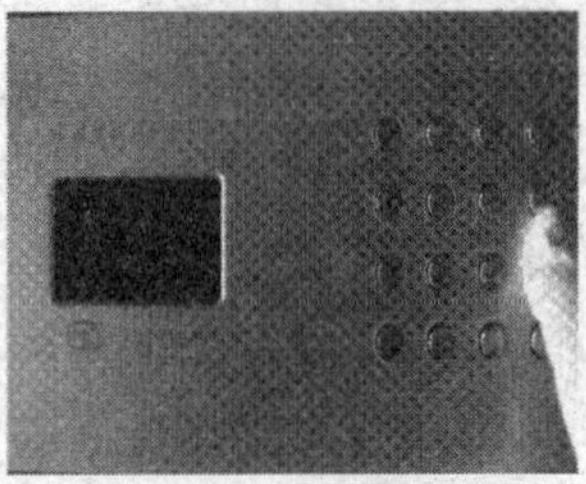

(a) 设置参数

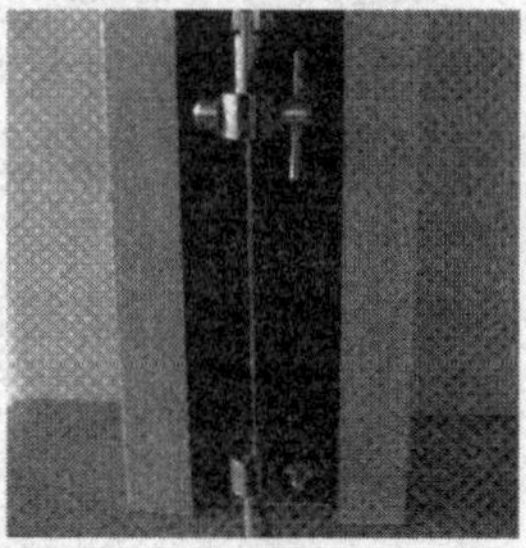

(b) 夹试样

(c) 进行测试

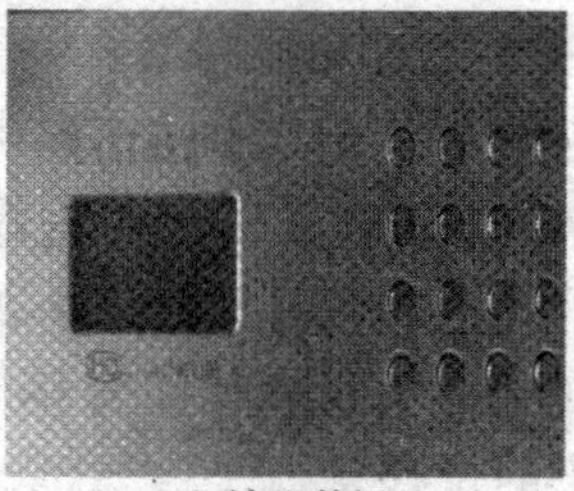

(d) 读取数据

图 1-2-9　纸样抗张性能检测流程图

(3) 结果计算

① 抗张强度。当试样断裂时，由仪器上指示的数值计算，以kN/m表示。

$$\sigma=\frac{\overline{F}}{L_W}$$

式中　σ——抗张强度，kN/m

$\overline{F}$——平均抗张力，N

L_W——试验纸条的宽度，mm

结果取三位有效数字。

② 裂断长。

$$L_B=\frac{1}{9.8}\times\frac{\sigma}{G}\times10^3=\frac{1}{9.8}\times\frac{\overline{F}}{L_W\cdot G}\times10^3=\frac{\overline{F}L_1}{9.8m}$$

式中　L_B——裂断长，km

$\overline{F}$——平均抗张力，N

σ——抗张强度，kN/m

G——定量，g/m^2

L_W——试样宽度，mm

L_1——夹子间初始长度，mm

m——夹子间纸条的平均质量，mg

若试样的定量波动较大和精确度要求较高时，可由检测抗张强度的纸条本身的重量换算裂断长。

③ 抗张指数

$$Y=\frac{\sigma}{G}\times 10^3 \qquad Y=\frac{\overline{F}}{L_W \cdot G}\times 10^3$$

式中 Y——抗张指数，N·m/g

σ——抗张强度，k N/m

G——定量，g/m^2

④ 伸长率

$$\xi=\frac{\Delta l}{l_0}\times 100\%=\frac{l-l_0}{l_0}\times 100\%$$

式中 ξ——伸长率，%

Δl——伸长，mm

l——试样断裂时试样夹间距离，mm

l_0——试样夹之间的起始长度，mm

试样的抗张强度和伸长率，按纵横向进行检测，分别以所有检测值的算术平均值表示结果，并报出最大值和最小值。

计算结果准确至三位有效数字。

2. 纸和纸板耐破度的检测

耐破度是指纸或纸板在单位面积上所能承受的均匀增加的最大压力，以 kPa 表示。

耐破度检测简单，广泛用于生产中的检测，是纸袋纸、包装纸及纸板的一项重要性能指标。耐破度与纤维长度和纤维结合力有关，纤维长度和结合力高的纸张其耐破度亦高。浆料的机械处理方式及打浆程度直接影响浆料纤维的平均长度及纤维的结合力，提高打浆度，则耐破度增加，但打浆度过高，反使耐破度下降。耐破度是纸张许多强度性能的综合反映，它与抗张强度、伸长率、撕裂强度都互有影响。

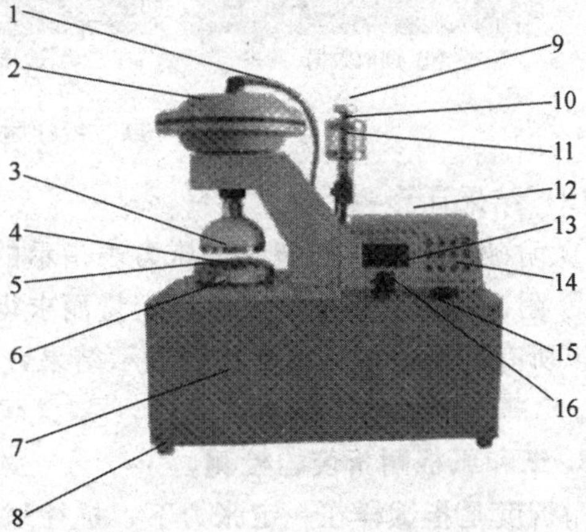

图 1-2-10 RH-P1200 \ RH-P5600 电脑纸张（纸板）耐破度仪结构原理图及外型图

1—气管 2—膜片汽缸 3—上夹环 4—胶膜 5—下夹环 6—压紧螺母 7—箱体 8—支足 9—旋钮 10—注油孔 11—注油杯 12—打印机 13—显示屏 14—按键 15—压力表 16—调压阀

(1) 仪器及工作原理（图 1-2-10） 目前常用的为缪伦（Mullen）式耐破度仪，分油压和气压两种。油压耐破度仪是以甘油为压力传递介质。气压耐破度仪是以压缩空气为压力源传递压力。

① 仪器结构。纸与纸板所用耐破度仪的结构基本相同，其组成包括压紧机构、传动加压机构和指示机构三部分。

② 工作原理。仪器是根据压力传递的原理设计的。开动电机，驱使活塞运动，对介质施加压力，通过橡胶膜将压力传递到压环中间的试样，使之逐渐凸起，直至破裂，试样破裂时所能承受的最大压力即为试样的耐破度。

(2) 检测步骤（图 1-2-11）

① 切取 70mm×70mm 的试样（纸板试样为 100mm×100mm）10 张。

② 置试样置于压环间，并夹紧。

③ 启动；由于压力的逐渐增加，试样破裂。

④ 记录数值。

⑤ 提起上压环，取出破裂的试样，放入新的试样，进行下一个检测，正面和反面各做五次。

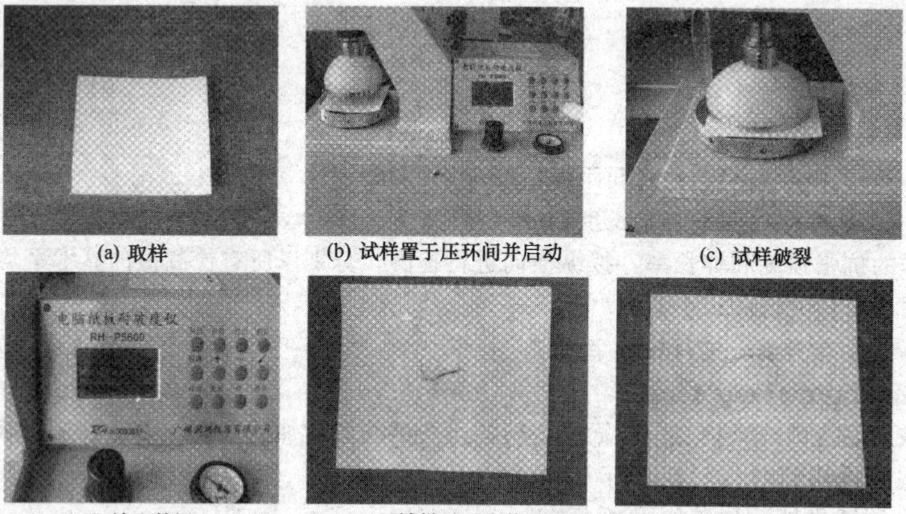

(a) 取样　(b) 试样置于压环间并启动　(c) 试样破裂

(d) 读取数据　(e) 试样正面破裂　(f) 试样反面破裂

图 1-2-11　纸样耐破度性能检测流程图

(3) 结果计算

① 耐破度。试样破裂时，压力表指示的数值耐破度，

② 耐破指数。由耐破度除以定量而求得，以 $kPa \cdot m^2/g$ 表示。

以所有检测值的算术平均值表示结果，并报出最大值和最小值。计算结果取两位有效数字。

3. 纸和纸板耐折度的检测

耐折度是指试样在一定张力下，抗往复折叠的能力，以折叠次数表示。耐折度受纤维的长度、纤维本身的强度和纤维间的结合状况影响。凡纤维长度大、纤维的强度高和纤维结合力大者，其耐折度就高。耐折度也受纸张水分含量的影响，水分含量低纸张发脆，耐折度低，适当增加含水量，纸张的柔性提高，耐折度随之增大，但水分含量超过一定限度耐折度开始下降。另外，耐折度受打浆程度的影响，在一定程度内，耐折度随打浆度的增加而增加，继续提高打浆度到一定程度，由于纤维的平均长度下降，纤维交织紧密，纸质变脆，则使耐折度下降。因此，在实际生产上控制好影响因素，对保证纸张有较好的耐折强度甚为重要。

许多纸和纸板如白纸板和箱纸板等在加工和使用过程中要经受多次折叠，而耐折度则能较好地反映出纸张抗反复折叠的能力，因此，耐折度的检测被广泛采用。

常用的耐折度仪有两种，一种为卧式的，称作肖伯尔（Schopper）式，在工作时将试样往复折叠近180°；另一种为直立式的，称作MIT式，在工作时试样往复折叠角度为135°。本实验采用MIT式耐折度仪。

（1）仪器及工作原理（图1-2-12）

① 仪器结构。MIT式耐折度测定仪是根据国家标准（GB 457—2002）设计制造用于测量纸、纸板或其他小于或等于1mm的片状材料的耐折叠疲劳强度的专门设备。

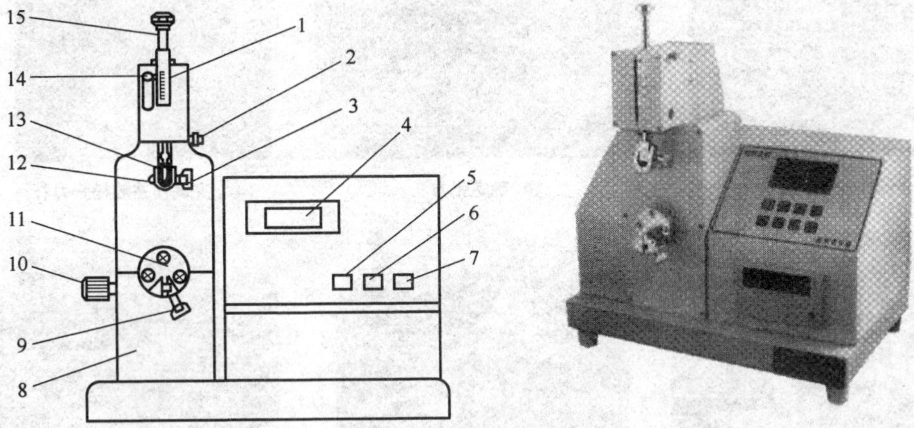

图1-2-12　DRK 111A型MIT式纸张耐折度仪结构原理图及外型图

1—张力度尺　2—制动螺钉　3—夹持手柄　4—显示器　5—"清零"键　6—"启动"键　7—"停止"键　8—下面板　9—夹持手柄　10—旋钮　11—下夹头　12—调节螺钉　13—上夹头　14—指针　15—张力杆

② 工作原理。MIT耐折度是指纸或纸板在一定张力下所能承受往复135°的双折次数，以往复折叠的双折次数或按以10为底的双折次数对数值表示。

耐折度是一种变相的抗张强度检验。试样在一定弹簧张力作用下，折叠区纤维经往复折叠而松弛，最终超过纸及纸板所能承受的最大抗张强度时断裂。纸及纸板耐折度受纤维长度、柔韧性（挠曲性）影响很大，受纸的纵横向和实验条件的影响也很大。纸及纸板在使用过程中需要承受多少次折叠，如用白纸板、箱纸板等制作不同规格大小的箱盒时，要求经受折叠而不易断裂。

（2）检测步骤（图1-2-13）

① 分别按纵向和横向切取宽15mm、长100mm（纸板长为140mm）的试样各6～10条。

② 根据试样厚度，选择缝口规格适宜的下夹头，并装于主机摆动轴法兰盘上。

③ 检查下夹头是否停在对中位置，如否，则应旋动手动旋钮使其对中。

④ 按下张力杆，使指针指在所需的张力上（一般纸为9.8N，纸板为9.8N或14.7N），转动制动螺钉，将张力杆固定。

⑤ 将试样竖直夹持在上下夹头之间，松开制动螺钉，放松张力杆，对试样施加张力。观察弹簧力指针（14）是否在所需位置（1kg 或 1.5kg）。如有误差，再重新调整。

⑥ 按测试键，开始测试直到试样断裂，试验停止，显示窗显示测试结果（双折次数）。

⑦ 松开螺母，取出断裂试样，提起弹簧销，使弹簧退回原位，拨回计数器至零（数字显示的仪器自动回零），进行下次检测。

⑧ 重复以上步骤，进行下一次试验，直到一组试验完毕。

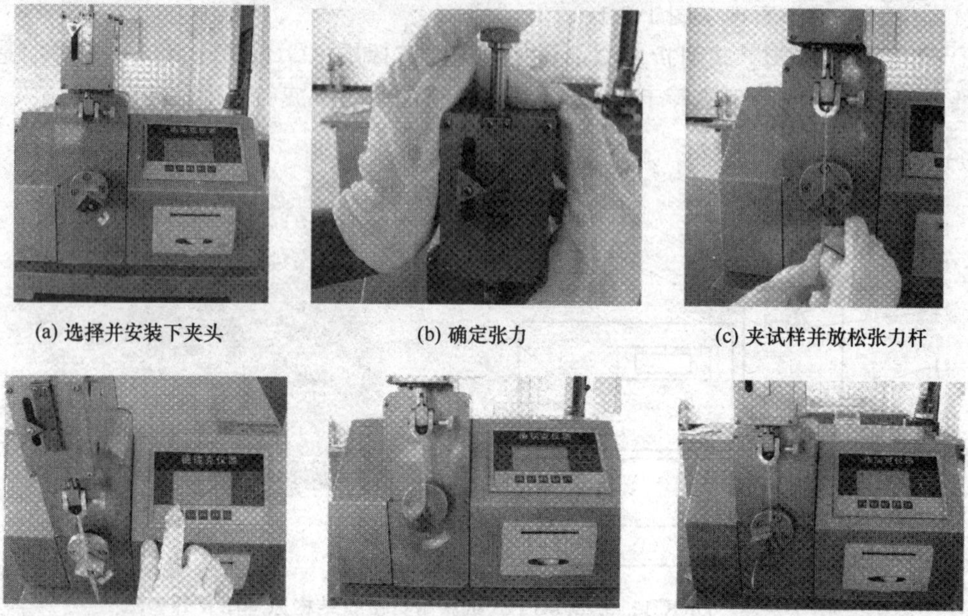

(a) 选择并安装下夹头　　(b) 确定张力　　(c) 夹试样并放松张力杆

(d) 按测试键　　(e) 测试过程　　(f) 试样折断并读取数据

图 1-2-13　纸样耐折度性能检测流程图

（3）结果计算　纵向和横向各检测 6～10 个试样，分别以纵向和横向所有检测值的算术平均值表示结果，并报出最大值和最小值。

计算结果取至整数。

（4）注意事项

① 正反面性质有显著区别的试样，应使一半试样的正面，一半试样的反面向着操作侧进行检测。

② 耐折度受湿度的影响大，测试时操作者要离开仪器远一些，更不要对折叠头呼吸。另外，不要用手摸试样的折叠部分，严格操作应戴手套进行。仪器长时间工作，温度升高明显时，应停一段时间，再进行检测。

4. 纸板戳穿强度的检测

纸板戳穿强度是指用规定形状的戳穿头穿过试样所消耗的功，以 J 表示。纸板在制成纸箱或其他容器后，在使用或搬运过程中难免要遭到冲撞作用，为抵抗这种作用，使之免受破坏，要求纸板应具有足够的抗冲击强度。对纸板抗冲击性能的检测，通常在戳穿强度仪上进行。

（1）仪器及工作原理

① 仪器结构（图 1-2-14）。包括座体、摆、夹持装置和指示装置等。

a. 座体支持仪器整体。

b. 摆由弧形摆臂、摆轴、手柄、戳穿头组成。戳穿头为正三角棱锥形，高（25±0.7）mm，棱边圆角的半径为 1.5mm。戳穿头安装在 90°的圆弧形探臂上，通过摆的运动由戳穿头冲击纸板而进行戳穿。

c. 夹持装置其上有两块水平的上下夹板，有效面积不小于 175mm×175mm。夹板中间各有一个边长为（100±2）mm 的等边三角形的孔，上夹板与下夹板的孔应相重合。测试时，试样夹于两夹板间，施于上下夹板间的力不小于 250N（25kg），但最大不能大于 1000N（100kg）。

d. 指示装置包括数字显示仪。

刻度盘分度值：A 度盘：0～6J　分度值：0.05J

B 度盘：0～12J 分度值：0.1J

C 度盘：0～24J 分度值：0.2J

D 度盘：0～48J 分度值：0.2J

② 工作原理。置摆于一定位置而具有位能，释放摆，其位能转变成动能而摆动。用其戳穿头冲击试样而使之被戳穿。戳穿过程的总能量消耗即代表试样的戳穿强度，其值等于摆在开始和运动结束时的位能差。

图 1-2-14　DRK104B 型电脑测控纸板戳穿强度仪外型图

（2）检测步骤（图 1-2-15）　戳穿强度的试验方法是将所取试样分别以正、反面纵向和正、反面横向依次放在具有固定力（250～1000N）的带透孔的夹板中间，调整所需重锤把摩擦环套在角锥后面，选择和测试相适应的测量范围，调整零位，把指针拨到最高刻度值，然后启动释放装置，使摆臂推动角锥穿透试样，读取实测值。

① 将 175mm×175mm 的试样置于夹板中间，调节手轮，使压力弹簧均匀加压，以压紧试样，压力可调整在 250～600N（25～60kg）范围内。

② 选择适当的测试挡位后，挂上所需的重砣及滚花螺母（A 挡除外），将防摩擦环套在戳穿头上，把摆置于待检测位置。手动释放摆，戳穿头戳穿试样，液晶屏自动显示出试样的戳穿强度，以 J 表示。检测结果应保持在刻度值的 20%～80%范围内，否则，应调节重砣重量。

③ 提起手柄，使摆恢复原位，拨回指针，转动手轮，更换试样，进行下一个检测。取 8 张试样，一半（正、反各两张）以纵向平行于摆动平面的方向，一半（正、反各两张）以横向平行于摆动平面的方向进行检测。

（3）结果计算　以所有检测值的算术平均值表示结果，并报出最大值和最小值。

（4）注意事项

① 检测完后，必须将保险手柄拨回，并固定好摆体。

(a) 夹试样

(b) 选择挡位

(c) 悬挂重砣

(d) 准备释放摆

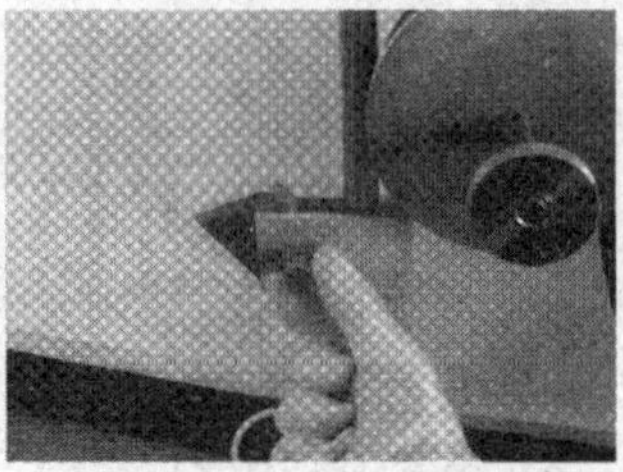
(e) 悬松摆控制块

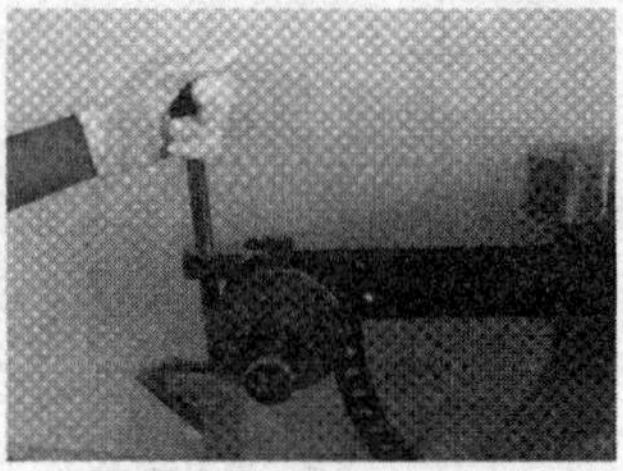
(f) 手动释放摆

(g) 试样被戳穿

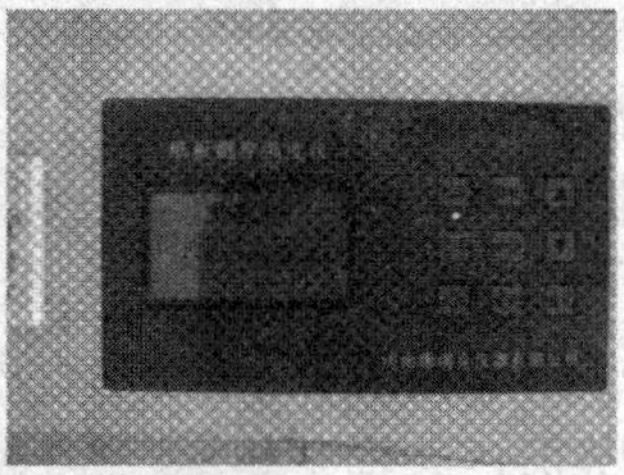
(h) 读取数据

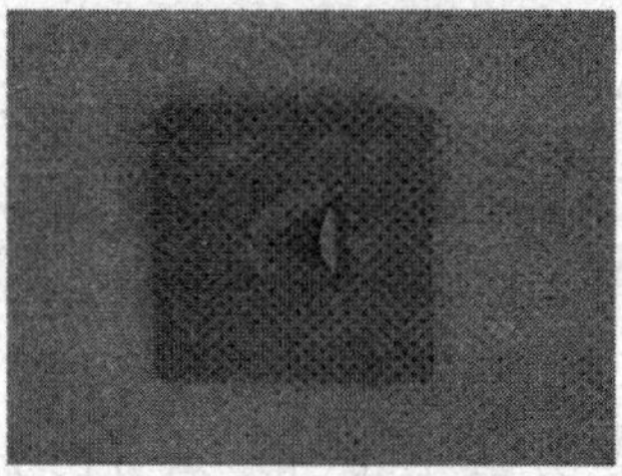
(i) 戳穿后试样

图 1-2-15　纸样戳穿强度性能检测流程图

② 在仪器空载时，不准随意释放摆体，以免损伤仪器。

5. 纸板挺度的检测

纸板挺度是指在一定条件下弯曲宽度为 38mm 的试样至 15°角时的弯矩，以 mN·m（g·cm）表示。

挺度代表试样的抗弯曲能力，是纸板的一项很重要的性能指标。纸板做成纸箱或其他器具后，须具有足够的挺度，才能承受外界的压力而不致弯曲变形或破坏，因此，挺度对于用作包装材料的黄纸板、箱纸板、白纸板、瓦楞原纸等材料是十分重要的。

（1）仪器及工作原理　国内外目前用于测试挺度的仪器型式很多，如克拉克（Clark）式、葛尔莱（Gurley）式、泰伯（Taber）式等检测仪。前两种仪器多用于纸的挺度的检测，泰伯式挺度仪用于纸板挺度的检测，该挺度仪检测挺度的方法已纳入 ISO 标准，我国也采用该仪器检测纸板的挺度，下面介绍其仪器结构、工作原理和操作方法。

① 仪器结构（图 1-2-16）。

a. 传动部分。由微型电机、齿轮系统组成。开动电机，通过齿轮系统带动角度盘转动。

b. 测试部分。由负荷盘、角度盘、负荷摆、推纸辊、试样夹等组成。负荷盘为固定盘，其左右刻有 0～100 分度，指示弯曲力矩。角度盘为动盘，由电机通过齿轮转动。其上标有 7.5°和15°刻度线。在角度盘的下部装有推纸架，架上装有一对推纸辊，检测时，通过推纸辊使试样受力而弯曲。负荷摆支承在主轴上，可以绕轴摆动。在摆的上部有一个平衡锤，下部有一个安放重砣的小轴。在摆的旋转中心处安装一个试样夹，其下缘中心与旋转中心重合。

图 1-2-16　DRK106 纸板挺度测定仪外型图

② 工作原理。仪器是根据力矩对转轴中心平衡的原理设置的，仪器未启动前，摆和试样处于垂直位置，其中心线与试样和角度盘的中心线三者重合。仪器运转时，摆和角度盘顺时针转动，同时角度盘带动推纸架转动，从而使推纸辊对试样产生一个弯曲力矩。当转到摆的中心线和角度盘的中心线的相对应角为 15°，即试样被弯曲 15°角时停止运转。

由挺度定义，当试样弯曲 15°角时，其挺度等于所受的弯矩。

③ 仪器的调节及校准。

a. 调节仪器至水平，再调节角度盘，使摆的中心线与角度盘、负荷盘的零线重合。

b. 摆的灵敏度的校准：移动摆至 15°角，释放摆使之自由摆动，其摆动次数不得少于 20 次。

(2) 检测步骤（图 1-2-17）

① 切取长 70±1mm，宽 38±0.1mm 的试样纵横向至少各 5 条。

② 试样的一端垂直夹入试样夹内，另一端插入推纸辊间，然后用小辊的调距装置把试样和两辊之间的距离之和调至 0.33±0.03mm。注意，要使试样和摆的中心线重合。

③ 按试样的挺度大小选择适宜的重砣，使在负荷盘指示的数值在 20～70 刻度之间。

④ 开动仪器，使试样弯曲，当摆的中心线和角度盘的 15°线重合时立即停止运转，读取摆的中心线在负荷盘上所指示的数值，准确至半个分度。以上操作分别向左右方向进行，检测试样向正面及反面弯曲 15°时的刻度平均值。若试样挺度过大或弯曲至 15°时折裂，可改用弯曲 7.5°时停止运转，读取刻度值，再乘以 2 即得弯曲 15°时的近似值。遇此情况应在报告中注明。

(3) 结果计算

试样的挺度按下式计算：

$$S=nR$$

式中　S——挺度，mN·m

R——试样左右弯曲 15°时平均刻度值

n——所用检测范围的换算系数

换算系数值取决于所加砝码大小。

按纵向及横向各 5 条进行检测，以纵向及横向所得检测值的算术平均值表示结果，并报出最大值和最小值。计算结果取三位有效数字。

(a) 调零

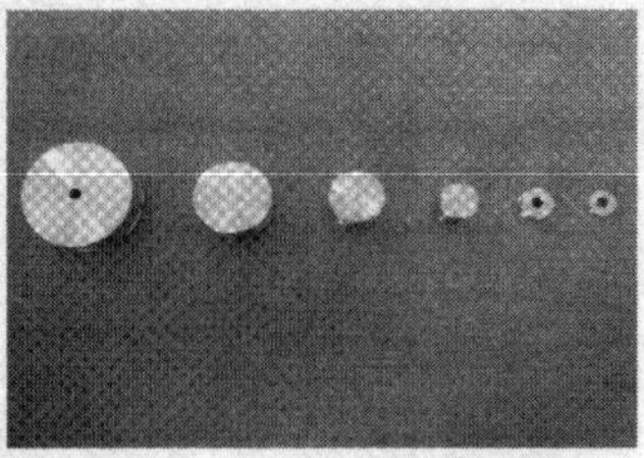
(b) 选择重砣

(c) 夹试样

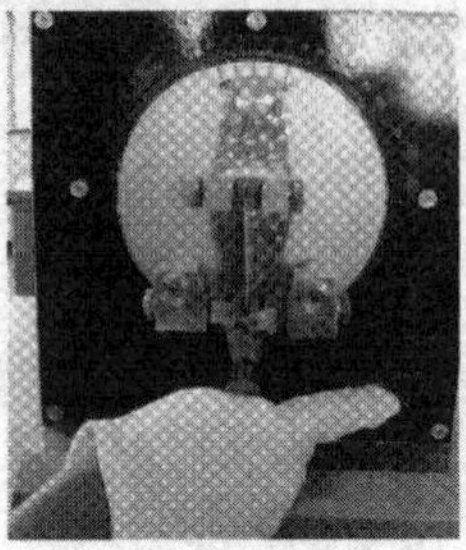
(d) 启动

(e) 读数

图 1-2-17　纸样挺度性能检测流程图

纸和纸板挺度与原料结构、组成及厚度有十分密切的关系。纸板的挺度与厚度的立方成正比，与长度的平方成反比。刚性纸包装容器要求使用的材料有较高的挺度，如果挺度小则很容易变形，影响包装质量；同时制造的纸箱、纸盒在不影响内装商品的前提下，应尽量减小高度。

6. 纸和纸板撕裂度的检测

撕裂度是指预先将试样切出一定长度的裂口，然后从裂口撕至一定长度时所需的功，单位为 N 或 mN，是纸和纸板的重要性能指标之一。

(1) 仪器及工作原理（图 1-2-18）

测试仪器：DRK108B 电子撕裂度测定仪

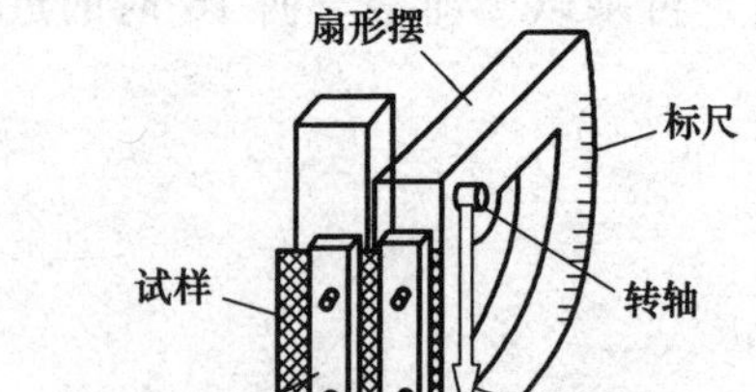

图 1-2-18　DRK108B 电子撕裂度测定仪结构原理图及外型图

（2）检测步骤（图 1-2-19） 检测时，将扇形锤抬起一定角度而固定，这时摆的势能是一定值。在摆端装有活动薄膜夹爪，在机体上装有固定夹爪。将试样（63mm×76mm）以狭缝为界，一侧固紧于固定夹爪，一侧固紧于活动夹爪。这时，试样平面正好垂直于摆的运动平面。释放机构释放摆后，摆锤逆时针摆动，撕裂试样后继续转过某一角度至右极限位置。初始位置和右极限位置的势能之差就是摆锤撕裂试样所消耗的能量（摆锤轴承为滚动轴承，摩擦可忽略）。

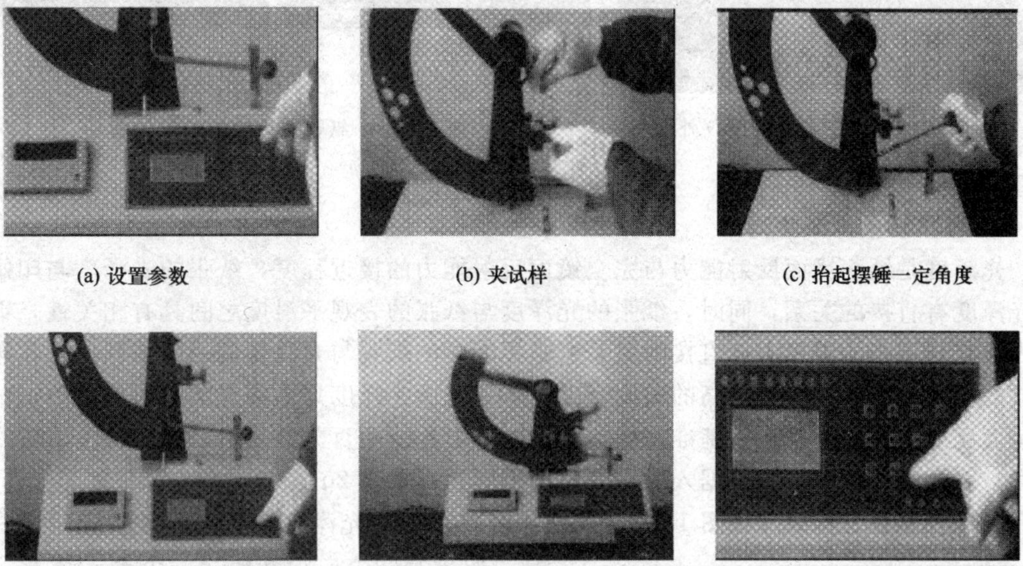

(a) 设置参数　(b) 夹试样　(c) 抬起摆锤一定角度

(d) 固定摆锤　(e) 释放摆锤　(f) 读取数据

图 1-2-19　纸样撕裂度性能检测流程图

（3）结果计算　指针直接示出撕裂标准试样所需要的力（N），该力就是试样的抗撕裂强度。

（五）纸和纸板光学性能的检测

1. 纸板白度的检测

纸张的白度是指纸张受光照射后全面反射的能力。

（1）仪器及工作原理　DSBD-1 型数字白度仪，大多数测量白度的仪器都是测量纸张对主波长 457nm 的光的反射能力（图 1-2-20）。

（2）检测步骤（图 1-2-21）

① 预热。开启电源进行预热，使显示屏上显示值稳定后（15min）进行预调。

② 预测（校准）。按下“测量”键，放下 2 号参比白板在试样座上，轻轻将滑筒上升。调节校准旋钮，使仪器显示值与参比白板标定的 R457 值基本一致。取下白板，将黑筒放上，调零，使仪器显示值为“+”“−” 0.00%，重复 a、b，使仪器能相应显示参比白板标定值和“0.00”，测量完毕。

③ 测量。选取三种不同试样，最好每种试样若干张重叠，不透光。这时按“测量”键，读取该试样的白度值。

（3）结果计算　对于同一试样，要测量三次（不同位置）取其平均值。计算结果准确

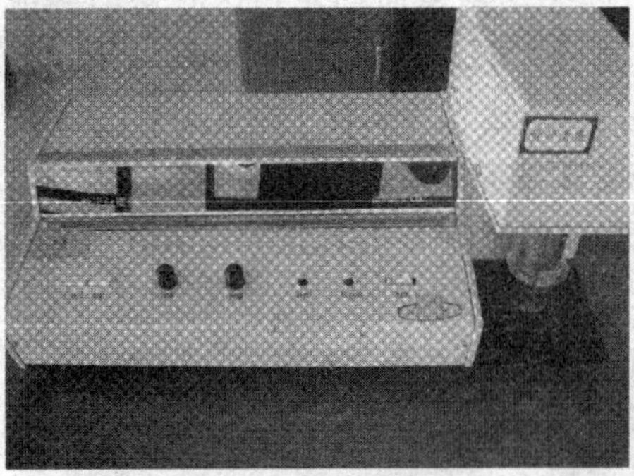

图 1-2-20　DSBD-1 型数字白度仪外型图

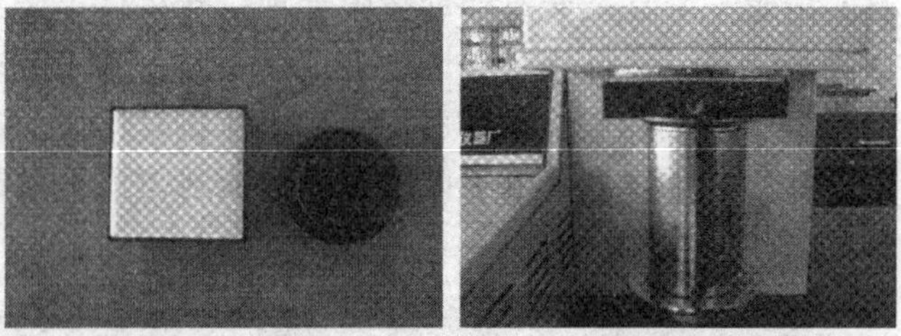

(a) 参比白板、黑筒　　(b) 校准测量

图 1-2-21　纸样白度性能检测流程图

到 0.1%。

2. 纸和纸板光泽度测试

光泽度是纸面镜面反射能力与完全镜面反射能力的接近程度，纸张的光泽度与印刷品的光泽度有直接的关系，同时，纸张的光泽度与纸张的表观平滑度之间具有相关性，纸张的光泽度与纸张的着墨率有直接的关系，光泽度高的纸张与光泽度低的纸张相比，在印刷相同的墨膜厚度时能获得更高的印刷密度。所谓镜面光泽度是指在规定的入射角下，试样的镜面反射率与同一条件下基准面的镜面反射率之比。用百分数表示，一般情况下省略百分号，以光泽单位表示。根据入射光的角度不同，可分为 20°、45°、60°、85°镜面光泽。

（1）仪器及工作原理（图 1-2-22）　光泽度仪一般由光泽探测头和读数装置两部分组成。它内装一个白炽光源、一个聚光镜和一个投影仪或源镜头。这些器件产生的入射光束直接照射到试样上，由一台灵敏的光电检测器汇集反射光并产生一个电信号，信号放大后激发一只模拟仪表或数字显示式仪表以示出光泽度值。

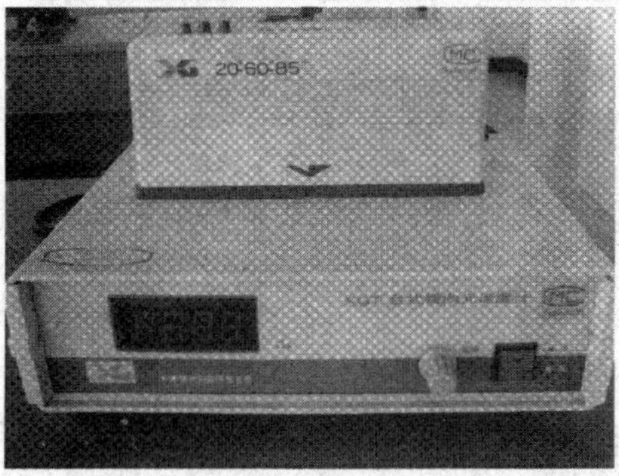

图 1-2-22　镜向光泽度仪外型图

（2）检测步骤

① 接通仪器电源，并使之稳定 30min 左右。

② 将光泽探测头的测量窗口置于基准标准板上，调节读数装置使读数显示为基准标准板的标示值。

③ 将光泽探测头的测量窗口置于工作标准板上，仪器的读数显示应符合工作标准板的标示光泽度值（显示值与标示值之差不能超过±1.5 光泽单位）。

④ 充分清洁试样的测试部位，必要时用清洁软纱布沾上镜头清洁剂后，擦去表面的油污杂质。

⑤ 以试样中心为圆心，25mm 为半径的圆周上的 4 个平分点为测试点。将光泽探测头的测量窗口置于测试点上，逐个读出各点的光泽度显示值。

⑥ 计算试样的光泽度显示值的算术平均值，以此平均值作为该试样的光泽度测试结果。

项目 3　包装用纸和纸板材料与容器的选用

项目任务

学生分组完成瓜子或茶叶（纸袋）、药品（纸盒）、香烟（纸盒）等商品的纸包装材料选用任务，在调查该类商品在市场上使用的纸和纸板包装材料种类、性能、成本等信息的基础上，查阅相关国家标准，完成选材设计。

◆ 具有识别各种功能性包装纸的技能。
◆ 具有选用包装用纸袋材料和容器的能力。
◆ 具有选用包装用纸盒材料和容器的能力。
◆ 在进行包装材料选择工作时，具有合作精神、创新意识、与人的交流和沟通能力、树立经济意识、环保意识和科学发展观。

一、市场调查和专业信息查询

1. 调研与分析

包装使产品实实在在地呈现在消费者眼前。从消费者看到包装时起，大脑中成千上万的细胞便立即产生对该产品的一种喜厌的情绪。这种情绪的作用是巨大的，它验证了“包装是否具有销售力”。而“包装是否具有销售力”是由包装的内容、它的消费层以及销售地点紧密联系在一起的。因此，面对一项包装设计任务，设计师必须首先要了解这是属于哪一种类型的产品包装，有何特点，以及有何特殊要求。这是设计构思的基础，否则设计将无法开展，无从入手。

(1) 确定市场调研目的　根据产品与包装的营销方面的性质来确定市场调研的目的。如有的产品包装是新近推出的，这就需要以相关市场的潜力、产品包装成功推出的可能性为目的进行调研，而有的企业只是对已有产品包装进行改良或扩展，那就要以为什么要进行改良，改良的方向、方法与成功的可能性为调研目的。

(2) 选定市场调研对象与内容　考虑到客观条件的限制，不易做大量的取样，同时，如果获得资料数量庞大，整理与处理也不容易，因此在调研前期工作的重要一环是选定市场调研对象与内容。

在调研对象方面，一般采取抽样方式，根据产品的性质，在将来可能的消费者中选取一定的人群进行调研。在调研内容方面，则根据产品、市场的特点，与经费及其他方面的限制，确定一定和设计目的相关的调研条目。一般为以下几个方面：

① 市场的基本情况，如市场的特点与潜力、竞争对手与产品等方面。

② 消费者的基本情况，如消费者的年龄、经济收入、文化教育等方面。

③ 市场相关产品与自身产品（如果已投放过市场）的基本情况，包括品牌形象与知名度、好感度、信任度，产品的价格、质量、销售方式及包装的优劣等方面。

(3) 实施市场调研　进行市场调研有许多种方法。对包装设计师来讲，由于时间以及经费上的关系，只能选择一些具有可操作性的方法进行调研。

最常见的调研方法是设计一种特定的调研表格（问卷），在选定的消费者中进行问答式或填表式调研。从理论上讲，调查的人数越多，调研的结果就越具有客观性。

作为设计师，自己也可以采取主观观察的方法进行调研，这主要是从设计的角度对包装在市场上的情况，包括竞争对象、销售环境等方面进行研究观察，搜集资料。

（4）总结市场调研结果　通过市场调研，设计师多方面地搜集产品包装设计所涉及的市场、消费者等方面的信息，并可以在此基础上对调研进行总结，根据需要写出调研报告。调研报告要写得简明扼要，观点要明确，调研搜集的材料与提出的观点要保持一致。调研报告要对调研内容进行客观性地整理、归纳，并提出结论与设计中所要解决问题的重点与解决的方法。为初步确定包装材料、容器的选用方案提供可信依据。

2. 专业信息查询

以维普《中文科技期刊数据库》为例，讲解专业科技期刊数据库查询使用方法。

（1）维普《中文科技期刊数据库》简介　维普《中文科技期刊数据库》，源于重庆维普资讯有限公司1989年创建的《中文科技期刊篇名数据库》，是国内大型综合性数据库之一，收录我国自然科学、工程技术、农业科学、医药卫生、经济管理、教育科学和图书情报等学科近9000种期刊刊载的1500余万篇文献，并以每年250万篇的速度递增。数据库具有检索入口多、辅助手段丰富、查全查准率高和人工标引准确的优点，广泛应用于高等院校图书馆、公共图书馆、信息研究机构、信息咨询中心、科研院所、公司企业、医疗机构等多个领域。

（2）维普《中文科技期刊数据库》使用方法（图1-3-1）　首先在IE栏输入：http://

(a) 进入维普

(b) 进入检索界面

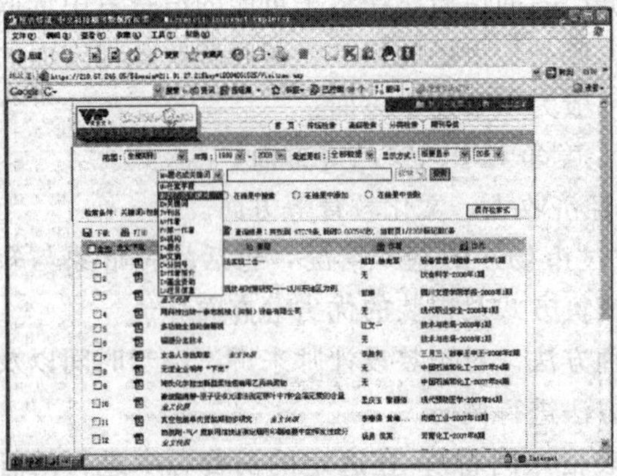

(c) 选择检索方式，检索文章

(d) 浏览文章摘要

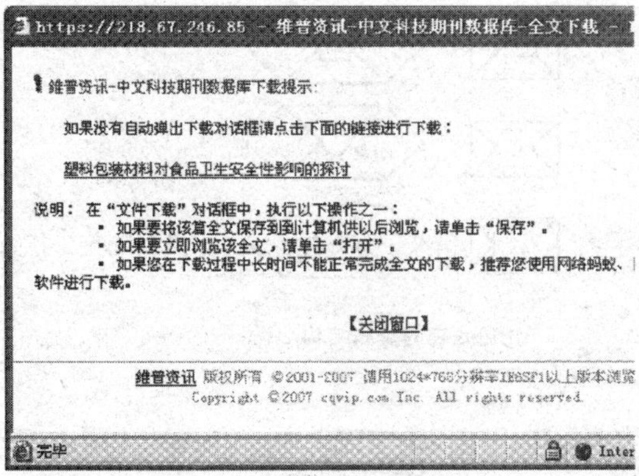

(e) 保存下载文章

(f) 使用浏览器阅读

图 1-3-1　维普《中文科技期刊数据库》使用方法

www.tjdl.cn，连接到天津高等教育文献信息中心主页。然后通过点击如图所示的“维普科技期刊数据库”进入。

推荐包装网站：

◆ 中国包装网（图 1-3-2）：www.pack.net.cn
◆ 中国绿色包装网：www.greenbz.com
◆ 科印网：www.keyin.cn
◆ 必胜网：www.bisenet.com
◆ 中国包装设计网：www.chndesign.com
◆ 中国包装标准网：www.gbpack.com
◆ 好包装网：www.howpack.cn
◆ 廊坊纸箱网：www.366b.cn

图 1-3-2　中国包装网主页

二、商品包装用纸袋材料和容器的选用

（一）商品包装用纸袋容器的选用

纸袋是至少一端封合的单层或多层扁平管状纸包装制品，广泛用于粉末、粒料和不规则散装物品的销售和运输包装。纸袋是至少一端封合的单层或多层扁平管状纸包装制品，广泛用于粉末、粒料和不规则散装物品的销售和运输包装。

纸袋可以分为销售包装纸袋和运输包装纸袋，销售包装纸袋根据其结构特点又可以分为三类：角底袋、尖底袋、手提袋，如图 1-3-3 所示；运输包装纸袋一般分为两类：一类为轻载袋，由一层或两层纸制成，既可作为外包装，也可作为内衬与塑料编织袋组合使用，另一类是重载袋，由三层以上的纸构成，主要用于装填大量散装物品。

（二）商品包装用纸袋材料的选用

1. 纸袋纸

纸袋纸用于制作纸袋，供水泥、化肥及农药等包装用，故又称水泥袋纸（图 1-3-4）。

纸袋纸根据国家标准分为 1，2，3，4 四种品号，产品一般为卷筒纸，根据需要也可以生产平板纸。卷筒纸宽度为 1100mm 和 1020mm，或根据订货要求生产。

水泥包装袋通常以 4～6 层纸袋纸缝制而成，为保证运输过程中和装袋时不易破损，

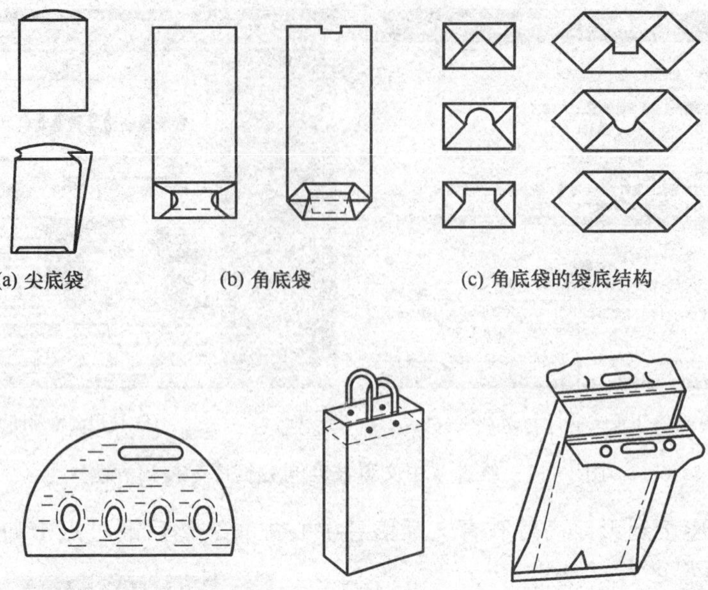

(a) 尖底袋　(b) 角底袋　(c) 角底袋的袋底结构

(d) 礼品袋

图 1-3-3　销售包装袋及袋底结构

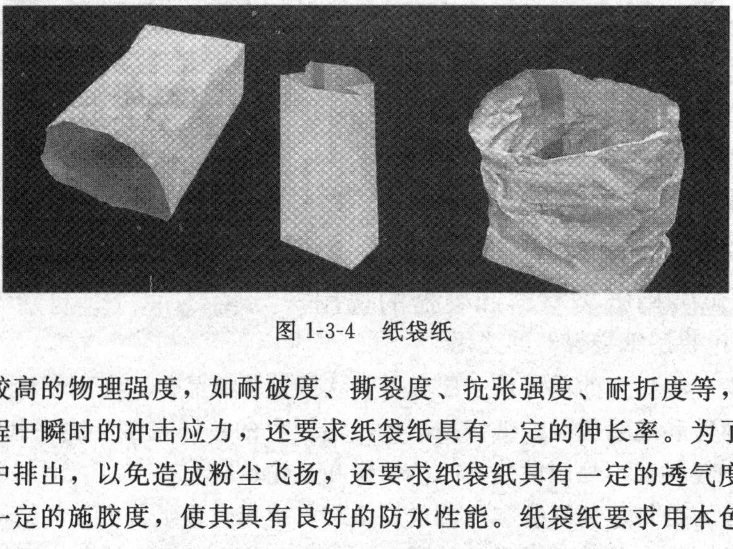

图 1-3-4　纸袋纸

要求纸袋纸有较高的物理强度，如耐破度、撕裂度、抗张强度、耐折度等，为了使纸袋纸能抵抗运输过程中瞬时的冲击应力，还要求纸袋纸具有一定的伸长率。为了在装袋时，让空气易于从袋中排出，以免造成粉尘飞扬，还要求纸袋纸具有一定的透气度。此外，纸袋纸还要求具有一定的施胶度，使其具有良好的防水性能。纸袋纸要求用本色硫酸盐针叶木浆生产。

2. 牛皮纸

牛皮纸用于包装工业品，主要是棉毛丝纺织品、五金交电产品、仪器、仪表以及各种小商品（图 1-3-5）。牛皮纸还常用作纸盒的挂面、挂里以及制作要求坚牢的档案袋、纸袋等。有的将纸袋纸也列入牛皮纸范围，称为重包装袋用牛皮纸。牛皮纸还可以作为砂纸的基纸。

图 1-3-5　牛皮纸袋

牛皮纸按标准分为A，B，C三个等级，A等牛皮纸要求用针叶木硫酸盐浆制造，B等和C等牛皮纸以针叶木硫酸盐浆为主，可以掺用部分其他纸浆，也有用废水泥袋纸浆制造的。从外观上牛皮纸可以分为单面牛皮纸、双面牛皮纸和条纹牛皮纸等品种。

牛皮纸通常为未漂硫酸盐浆的本色——浅褐色，也可以根据要求制成彩色牛皮纸。牛皮纸的定量根据要求可以从40g/m^{2}到120g/m^2，分8个档次，以80g/m^{2}品种用途最广。牛皮纸要求有较高的耐破度、撕裂度和良好的耐水性能。

另外，条纹牛皮纸用于包装出口商品和其他商品。条纹牛皮纸除具有一般牛皮纸的机械物理强度外，还具有较好的光泽和清晰的条纹。

3. 鸡皮纸

鸡皮纸是一种单面光且光泽度较高，比较强韧的平板薄型包装纸，主要适用于食品、工业品的包装，分A、B、C三等（图1-3-6）。鸡皮纸的颜色较牛皮纸浅，也可以按要求生产各种颜色的鸡皮纸。

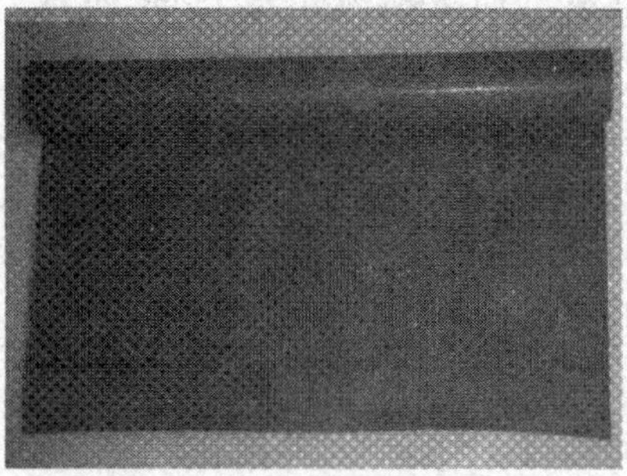

图1-3-6　鸡皮纸

鸡皮纸要求较高的耐破度和耐折度以及一定的抗水性。各种规格的鸡皮纸的定量都是40g/m^2。鸡皮纸的原料可用漂白硫酸盐木浆或未漂亚硫酸盐木浆，掺用少量草浆。

4. 羊皮纸、仿羊皮纸

（1）羊皮纸　羊皮纸又称植物羊皮纸或硫酸盐纸，是一种半透明的具有高度的防油、防水、不透气性、湿强度大的高级包装用纸（图1-3-7）。它主要用于包装化工药品、仪器、机械零件、油脂食品等。羊皮纸的原纸以漂白化学木浆为原料，原纸经过72%的硫酸浸渍处理，之后经水洗、纯碱中和处理，水洗后再用甘油溶液浸渍塑化而富有弹性。根据用途不同，羊皮纸又分为工业羊皮纸和食品羊皮纸。食品羊皮纸与工业羊皮纸的各项技术指标均相同或相近，特别要求重金属铅、砷的含量不能大于0.002%和0.00015%。

图1-3-7　羊皮纸

（2）仿羊皮纸　仿羊皮纸是防油纸的一种，用于包装含油脂较多的食品、药品、油脂产品以及机械产品的防油耐渗包装。仿羊皮纸经过超级压光处理，产品呈半透明状，光泽度和紧度较高，不透油。仿羊皮纸的原料为未漂亚硫酸盐木浆。

5. 玻璃纸

玻璃纸又称作“赛璐玢”，属于再生纤维素膜。玻璃纸透明、光亮，适用于医药、食品、纺织品、化妆品等商品的透明、美化包装，并可作为透明胶带的原纸（图 1-3-8）。

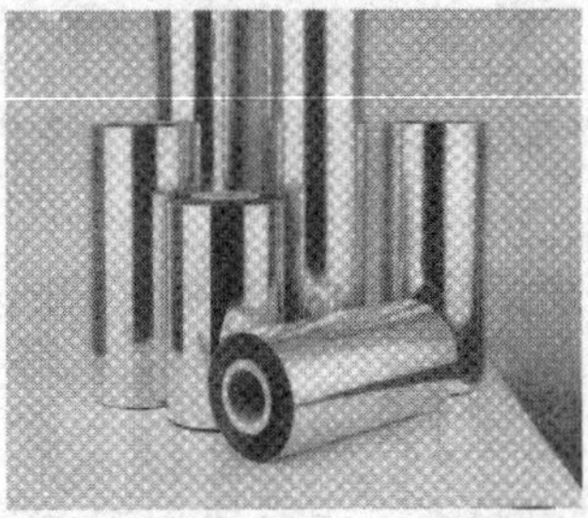

图 1-3-8 玻璃纸

玻璃纸的主要原料是精制的漂白化学木浆或漂白棉短绒浆。玻璃纸的透明性极好，对可见光的透过率可达 100%；不透气性、耐油、耐化学性能好；不带静电不易黏上灰尘；耐热耐寒性好；其纵向强度大而横向强度小，撕裂强度差，适用于撕裂带启封的包装；安全卫生，特别适于食品包装。玻璃纸的缺点是尺寸稳定性差，亲水性强，遇水遇热易互相黏结，纸页中水分蒸发后会脆化。玻璃纸分 A、B 两等，颜色有漂白、彩色两种，玻璃纸的质量指标如表 1-3-1 所示。

表 1-3-1　　玻璃纸的质量指标

指标名称	单位	规格	
		A 等	B 等
定量	g/m^2	30 35 40 45 50 55 60	
厚度幅间差 ≤ ≤$40g/m^2$ 卷筒/平板 ≥$45g/m^2$ 卷筒/平板	μm	2/3 3/4	2/4 3/4
裂断长 ≥ ≤$40g/m^2$ ≥$45g/m^2$	km	4.30 3.8	3.80 3.3
纵向撕裂指数 ≥	$mN \cdot m^2/g$	1.60	1.10
含硫量 ≤	%	0.03	0.03
抗黏性(r. h)≥	%	75	70
伸长度(纵向/横向)≥	%	10/20	
pH		6～8	
水分	%	10	

6. 食品包装纸

食品包装纸根据所包装的食品种类不同，分为三种型号，即Ⅰ型、Ⅱ型、Ⅲ型。

Ⅰ型食品包装纸又称糖果包装原纸，适用于经印刷、上蜡加工后，供糖果包装商标用纸。根据用途又分为 A、B、C 三等，A 等和 B 等纸供机械包糖用，C 等纸供手工包糖用。

糖果包装纸具有良好的不透气性和抗水性，由于用于机械包装，对原纸的抗张强度和撕裂强度都有特殊要求。

糖果包装纸原纸要求以漂白化学木浆为主，配以部分漂白草浆，但不得采用废旧纸，此外还不得使用荧光增白剂或对人体有影响的化学助剂，并符合国家对包装食品用纸的卫生标准。Ⅱ型食品包装纸又称为冰棍包装纸原纸，适用于经印刷涂蜡加工后作为冰棍包装纸。冰棍包装原纸产品分 B、C 二等，B 等供机械包装冰棍、雪糕用，C 等供手工包装冰棍、雪糕用。冰棍包装纸原纸的定量为 24g/m² 和 28g/m² 两种，对其裂断长及撕裂度有一定要求。要求用漂白木浆或草浆生产，不允许采用废旧纸或社会回收的废纸作原料，不允许使用荧光增白剂或对人体有影响的化学助剂。Ⅲ型食品包装纸又称普通食品包装纸，普通食品包装纸是一种不经涂蜡加工，直接用于入口食品包装用的食品包装用纸，在食品零售市场广泛应用。普通食品包装纸按标准分为 B、C、D 三个等级，有双面光和单面光两种。

7. 薄页包装纸

薄页包装纸是指定量 22g/m² 以下的薄型包装纸。

薄页包装纸按其用途分为三种型号：Ⅰ型适用于高级商品内衬包装，也可作复写纸用；Ⅱ型适用于一般仪器以及其他商品内衬包装；Ⅲ型适用于商品内衬包装。

Ⅰ型薄页包装纸原习惯称为薄页纸。薄页纸过去是指用作礼品包裹用的薄而又半透明的纸，如今在包装工业中通常被用作商品内包装。

Ⅱ型薄页包装纸（邮封纸）因为早年曾被用作邮票衬纸和保价信件的封口纸，所以被称为邮封纸。这是一种薄型的单面光纸，要求其正面光泽度不低于 10%，纸质紧密，薄而柔韧，透明度好，白度要求也较高。邮封纸主要用于一些商品的内衬包装，如仪器、卷烟、化妆品、食品、水果等，经印刷、涂蜡处理后也可用于包装糖果。邮封纸的定量有 19g/m² 和 21g/m² 两种，品质分为 A，B，C 三等，邮封纸为平板纸，色泽为白色。

Ⅲ型薄页包装纸即是原来的薄型有光纸，其质量分为 B，C 等，定量从 18g/m² 到 24g/m² 不等，其技术指标主要要求一定的抗张强度，对白度和尘埃度虽有要求但不高。

8. 黑色不透光包装纸

黑色不透光包装纸适用于照相纸、电影胶片、X 射线胶片和 120 胶卷等感光材料的防光包装用纸。

按用途黑色不透光包装纸分为Ⅰ型和Ⅱ型两种型号，每一种型号按质量又分为 A，B 等。其中，Ⅰ型用于照相纸、电影胶片和 X 射线胶片等防光包装纸，而Ⅱ型则专门用于 120 胶卷防光包装纸。

根据使用要求，黑色不透光纸除应具有一定的机械强度、裂断长和抗张强度外，还应具有一定的吸水性、伸缩率和表面光滑度的要求。特别对纸的孔眼率、不透光性、对感光层的化学作用等方面，更有其独特的严格要求。

9. 中性包装纸

中性包装纸是用于军用品的包装用纸，也用于包装铝制品和仪器仪表零件。产品按质量分为 B、C 等，有卷筒和平板两种规格。中性包装纸以未漂硫酸盐木浆为原料。

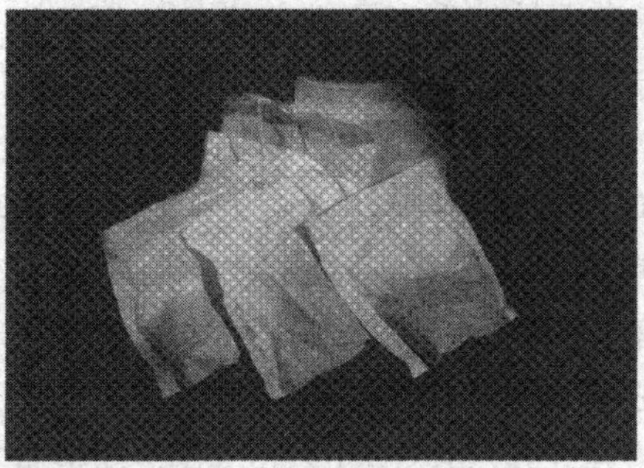

图 1-3-9　非热封型茶叶滤纸

10. 非热封型茶叶滤纸

非热封型茶叶滤纸用于非热封型茶叶自动包装机或手工包装茶叶或中成药用的滤袋用纸（图 1-3-9）。

茶叶滤纸主要用于生产袋泡茶的包装纸，因此要具有一定抗张强度以适应机械包装，同时由于要求茶叶袋要耐沸水的冲泡而不破裂，因此就要求茶叶滤纸具有较好的湿抗张强度。要求过滤速度快又不能漏茶叶，不能有异味，要符合食品包装用纸卫生标准。

茶叶滤纸以韧皮纤维为原料制造，国外多用马尼拉麻，国内用桑皮纤维，抄成纸后经树脂处理以增加湿强度。

11. 防锈原纸

防锈原纸是制造防锈纸的原纸。以防锈原纸为载体，将气相缓蚀剂或浸在载体防锈原纸上面，经干燥后制成防锈纸。

防锈纸分置于待包装的金属周围或直接用于包装金属制品，起到防止锈蚀保护金属制品的作用（图 1-3-10）。

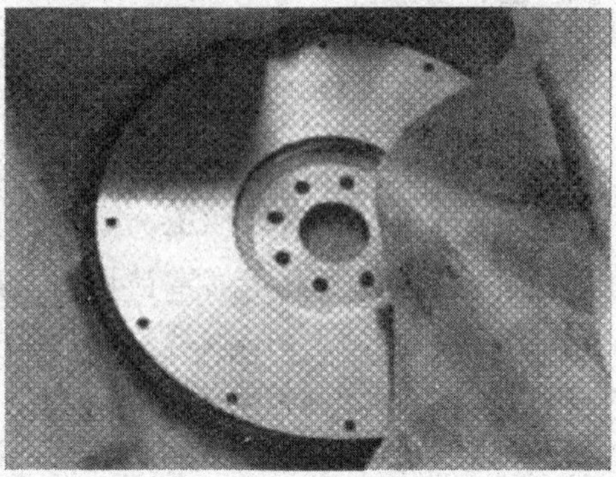

图 1-3-10　防锈原纸

12. 铜版纸

（1）铜版纸的名称和由来　铜版纸在英国早期是专门用于印刷油画或水彩画等高档艺术品的一种纸。英国人称它美术纸或艺术纸（Art Paper）。由于早期的凸版印刷术是采用“铜版”来印刷精细图像的，所以当时的印刷业人士就把这种纸的功能与“铜版”联系在一起，称之为铜版纸，意思是说这种纸用于铜版印刷。久而久之，习惯成自然，铜版纸这个纸名便流传开来，一直延续至今。铜版纸材料及包装制品如图 1-3-11 所示。

(a) 卷筒铜版纸　(b) 平板铜版纸　(c) 铜版纸袋

图 1-3-11　铜版纸材料及包装制品

（2）铜版纸的定义　铜版纸又称涂布美术印刷纸，是以原纸涂布白色涂料制成的高级印刷纸。它是将颜料、黏合剂和辅助材料制成涂料，经专用设备涂布在纸板表面，经干燥、压光后在纸面形成一层光洁，致密的涂层，获得表面性能和印刷性能良好的铜版纸。

（3）铜版纸的种类及规格　铜版纸为平板纸或卷筒纸，平板纸的尺寸为 880mm×1230mm 或 787mm×1092mm 或 889mm×1194mm，卷筒纸的宽度为 787mm 或 889mm，两种均可按合同生产。铜版纸按涂布量分为重量涂布（每面涂布量≥20g/m^2）和中量涂布（每面涂布量 10g/m^2～20g/m^2）；按涂布面分为单面涂布和双面涂布，按照习惯，通常说的铜版纸系指双面铜版纸，不必特别申明（也有人简称为双铜纸）；则单面铜版纸却不可简化为铜版纸，必须说明是单面铜版纸。按外观特性分为有光型和亚光型；按质量又分为优等品、一等品和合格品三个等级。它们的定量从 70g/m^2～350g/m^2 不等。根据国家标准《涂布纸和纸板　涂布美术印刷纸（铜版纸）》（GB/T 10335.1—2005），中量涂布的铜版纸技术指标如表 1-3-2 所示。

表 1-3-2　　　　铜版纸技术指标

技术指标		单位	规定					
			优等品		一等品		合格品	
			有光型	亚光型	有光型	亚光型	有光型	亚光型
①定量		g/m^2	70;80;90;100;105;115;128					
②定量横幅差　≤		%	±4.0		±5.0		±5.0	
③横幅定量差			30		40		50	
④亮度		%	86	88	86	88	80	82
⑤不透明度　≥	≤$90g/m^2$ ≥90～$130g/m^2$	%	88.0 92.0	89.0 93.0	88.0 92.0	89.0 93.0	86.0 90.0	87.0 91.0
⑥光泽度		%	≥50	≤40	≥50	≤45	≥45	≤45
⑦印刷光泽度　≥		%	85	75	80	70	70	65
⑧印刷表面粗度[a]　≤		μm	1.8	2.6	2.4	3.5	3.0	4.0
⑨平滑度　≥		s			400		300	—
⑩油墨吸收性		%	15～28					
⑪印刷表面强度[b]　≥	中黏油 低黏油	m/s	1.4 4.6		1.4 4.6		1.0 3.4	
⑫尘埃度　≤	0.2～1.0 >1.0～$1.5mm^2$ >$1.5mm^2$	个/m^2	8(单面 4) 不应有 不应有		16(单面 8) 不应有 不应有		32(单面 16) 2(单面 1) 不应有	
⑬交货水分[c]		%	5.5～15					

注：[a] 仲裁时印刷表面粗糙度作为考核项目，平滑度可不考核。

[b]用于凹版印刷的产品，可不考虑印刷表面轻度，用于轮转印刷的产品，印刷表面强度分别降低 0.2m/s。

[c]因地区差异较大，可根据具体情况对水分做适当调整。

铜版纸在烟包装中主要用于软包香烟，通常用 90～$100g/m^2$ 的单面铜版纸。铜版纸在包装纸袋领域的应用也很广泛。印刷方式有凹印、胶印、柔印。除胶印之外，凹印、柔印都用卷筒单面铜版纸。卷筒铜版纸除要求有凹印、柔印的印刷适性之外，在印刷完毕裁成成品烟标后还必须有良好的平伏性，不凸不翘，以保证能在卷烟机上正常运行。

由于烟包装使用的单面铜版纸质量要求高，目前能生产合格的用于烟标的单面铜版纸的厂家很少，国内企业有金东、台湾永丰余等，国外有日本 NPI、美国的美德维什纬克等几家。

(4) 用于啤酒瓶外包装商标的新型防水铜版纸　防水铜版纸也称酒标纸，主要用于各种啤酒瓶的外包装商标。性能要求主要有：

① 良好的印刷性能。较高的光泽度和印刷光泽度，适合的油墨吸收性等。

② 良好的耐水性。即标签贴瓶后遇水时，不出现标签变形、起皱、破损脱落等现象。

③ 耐热碱性。即在啤酒瓶回收后经热碱液处理时，酒标应保证从酒瓶上完整脱落而涂层从原纸上无剥落现象。

④ 酒标快速脱瓶。即在热碱液中酒标快速无破损地从酒瓶上脱落。

13. 复合纸

将各种原纸与铝箔（或真空镀铝）、塑料薄膜等复合后制成的复合纸袋在商品包装中，以其阻隔性良好、轻巧、装潢装饰效果好而占有比例越来越大（图 1-3-12）。

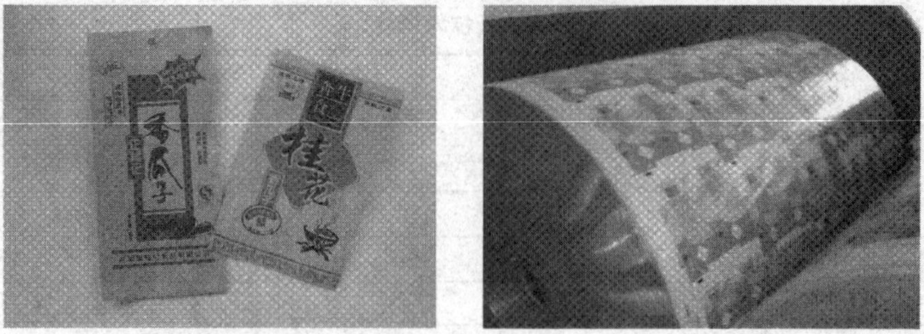

(a) 纸塑复合　　(b) 纸塑铝复合

图 1-3-12　复合纸袋

三、商品包装用纸盒包装材料与容器的选用

（一）商品包装用纸盒容器的选用

纸盒是用纸板制成的容量较小并且有一定刚性的纸包装容器，是纸包装容器中应用最广泛的形式。分为折叠纸盒和粘贴纸盒两大类（图 1-3-13）。

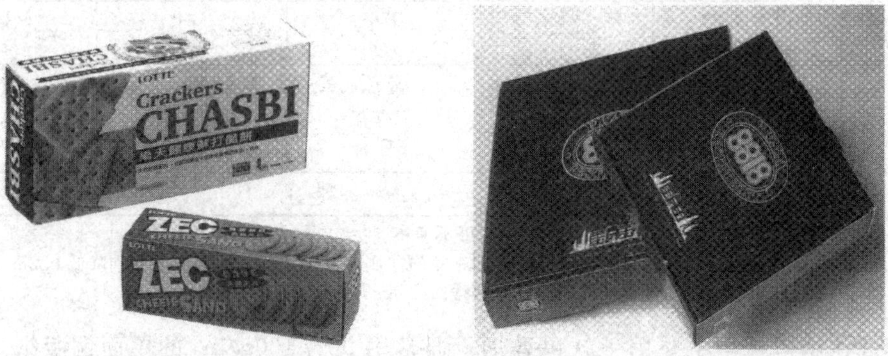

(a) 折叠纸盒　　(b) 粘贴纸盒

图 1-3-13　折叠纸盒和粘贴纸盒

纸盒的造型和结构设计往往要由被包装商品的性质与特点来确定，传统上将纸盒分为四类。

按照外形和结构分类，可以分为长方体、正方体、多面体、圆形和异形纸盒。

按使用原料，可分为瓦楞纸盒、白纸板盒、卡纸板盒和色纸板盒等。

按照用途，可分为普通纸盒和纸容器两类，纸容器是指专用于液体包装的纸盒（图 1-3-14）。

根据生产工艺，可分为机制纸盒和手工纸盒，绝大多数纸盒采用机械化生产制造。

折叠纸盒是纸包装容器中应用最广泛、结构造型变化最丰富的一种形式。

1. 折叠纸盒结构

折叠纸盒采用纸板品种有白纸板、牛皮纸板、玻璃卡纸以及其他涂布纸板。纸板厚度在 0.3～1.1mm 之间，如果纸板厚度小于 0.3mm 则刚度满足不了要求，大于 1.1mm 则在生产时难以获得满足生产工艺的压痕线。

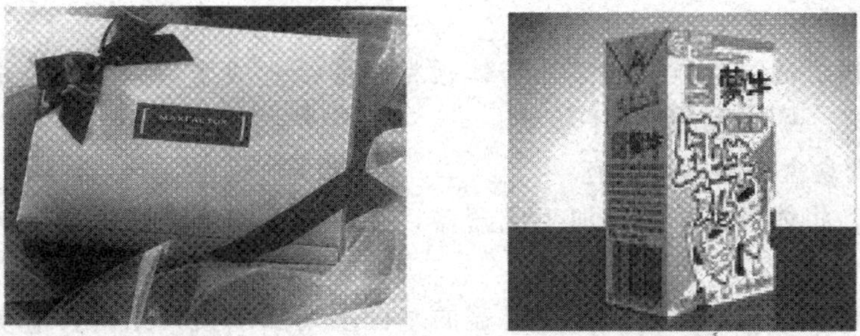

(a) 普通纸盒　　(b) 纸容器

图 1-3-14　普通纸盒和纸容器

（1）管式折叠纸盒结构　管式折叠纸盒是指纸板按设计要求裁切、压痕后，盒体板沿周向依次旋转成型，纵接缝粘合或订合连接，盒盖、盒底用与体板相连的襟片按一定的结构形式封合的折叠纸盒。

管式折叠纸盒是由体板、盖板、底板、盖襟片和底襟片五部分组成（如图 1-3-15 所示）。其中盒盖要求在装入内装物后不能自行弹开。盒盖包括由一个盖板和两个襟片组成的插入式盒盖、通过锁口与锁头的锁合实现封盖的锁口式盒盖、插入式和锁口式相结合的封口形式的插锁式盒盖、将盒盖的盖板与其余三块襟片进行粘合，有单条涂胶和双条涂胶两种粘合方式的粘合封口式盒盖、将盒体某个体板的延长部分设计成以体板顶边压痕线为轴线，能反复开启的连体盒盖、利用纸板自身强度和挺度，以盒体上的直线或曲线压痕为揿压变形线，揿压下封盖的襟片来实现封口的揿压式盒盖，封底时，凹形底板通过左右两侧襟片的叠压形成锁口，由凸形底板的锁头插入到锁口中实现封底的锁底式盒盖等。

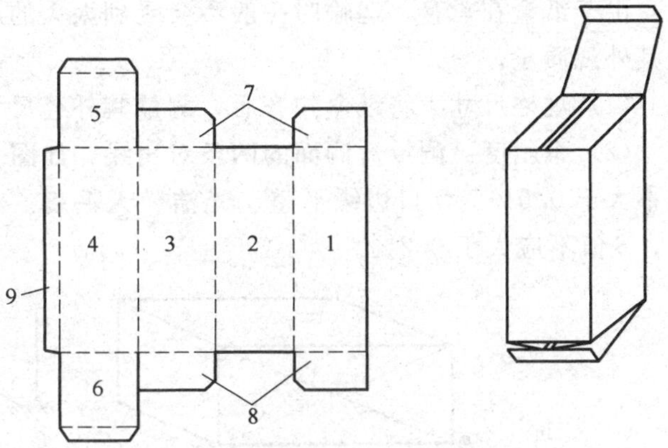

图 1-3-15　管式折叠纸盒基本结构

1～4—体板　5—盖板　6—底板

7—盖襟片　8—底襟片　9—折片

（2）盘式折叠纸盒结构　盘式折叠纸盒是将纸板按设计要求切裁、压痕，周边体板按一定角度内折后再互相组构而成型的折叠纸盒。在结构上盘式折叠纸盒的体板与底板整体相连，各个体板之间需用一定的组构形式连接，另外盘式折叠纸盒的盒盖相对盒体的面积较大，盒底形式单一，承重能力较强（图 1-3-16）。

图 1-3-16　盘式折叠纸盒

盘式折叠纸盒成型有以下三种方式：

① 对折组装。将一组体板的襟片折叠后插入到另一组对折体板的夹层中，其中体板的内折板进行相互压叠，这种方式不需要任何的锁合和粘合。

② 锁合连接。通过一定的锁合结构，如锁头、

襟片等使体板折叠成型。

③ 粘合连接。通过盒体板的襟片与体板粘合使纸盒成型，采用粘合成型，需要设计自动平折压痕线，否则无法折成平板状。

盘式折叠纸盒盒盖结构分别有：

① 摇盖式。将体板延长部分加工成盒盖，并以盒盖和体板相连接的压痕线为轴实现封套。

② 锁口摇盖式。锁口摇盖式是在摇盖的基础上增加了锁口结构，避免摇盖因纸板弹性而自行弹开。

③ 插别盖式。利用盖片上具有一定形状的舌片互相插别实现封盖。这种盒盖结构要求有两个以上的盖片，封盖后可形成精美图案。

④ 罩盖式。盒体和盒盖是两个独立的盘型结构，盒盖的内尺寸略大于盒体的外尺寸。依据盒盖和盒体的封盖形式，分为天罩地式、帽盖式和对扣盖式，多用于服装等商品。

⑤ 抽屉盖式。盒盖为管式成型，盒体为盘式成型，盒体可在套盖内移动实现套封。

2. 纸盒的质量检验

由于纸盒在贮存、运输时一般不会受到太大的压力，因此一般没有强度要求，主要检验其外观质量。

(1) 规格尺寸　将纸盒扣齐后，测量其外径尺寸，一般偏差应在1%以内。

(2) 歪斜度　测量盒侧面的两条对角线，如图 1-3-17 (a) 所示的 AB 与 CD，两者相差不大于0.5%。切口边缘平整、光洁、无毛刺。测量边缘平直度。如图 1-3-17 (b) 所示，S 值不应大于 0.2%。

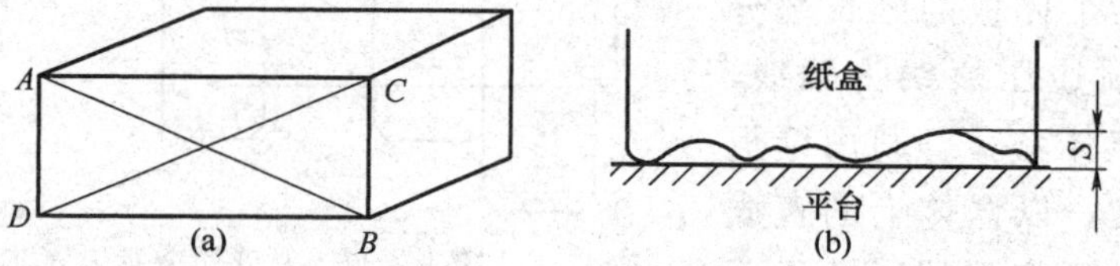

图 1-3-17　纸盒歪斜度检验方法

(3) 纸盒接合　纸盒接合处应牢固，钉接时钉距均匀，首尾钉距边缘 3～10mm；粘接时搭接舌不翘起。

(4) 印刷与外观　外观洁净，无皱褶，四角无孔，且不出现锐角。此外，还可根据合同要求检验一些其他项目。

(二) 商品包装用纸盒材料的选用

1. 黄纸板

黄纸板又称草纸板，是一种低档的包装用纸板，过去曾大量用作裱糊制作包装小商品、食品、纺织品、鞋等商品的纸盒和用作包装衬垫隔框（图 1-3-18）。由于黄纸板主要用作裱糊纸盒，因此要求表面要平整，不能有翘曲，为保证成品成盒的强度，要求黄纸板具有一定的耐破度和挺度。

2. 白纸板

白纸板又称单面白纸板，主要用途是经单面彩色印刷后制成纸盒供包装用。因白纸板表面具有良好的印刷性能，能印出精美的图案，同时白纸板便于模切、模压和刻痕加工，可以制成各种形状的包装纸盒，而且白纸板又具有一定的抗张强度、耐折度和挺度等性能，因此，白纸板最适宜作为销售包装材料。通常白纸板制成的纸盒，用于包装香烟、食品、化妆品、药品、纺织品等产品（图 1-3-19）。

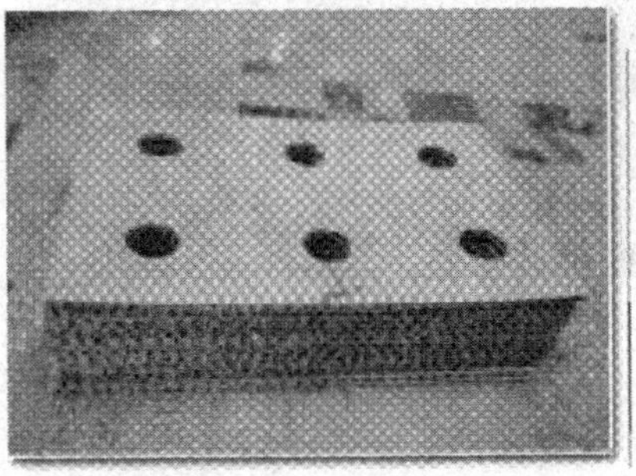

图 1-3-18　黄纸板

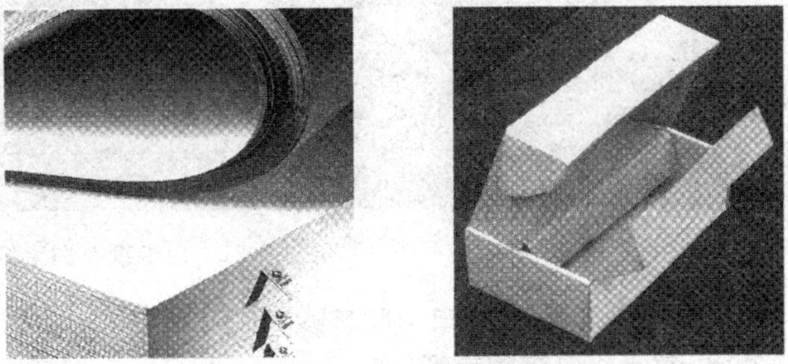

图 1-3-19　白纸板及白纸板盒

3. 灰纸板

灰纸板又称书封纸板、封面纸板、双灰纸板和工业纸板。主要用于精装书封面、高档包装盒、文具制品、纺织印染及制革行业等（图 1-3-20）。

灰纸板的技术指标主要要求紧度、平均裂断长、白度、耐破度、耐折度、撕裂度和水分等。灰纸板的面层为半漂破布浆或漂白化学木浆，里层为稻草浆、草浆和废纸浆。

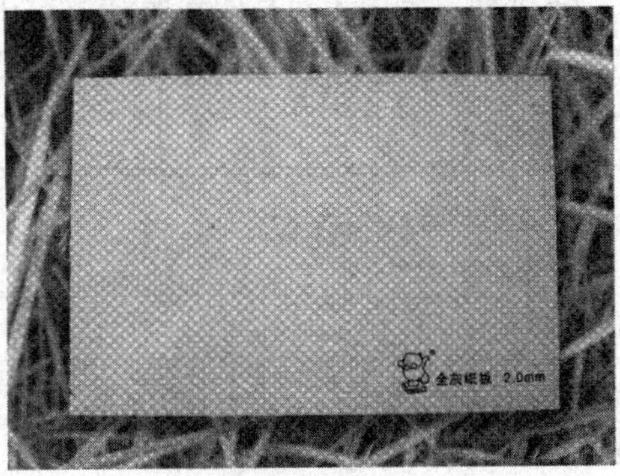

图 1-3-20　灰纸板

4. 茶纸板

茶板纸是一种浅棕色的纸板，有单面光和双面光两种，供轻纺商品包装纸盒和与瓦楞纸黏合制造瓦楞纸板。茶板纸由于要求面层组织均匀、表面光滑平整、适印性较好，因此常用100％的硫酸盐浆废纸浆。

5. 标准纸板

标准纸板是一种用于制作精密的特殊模压制品以及重要制品的包装。纸板要求经压光处理，表面平整不翘曲且全张厚度必须均匀一致。标准纸板的原料一般由 30％～40％的本色硫酸盐木浆和 60％～70％的褐色磨木浆生产而成。

6. 厚纸板

厚纸板是一种供制作特种纸盒及纸箱内隔栅用的厚包装用纸板。厚纸板用 100％的褐色机械木浆或掺以部分化学木浆制造。

7. 白卡纸和米卡纸

白卡纸是供印刷名片、封皮及包装装潢用的纸板（图 1-3-21）。米卡纸是供美术印刷品如画册和精装书籍装潢衬纸用压花纸板。白卡纸是一种坚挺厚实、定量较大的厚纸。由于表面不上色，习称白卡纸。

我国的白卡纸分为 A、B、C 三个等级。A 等的白度不低于 92％；B 等不低于 87％；C 等不低于 82％。白卡纸的原料是 100％的漂白化学木浆，其中最好的是漂白针叶材硫酸

图 1-3-21　白卡纸及白卡纸盒

盐浆，或者配以部分漂白阔叶材硫酸盐浆。

8. 铸涂纸（玻璃卡纸）

铸涂纸也称玻璃卡纸。它是一种表面特别光亮，犹如镜面的优质包装印刷涂布纸。这种纸的生产过程为：当原纸经过可塑性涂料涂布之后，在涂料层还处于未干状态并有可塑性的情况下，使纸面压贴于内部加热的镀铬缸面上（在纸涂料层和镀铬缸面之间需加入极少量水），在镀铬的烘缸上热压后，让涂料层受热干燥成膜，其涂膜的可塑性相应消失，从而使纸张从缸面上自动地脱落下来，即成铸涂纸。

铸涂纸主要用于药品的包装领域，在香烟外包装上的应用也很广泛。它具有良好的耐折叠性能和美化装饰效果。铸涂纸的质量指标如表 1-3-3 所示。

表 1-3-3　　铸涂纸的质量指标

指标名称		规格		
		A 等	B 等	C 等
定量/(g/m²)		80、100、120、150、180、220、250、280		
白度/%		83.0～95.0	80.0～90.0	78.0～90.0
光泽度(角度 20°)/%		≥50	≥38	≥28
油墨吸收性/%		18.0～30.0	18.0～30.0	18.0～30.0
印刷表面强度(m/s)		≥1.5	≥0.8	≥0.45
横向挺度/(mN·m)	180g/m²	≥1.00	≥0.80	≥0.60
	220g/m²	≥2.20	≥1.80	≥1.60
	250g/m²	≥3.10	≥2.60	≥2.30
	280g/m²	≥4.10	≥3.40	≥3.00
横向耐折度/次 180～280g/m²		≥15	≥10	≥10
涂层耐折性(180°)		不破裂		
尘埃度/(个/m²)	0.1～0.7(mm²)	≤30	≤40	≤80
	0.7～2.0(mm²)	不许有	不许有	2
	>2.0(mm²)	不许有		
水分/%		7.0±2.0		

9. 复合纸板

将纸板与铝箔（或真空镀铝）、塑料薄膜等复合后制成的复合纸板广泛应用于高档商品、液态商品包装。如纸板与铝箔复合或经真空镀铝后，对铝箔或镀铝膜表面进行涂漆处理，即可获得如金、银光泽的表面，制成的包装盒用于高档香烟、化妆品、药品和食品等包装，给人以高档金属包装的质感与华贵，提高了商品的附加值与竞争力。纸和铝箔、塑料薄膜复合后，利用铝箔的阻隔性能、塑料薄膜的防水性与热封性能、纸板的挺度与良好的装潢印刷适性，制成牛奶、无汽饮料、果汁等液体包装盒，外观美丽，保质效果好，便于超市货架展示、销售（图 1-3-22）。

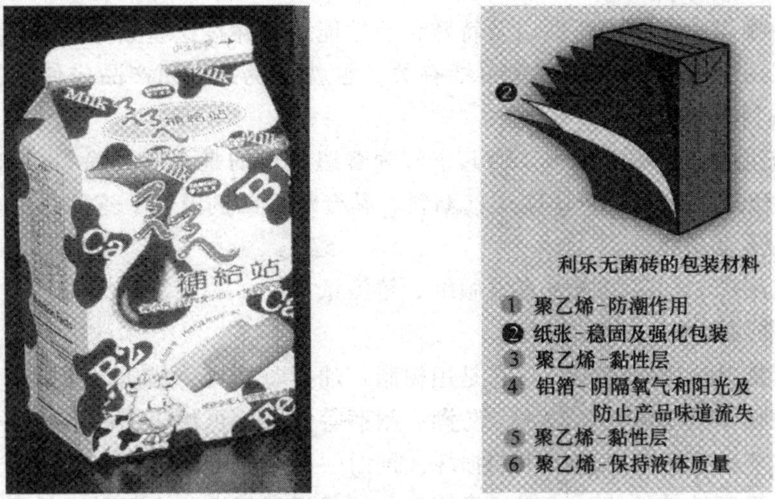

图 1-3-22　利乐纸复合包装材料和容器

知识拓展与应用 1
案例——包装用加工纸的种类和制造

造纸机生产出来的纸和纸板，在用于某些商品包装之前，需要对其进行适印性、装饰性、防潮性、阻隔性、热封性和防锈性等功能性方面的加工，以改变纸和纸板的外观及其他物理化学性能，满足不同商品的包装要求，这种为了赋予纸和纸板必要特性而进行加工处理所得到的产品称为加工纸。目前世界上纸张品种中极大部分是加工纸。加工工艺主要包括对纸和纸板进行表面涂布、浸渍、改性、复合及其他加工技术处理。

（一）包装用涂布加工纸的制造

包装用涂布纸的制造，简单地说是指在原纸之上涂上一层涂料，经过干燥后再用压光机进行压光整饰而得。因此原纸与涂料是决定涂布纸品质的重要因素。

1. 原纸（Base paper）

涂布用原纸必须具备下列性质：

① 尺寸稳定性好，不会因水分变化而有太大变化。

② 对涂料的吸附性强。

③ 原纸必须不会弯曲，否则会引起涂料条痕而导致纸张断裂。

④ 不可有皱纹、破洞等瑕疵。

⑤ 涂布加工时，纸卷必须卷紧，以免发生断纸。

原纸性质中会影响涂布纸性质的指标主要有：均一性、平滑度、表面吸收性、表面强度、表面情形、化学适性、两面性及纸面光学性等，因此，一张纸的好坏，在于原纸的状况好坏与否。

2. 涂料（Coating color）

涂料配制是制造涂布纸最基本的技术，对产品用途具有关键性的影响，所以涂料须满足涂布作业的操作性及印刷适性以及特殊包装性能等，并按这些条件进行设计制造。即涂料的设计是根据生产何种包装用涂布纸有关。也就是说：不同产品应使用其相对应的涂料、涂布方法和涂布机。

纸张涂布用的涂料种类很多，而其中较为普遍应用的是水基性涂料。水基性（Water base）涂料的组成大致上可分成四类：颜料、黏合剂、助剂及水。这四类成分的组合与涂布后纸张的品质息息相关。

用于包装的涂布加工纸主要有铜版纸、铸涂纸等。

（二）包装用浸渍加工纸的制造

浸渍加工纸又称吸收加工纸，它是用树脂、油类、沥青、蜡质、化学药剂等对原纸进行浸渍处理而得，具有防油、防水、防潮、耐磨等性能，可用于商品的防护性包装，保证内装商品在某些特殊恶劣环境下不受损坏。同时一些功能型浸渍液还能改变纸和纸板的耐酸碱性、耐化学腐蚀等性能，或者经浸渍后的纸或纸板具有防火阻燃、果蔬保鲜等功能。

1. 原纸

浸渍原纸对浸渍液要有良好的吸收性，纸页组织均匀，不能施胶，具有一定的强度，以保证在浸渍过程中不断裂。

2. 浸渍剂

浸渍剂主要有合成树脂、胶乳、干性油、石蜡和沥青等种类，不同类型的浸渍剂形成浸渍液的方式不一样，合成树脂、沥青浸渍液以加热熔融制备为主，胶乳则以有机乳液形成，而石蜡液既可通过熔融、也可通过有机溶剂溶解制取。

3. 浸渍工艺与方法

尽管浸渍液不同，但浸渍加工过程基本类似。一种是将原纸浸没在浸渍液内，纸页在浸渍液内运行过程中被浸透饱和，因此这种方法也成为饱和浸渍法，它适合于某些吸收量大的生产要求；另一种是使纸在浸渍液面运行，保持一定的间隙，在浸渍液与原纸接触后，借助于浸渍液与纸页间的粘附力形成一个浸渍液的接触层，使纸页吸收一定量的浸渍液，这种方法又称为珠式浸渍法，改变运行车速可调整浸渍量大小，它适合于药剂浸渍。

（三）包装用变性加工纸的制造

变性加工纸是将原纸进行化学处理，使纸页发生润胀、胶化、降解或纤维素再生，结果使纸的性质发生了根本的变化，出现了许多新的性能，满足各种包装的要求。用于包装的变性加工纸主要有植物羊皮纸、钢纸、玻璃纸等。

1. 植物羊皮纸

植物羊皮纸是将植物纤维原纸用硫酸处理，使纤维表面膨胀或胶凝，变成淀粉状朊，覆盖了整个纸页表面，使纤维间无空隙。羊皮纸的生产流程如图 1-3-4 所示，主要工艺包括羊皮化、洗涤与碱处理、塑化与干燥等。

(1) 羊皮化过程　将原纸浸入浓度为 72%、温度为 15～17℃的硫酸液中，经过 2～3s 即可完成羊皮化。在这一过程中，硫酸浓度控制十分重要。浓度过高，将迅速溶解纸页表面纤维，而不能渗透到纸页内部，结果表面焦化，内部却羊皮化不充分；若浓度过低，渗透虽好，但作用反应缓慢，不仅延长了时间，羊皮化程度还会降低。另外处理时间、温度都会影响羊皮化质量。

(2) 洗涤与碱处理　原纸在酸处理后压榨挤出余酸，并经过洗涤进一步洗出残酸，再用浓度 0.1%～0.4%的 Na_2CO_3 溶液中和。通过几次反复中和、洗涤，直至洗液中残酸不大于 0.003%，洗涤好的羊皮纸基本呈中性。

(3) 羊皮纸的塑化　羊皮纸处理后的纸张往往发脆，塑化的目的在于使羊皮纸柔软并富有弹性。一般以甘油（浓度 10%～12%）为塑化剂。

(4) 干燥　羊皮纸干燥温度一般为 85℃左右，过高的温度将会使纸页过度收缩，产生气泡、扭曲等纸病。

2. 玻璃纸

玻璃纸的生产与上述变性加工纸不同，它是以木浆为原料，先用碱处理，然后与 CS_2 反应生成纤维素磺酸钠，将其溶解在稀碱液中成为橙黄色浓稠液——粘胶。将粘胶从一条狭缝中喷入凝固液中，得到再生纤维素薄膜，经一系列洗涤、脱硫、漂洗、塑化后得到透明度较高的玻璃纸。

（四）包装用复合加工纸的制造

用黏合剂将纸、纸板与其他塑料、铝箔、布等层合起来，得到复合加工纸。复合加工不仅能改善纸和纸板的外观性能和强度，更主要的是提高了防水、防潮、耐油、气密、保香等性能，同时还会获得热封型、阻光性、耐热性等，可用于特殊要求的包装。大量的复合纸板还是用于制作包装液体、糊状、膏状商品的纸容器的原料。用于包装的复合加工纸种类很多，根据复合层数区分有二至七层不等，根据所复合的材料则可分为三种。

1. 纸/塑复合加工纸

将一层或多层塑料薄膜与纸或纸板复合的加工纸称为纸/塑加工纸。使用的塑料薄膜有 PE、PP、PVC、PET 和 PA 等。纸/塑复合加工纸具有较高的抗张、抗撕裂强度，同时还有良好的防火、防潮、防油、热封等性能。

2. 纸/织物复合加工纸

将编织物与纸复合形成的产品称为织物复合加工纸。织物可以是用棉、麻和化学纤维为原料加工成的帆布、针织品、纱布和其他纺织品，也可以是用树脂拉丝织成的网状物。织物复合加工纸具有很高的机械强度和良好的透气性。国内近年在两层牛皮纸之间夹上一层棉、麻经纬网线，加工成复合纸袋纸，用于生产水泥包装袋，大大降低了水泥袋的破损率。

3. 金属箔/纸复合加工纸

用铝箔或其他金属箔与纸或纸板复合而成的加工纸称为金属箔/纸复合加工纸。这类产品具有较高的强度、防潮性和气密性能，遮光性、导电性、热反射性和尺寸稳定性良好，适合于包装阻隔性能要求高的商品。同时，由于铝箔表面的高光泽性和平整度，具有优良的装潢装饰效果，故也用于制作一些高档商品的销售包装盒。

知识拓展与应用 2
案例——新型食品包装纸

食品大量应用塑料包装，由于塑料极难自然降解，塑料垃圾很难处理。因此，一些发达国家已部分限制塑料包装的使用。为此，开发食品包装纸已成为食品和包装行业的共识，根据食品包装纸侧重的角度不同，新型食品包装纸主要有如下六个类别。

（一）防水类包装纸

1. 脱水包装纸

这种被称为 PS 的包装纸，选择只能让水透过的半透膜为表面材料，内侧则放置高渗透性物质和高分子吸水剂。该包装纸不会使食品组织细胞被破坏，同时还能抑制酶的活性，防止蛋白质分解，减少微生物繁殖，达到保持食品鲜度、浓缩鲜味成分、提高韧性的效果。

2. 吸水功能纸

吸水功能纸的最大特征就是吸水能力强，它能保持本材料自重 10 倍的吸水量，且安全、无害。吸水机能纸与无纺织物的吸水能力和保水量有显著差别，吸水功能纸明显居优。这是因为无纺织物只能在原材料纤维间的细孔中保持水分，而吸水功能纸不仅具有以上能力，而且其纤维本身也能吸水。待吸水功能纸吸水后就变得非常柔软。由于具有以上特征，吸水功能纸可用作吸水火腿、香肠等结露的薄膜（片），吸收生鲜食品滴水的薄膜（片）以及化妆用品和卫生材料的薄膜。

3. 新型防水包装纸和纸板

由湖南常德卷烟厂金芙蓉（特种）纸业有限公司自主研制开发的新型防水包装纸和纸板（无酸防水档案纸），成功填补了国内空白。该公司自 1996 年开始立项，累计投入 315 万元研制新型防水包装纸。据有关专家介绍，新型防水包装纸和纸板的适用范围十分广泛。

4. 屏湿性纸板

美国明尼苏达州 Libery 制纸股份有限公司开发出 M-Guard 屏湿性纸板，状似瓦楞纸板，也类似于常用内衬纸板，可印刷，可回收利用。该纸板的屏湿性能具有视觉效果。这种屏湿性能是在纸板制造工艺过程中，因内部化学黏结性能的作用所致，无须任何转化，可以节省时间。该纸板通过其内在的吸收作用而达到良好的屏湿性能。

5. 耐水加工纸

耐水加工纸（MWS）具有耐水性、透气性好，因它没有拒水性，因此浸透率比别的材料高，其表面强度和层间强度高，有抗菌性，还能吸收氨气等。这些特征并非靠添加树脂和化学药品来获得，而是靠原材料的浆材，因而安全无害。因 MWS 具有以上特征，可期待应用于食品包装材料，结露吸水薄膜（片）及其他领域。目前 MWS 已应用于酒槽渍制食品的真空包装，与其他材料复合，作为多水分半成品食品的包装纸，充分发挥其防霉、吸水和耐水性的优点。

（二）热能类包装纸

1. 蛋白质涂层包装纸

日本一家食品公司还研制出一种蛋白质涂层包装纸，它是将蛋白质溶解后，经特殊工艺制成的包装纸。用蛋白质作为涂料涂在纸上面而制成的蛋白质涂层包装纸膜，可承受一定温度，防止水侵蚀，无毒，方便食品加工，不污染环境。

2. 太阳能转换为热能的纸（保温包装纸）

美国研制出一种可以将太阳能转换为热能的纸，可以起到太阳能集热器的作用。使用这种保温纸包装食品，放在阳光照射的地方，包装内的食品就会被加热，只有将包装打开，热量才能散去。这种纸所应具备的功能，是能将熟食包装后保持香、鲜、热度，供人们在不同的场地和时间方便地食用，以适应当今人们生活快节奏的需求。

3. 热封性包装纸

热封性包装纸具有热封性、通气性，并且有耐油、耐水性好，安全无害等特点。为了使包装纸具有热封性，要在热封树脂纸的表面覆以涂层或用聚乙烯黏合使其具有热封性，无须进行二次加工，可以获得通气性，它的通气性可根据用户要求加以控制。用这种具有通气性的包装纸包装的食品，可用电子波加热，包装内并无蒸汽，这样可以保持食品表面的清爽。由于它具有以上特征，热封性包装纸可期待作为用电子波加热的冷冻食品的包装材料，目前已用它来包装汉堡包。

（三）果蔬类包装纸

1. 果渣纸

日本高崎造纸公司用食品工业废弃的苹果渣生产出果渣纸，方法简单，除去果渣中的籽粒，将其捣成纸浆，加入适量的木质纤维即可制成。这种果渣纸使用后容易分解，可焚烧或做堆肥，也可以回收重新造纸，不易污染环境。

2. 豆渣纸

日本一家研究所利用新技术，以豆渣为原料，制成了一种遇热能溶，有一定营养价值的可以吃的包装纸。该包装纸适合快餐面调味料的包装，吃时可一同食用。

3. 胡萝卜包装纸

英国开发出的胡萝卜纸以胡萝卜为基料，添加适当的增稠剂、增塑剂、抗水剂，利用胡萝卜的天然色泽，可制成价廉物美的可食性彩色蔬菜纸。这种产品可用作盒装食品的个体（内）包装或直接当作方便食品美感，增加消费者的食趣和食欲。胡萝卜纸是一种可食性的彩色纸，具有较强的柔韧性和一定的防水性，具有包装功能和食用功能。若能进一步提高强度和可塑性能，改善表面（质感），制成各种形状（盒、碗等）的产品，则可进一步扩大其用途，更好地保护环境，并为蔬菜深加工提供新途径。

（四）防变质类包装纸

1. 防腐纸

日本一家公司推出了一种可用于食品包装的防腐纸。它的制作工艺是：先将原纸浸入含有 20％的琥珀酸、33％的玻璃酸钠和 0.07％的山梨酸的乙醇溶液中，然后对其进行干燥即可。使用这种纸包装带卤汁的食品，可以在38℃高温下存放3周而不变质。

2. 长效防霉纸

日本一公司生产的一种能长期防止食品发霉变质，不损害食品风味的新型包装纸。该纸是把特别的单甘油酯与其中的化合物溶合后，作为有效成分溶于水与乙醇的水溶液，然后在纸上进行喷涂或作浸润处理，最后加热干燥而成。它可用来包装各种食品。

3. 水果保鲜纸

为保持水果鲜度，新加坡研制生产出一种保鲜包装纸，这种纸有抑菌、杀菌药剂。用这种纸贮存苹果，半年后启开，果实仍然饱满。另一种保鲜纸能保鲜柑橘3个月，荔枝也能保鲜30多天。

（五）环保类包装纸

1. 环保纸卷

英国一家公司开发研制成功可替代泡沫塑料作包装材料的环保纸卷，上面有很多小裂口，占据空间较小。当纸卷拉开后，它就成为立体蜂窝状，面积达到原来的10倍，能起到缓冲衬垫物的作用，适合填充和保持包装商品用。该纸卷用再生纤维制成，可回收重复使用；废弃时，能生物降解。

2. 食品专用包装纸

在欧美市场上还有一种全新的PLMEX食品专用包装纸，它是100%纯纸浆，不含荧光剂和危害人体的化学物质，具有防水、防油、抗黏、耐热（可耐200～250℃高温）的特点。使用方便，清理简单，安全卫生，符合美国FDA和德国BGA食品卫生标准。这种食品专用纸使用后经清水清洗可回收，并可反复使用50次。这种食品纸有成卷的，也有压制成各种纸杯形状的，不管是用于蒸制还是烘烤、微波加热，都不会变形和褪色。

（六）其他类包装纸

1. 人造果皮纸

一种可以回收利用的人造果皮纸在国外市场推出后深受青睐。这种人造果皮纸是用特殊的材料加工而成的，在工厂的自动线上与食品的制作一起完成，是一个严格的透明小袋或透明异形环体，坚韧而富有弹性，可以延长食品的保质期，食用时只要把人造果皮纸剥开就行。

2. 纸质易拉罐

目前中国铝易拉罐的年消耗量为60亿～70亿只，原材料需大量进口，且价格昂贵，加上污染环境等因素，国家已不再批准新建铝易拉罐生产线。能否找到代替铝易拉罐的新包装容器成为业界一直关心的问题。纸质易拉罐的诞生，克服了铝易拉罐的种种弊端，有着广阔的发展前景。建一条铝易拉罐生产线至少需1700万元，而纸质罐生产线仅需200万元；铝易拉罐最小批量为2000万只，纸罐的经济批量为2万只以上。纸罐可用于油漆、化工、食品、药品等包装，还可用来生产纸饭盒、纸杯、纸桶等系列产品。

3. 丙烯合成纸

这种纸质地结实，不易破裂，表面光滑，没有皱纹，不怕潮湿，也不会变色。这种纸比普通纸张要轻，不易沾上污物，是印刷、书写和食品包装的好材料。

4. 泡沫纸

德国 PSP 公司开发出泡沫纸生产新工艺，用它生产的包装材料可替代泡沫塑料。该种泡沫纸采用旧书报废纸和面粉作原料，先将回收的旧书报切成碎条，再碾成纤维状的纸浆，将其和面粉以 2∶1 的比例混合，混合后的纸浆料注入挤压机压成圆柱颗粒。挤压过程中，原料受水蒸气作用成为泡沫纸。用该种泡沫纸颗粒作原料，可以根据不同的需要生产出多种形状的塑料包装。泡沫纸可一次成型，不用化学添加剂，使用后还能回收加工。

5. 硬质轻型包装纸

芬兰一家研制成功了一种硬质、轻型的包装纸。这种包装纸比普通纸板轻10%～20%，除了具有无味、有机生存特性外，还具有抗热性和与纯纸板一样的适印性，特别适用于包装巧克力、冰淇淋、冷藏食品等，适用于各种香味型包装和制造快餐盒等。

6. 自黏包装纸

韩国制成了一种自黏包装纸，外层是牛皮纸，内层是特殊的发泡材料，具有弹性和极好的抗腐性，可确保包装物表面不受磨损。由于本身具有黏性，因此包装时不需要绳子和带子。该包装纸一经拆封即自动失去了黏性，因此还具有防止被人拆封的作用。

知识拓展与应用 3
案例——烟包常用纸张的种类和特性

中国是世界上最大的烟草生产国，年产量达 3445 万大箱。这些香烟绝大部分都采用纸箱包装，纸张类型主要有白卡纸、白板纸、铜版纸和铝箔纸。如果全国按 3400 万大箱，软、硬盒包装各按 50%计算，上述四个品种纸张的年销量为：白卡纸 49 万 t、白板纸 30 万 t、铜版纸 6.8 万 t、铝箔纸 10.5 万 t。近几年，硬盒包装发展势头强劲，因此，白卡纸的用量不断增长。而铝箔纸的广泛采用，更是表现了强烈的中国特色，不管是硬包还是软包，不管是一类、二类烟，还是低档次的四、五类烟，都采用华丽、高成本的铝箔纸。这一现象的发生，极大地促进了中国铝箔纸生产企业的发展。这种结果虽然在一定程度上演义了烟盒“过度包装”现象的泛滥，但也使中式卷烟的厚重、高雅表现得淋漓尽致，让世界烟包领域刮目相看。

（一）烟包常用纸张的种类分析

1. 白卡纸

烟包用白卡纸要求有较高的挺度、耐破度、平滑度和白度。纸面要求平整，不许有条痕、斑点、凹凸、翘曲变形的产生。由于烟包用白卡纸。主要采用卷筒纸高速凹印机来印刷，所以对白卡纸的抗张力指标要求较高。抗张力又称抗张强度或拉伸强度，其意是指纸在断裂时所能承受的最大张力，以 kN/m 表示。高速凹印机开动时要拖住纸卷，高速印刷时也要承受较大的拉力，如果经常出现断纸现象，势必造成频繁停机，降低工作效率，也增大纸张的损耗。

烟包用白卡纸分两种类型，一种是 FBB（黄芯白卡），一种是 SBS（白芯白卡），烟包

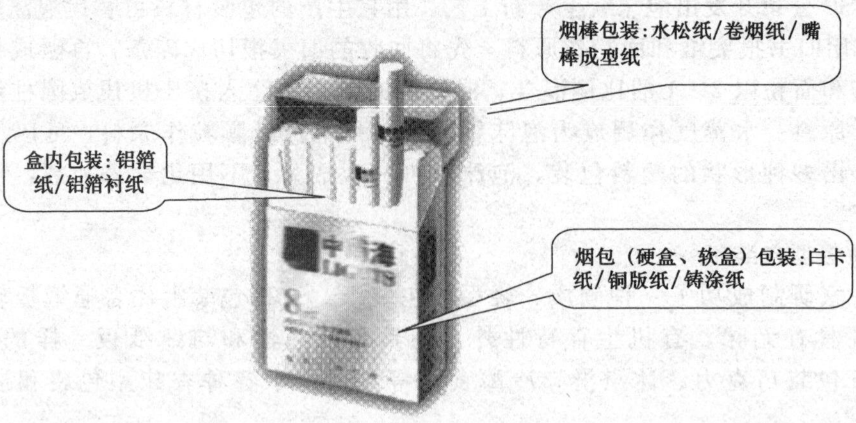

使用的 FBB 和 SBS 都是单面涂布白卡纸。FBB 由三层浆组成，面层和底层使用硫酸盐木浆，芯层使用化学机械磨木浆。正面（印刷面）为涂料层，使用两次或三次刮刀涂布，反面没有涂料层。由于中间层采用的是化学机械磨木浆，这种木浆对木材的得浆率高(85%～90%)，生产成本比较低，因此，制成的 FBB 卡纸的售价也相对低。这种纸浆中长纤维多，细小纤维、纤维束少，成纸的厚度好，因此，同样克重的 FBB 要比 SBS 厚很多。SBS 通常也是由三层浆组成，面层、芯层和底层都使用漂硫酸盐木浆。正面（印刷面）为涂料层，同 FBB 一样也使用两次或三次刮刀涂布，反面没有涂料层。由于芯层也采用了漂白硫酸盐木浆，白度较高，因此称为白芯白卡。同时，纸浆纤维细小，纸的紧度较大，SBS 要比同定量的 FBB 厚度要薄许多。例如红塔仁恒的 230g/m^2 的 FBB，其厚度为 320μm，而 230g/m^2 的 SBS，其厚度为 295μm。

2. 单面白纸板

单面白板纸过去又简称白板纸。单面白板纸的正面质量必须是洁白平整、组织紧密、挺度较好，印刷时不易起毛，伸缩变形性较小，适合套色印刷。同时，还要具有良好的耐折性，以保证模切压痕时压线平直，边缘线不会引起纸面断裂。

单面白板纸是由多层纸页叠合而成，每一层需要几种质量不同的浆料。正面（印刷面）用上等的漂白硫酸盐木浆，中间芯层用较低档的废纸浆、草浆或木节浆等，背面则用中等的苇浆、废纸浆等。

为了提高单面白板纸的档次，让白板纸的正面具有更高的平滑度和光泽度，故在机内进行涂布加工所制得的成品叫做单面涂布白板纸。单面涂布白板纸其正面质量得到了改善，而底层则与一般单面白板纸相同。

由于白板纸在挺度、白度、模切压痕成型方面较白卡纸差许多，故只能用于烟包的外包装，即条盒包装之用。

因背面颜色不同，白纸板通常有两种类型：背面显灰色，称灰底白纸板；背面显白色，称白底白纸板。

3. 铜版纸

铜版纸在烟包中主要用于软包香烟，通常用 90～100g/m^2 的单面铜版纸，简称单铜。印刷方式有凹印、胶印、柔印。除胶印之外，凹印、柔印都用卷筒单面铜版纸。卷筒铜版纸除要求有凹印、柔印的印刷适性之外，在印刷完毕裁成成品烟标后还必须有良好的平伏性，不凸不翘，以保证能在卷烟机上正常使用。由于烟包使用的单面铜版纸质量要求高，目前能生产合格的用于烟标的单面铜版纸的厂家很少，主要有国内企业金东、台湾永丰余，日本 NPI、美国的美德维什纬克等几家。

4. 铸涂纸（俗称玻璃卡）

纸、玻璃铜版纸铸涂纸又称为高光泽铜版纸，台湾称为铬光或锐面铜版纸。它是一种表面特别光亮，犹如镜面的优质印刷涂布纸。这种纸在生产过程中先用可塑性涂料涂布，再在镀铬的烘缸上热压而成，因为 Cast 含有铸造之意，所以译成铸涂纸。铸涂纸所用的原纸、涂料液等与铜版纸基本相同，只是生产工艺不一样。当原纸经过涂布之后，在涂料层还处于未干状态并有可塑性的情况下，使纸面压贴于内部加热的镀铬缸面上，在镜面施压状态下让涂料层受热干燥成膜，其涂膜的可塑性相应消失，从而使纸张从缸面上自动地脱落下来，即成铸涂纸。

铸涂纸表面具有极高的光泽度，还富有细微的空隙性，对油墨有良好的吸收作用，网点还原性和色调再现性都很好，能使图像表现出较高的清晰度。铸涂纸比铜版纸有更高的光泽度和平滑度。同时，它比普通铜版纸的紧度低、松厚度高、弹性好、着墨性佳、不掉粉等。因此，铸涂纸能适应多种印刷方式。

由于铸涂纸的每吨售价比铜版纸高出 30%左右，铸涂纸常用于高档产品的外包装。

近几年使用铸涂纸的烟包越来越多。硬包用 $230g/m^2$ 的玻璃卡，如会泽“小熊猫”、“一品黄山”、“成都”、世纪“骄子”等，软包用 $100g/m^2$ 的玻璃铜版，如“云烟”、“福”等。另外，高档的铝箔纸，其底纸也要使用铸涂纸，这样才能使铝箔纸表面达到镜面般的平整，让铝箔纸表面的金属质感表现更加充分。目前铸涂纸主要从印度尼西亚进口，硬包使用的 $230g/m^2$ 的“航空”牌最好，软包使用的 $100g/m^2$ 的“阿卡地亚”牌最好。

5. 铝箔纸

铝箔纸又称为镀铝纸、喷铝纸，其表面附着一层极薄的金属铝。铝箔纸印刷的烟包，其特点是华丽、精致。由于常用的颜色是金、银色，并带有金属光泽，符合中国传统的高贵审美心理。目前高档烟包，绝大多数都采用铝箔纸印刷。铝箔纸按底纸的不同分为：铝箔卡纸、标签纸、烟衬纸。按表面图案的不同分为：图案全息铝箔纸、素面全息铝箔纸和普通铝箔纸。按加工工艺的不同分为：纸塑复合法铝箔纸、转移法铝箔纸和直镀法铝箔纸。

其中纸塑复合法铝箔纸，一般是 12～20μm 的 PET 薄膜上真空镀铝、上色，再通过复合机与卡纸（玻璃卡纸或白卡纸）复合。这种工艺由于既有薄膜又有铝，所以成本较高。但由于采用的是高光 PET，所以喷铝后效果显著，表面光泽亮丽，很显档次，因此，目前在一些高档烟包上仍有使用。但由于成本高、不环保，反对的呼声越来越高，使用的越来越少。

转移法是目前普遍采用的铝箔纸生产工艺，其工艺过程见图 1-3-23。

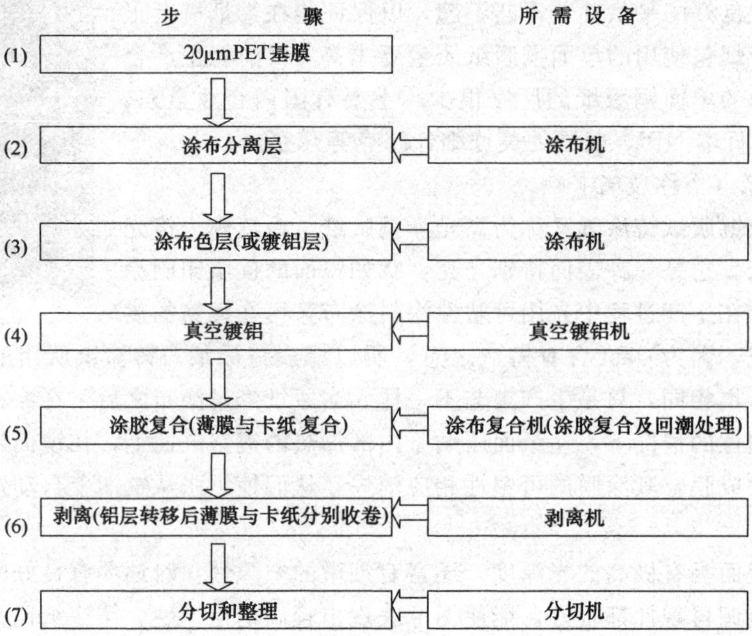

图 1-3-23　铝箔纸转移法工艺过程

由于铝箔纸表面铝箔层是在高真空状态下蒸镀而成，大卷的卡纸或高定量的铜版纸由于纸张内部含有较高的水分和空气，使得镀铝舱内抽真空排气难度很大，不易达到镀铝要求的高真空度。同时，纸内大量水分的排出，让纸张物理特性改变很大，镀铝后即使回潮处理也很难达到原来的物理指标。所以直镀法主要用于低定量的标签纸和烟衬纸的生产，其工艺过程见图 1-3-24。

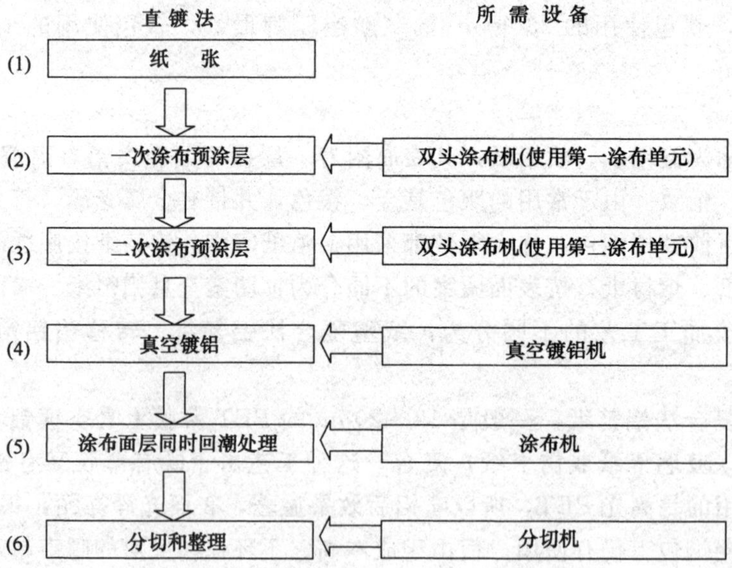

图 1-3-24　铝箔纸直镀法生产工艺过程

上述三种铝箔纸，由于生产工艺的不同，其纸张的物理特点也有很大差别。

纸塑复合法铝箔纸表面平整度最高，视觉上也最光泽亮丽。由于金属铝是附着在PET薄膜上，所以金属铝附着牢固，印刷时不会有掉铝现象，同时由于PET薄膜存在，提高了纸张的挺度和韧性，印后加工性能也表现更好。

转移法铝箔纸，金属铝箔层由PET上转移粘附到纸张表面，不管是哪一种纸张，其表面平实光滑性都不可能达NIJPET薄膜表面的程度，转移法铝箔纸光泽度下降，且在印后膜切压痕时易出现裂纹现象。因此，转移法铝箔纸在印刷加工时要取得良好的效果，在设计和制版上必须要考虑到其特点，将这种纸闪耀的金属光彩尽可能地表现出来。

设计图案不宜选用面积大，覆盖力强的色调，要采用透明度好的油墨进行印刷。例如常在银铝层上印透明黄，可以呈现具有金属光彩的金色。对转移法铝箔材料印品上90°或180°折叠处易发生油墨爆裂现象，在折痕处最好不印刷油墨，以弥补材料折叠性的不足。

（二）香烟包装材料质量标准分析

纸张生产厂为适应印刷需求，设置了很多质量指标，以保证产品的适用性更佳。

其主要需求如下：纸张定量均一，厚薄均匀、厚度差小。否则易造成输纸不畅，吸墨不匀，图像深浅不一，干燥时间不一或局部不干以及后续装订困难等。

1. 纸张匀度好

匀度差的纸张迎光看可以发现纤维分布不均匀有浆团现象，这样的纸张易产生吸墨不匀、发花，低定量的纸则会因局部纤维板交织少、不透明度低而导致透印。白度差的纸张易产生印刷成品色相不一，印品之间存在色差，亮度低，印刷效果大打折扣。

2. 平滑度高

平滑度低易使油墨的铺展不均匀，印品平整性差，不能满足高网线产品的精细印刷要求。特别是对凹版印刷，易产生漏印白点。粗糙度对凹版印刷尤其重要，这主要是因为凹版的印版无弹性，纸张必须平滑细腻，否则将会导致网点的再现率差，丢失网点增多。

3. 光泽度高

要想印刷品光彩夺目，印刷的光泽度就要高。否则印刷品灰暗、色彩还原性差，影响香烟销售时的展示效果。吸墨性好，画面吸墨均匀一致，否则易造成印品发花，色彩深浅不一，干燥时间不一，网点无法全部还原。

4. 不透明性好

不透明性好对低定量纸及双面印刷纸张特别重要，否则会产生透印，双面文字图像互相干扰，影响观看效果，有时正反面色差大，调整会比较困难。

5. 挺度好

纸张挺度好，会使纸张手感好、印刷车速高、印刷效率高，否则输纸、收纸都困难，印刷易折皱，制盒不坚挺，盒型效果受影响，特别是会在高速烟包机的生产中增加报废几率。

6. 表面强度高

表面强度低会造成一些印刷故障，轻者印刷易产生掉毛掉粉，重者易起泡及分层。水分适宜，纸张伸缩性小，适合印刷要求。否则易导致裁切定位困难，套印不准，印刷打皱等。耐候性好，否则温度低印刷易起泡，温、湿度大易变形，产生掉粉、套印不准等。

项目4　瓦楞纸板、瓦楞纸箱的性能检测与选用

项目任务

某商品包装纸箱（0201 型）规格为 40cm×28cm×30cm，包装商品净重 15.5kg，仓储堆码最大高度为 3.5m。请选合适原料、楞型的瓦楞纸板来制造这种纸箱，并完成对原材料、瓦楞纸板和瓦楞纸箱的性能检测，同时提供纸箱报价。

◆　具有能够正确识别不同类型（楞型）的瓦楞纸板的能力。

◆　能正确利用相应检测设备对瓦楞原纸和箱纸板的环压强度等性能进行检测，并能够正确处理检测结果。

◆　根据国家标准，完成瓦楞纸板各项强度性能指标的检测任务。

◆　具有正确进行瓦楞纸箱质量检测的能力，能够估算 0201 型纸箱抗压强度的能力并结合成本因素，选择合适的箱板纸、瓦楞原纸来生产瓦楞纸板。

◆　具有辨别和初步解决纸箱、纸板经常出现的质量问题的能力。

瓦楞纸箱是用瓦楞纸板经过相应的加工设备以及工艺而制成的纸包装容器。瓦楞纸板是由箱板纸和瓦楞芯纸黏合而成，而瓦楞芯纸是由瓦楞原纸轧制而成的。

一、认识瓦楞纸板

（一）瓦楞纸板的结构、性能特点及分类

瓦楞纸板是将瓦楞原纸加工成瓦楞形状以后，再按一定的方式与两个平行的平面纸页作为外面纸和内面纸，中间夹着通过瓦楞辊加工成波形的瓦楞芯纸，各个纸页由涂到瓦楞楞峰的黏合剂黏合在一起而形成的多层纸板。

最早的瓦楞纸板由面纸、瓦楞芯纸和里纸三层构成，瓦楞芯侧面呈近似三角形结构，波纹状的峰顶分别与面纸和里纸黏结，形成连续的拱形。它具有较大的刚性和良好的承载能力（图 1-4-1）。

图 1-4-1　瓦楞纸板的结构

根据瓦楞的齿形分可以分为 V、U、UV 型三种，V 型瓦楞挺力好，坚硬可靠，用纸量少，黏合剂用量少，黏结强度低，受压后恢复能力较差，弹性不好，现在几乎不采用。U 型瓦楞楞峰圆弧半径较大，瓦楞纸板富有弹性，在弹性限度内还原性能较好，黏合剂

和纸的用量要多，黏结强度高。UV 型瓦楞的齿形弧度较 V 型楞大，较 U 型的小，从而综合了二者的优点。它的抗压强度高，弹性好，恢复力强，黏结强度好（图 1-4-2）。

(a) V型　(b) U型　(c) UV型

图 1-4-2　瓦楞的齿形

根据瓦楞的楞型分有 A、B、C、E 等多种。根据瓦楞楞型即瓦楞的高度、单位长度瓦楞个数分类，是国际上一种比较通行的方法，它们的特征如表 1-4-1所示。

表 1-4-1　　瓦楞楞型及特征

楞型	瓦楞高度/mm	瓦楞宽度/mm	楞数/(个/300mm)	压楞系数*
A	4.5～5.0	8.3～9.4	34±2	1.58
C	3.5～4.0	7.5～8.3	38±2	1.50
B	2.5～3.0	5.8～6.3	50±2	1.38
E	1.1～2.0	3.0～3.3	96±4	1.30

注：* 压楞系数为参考值，设备、齿形不同，其值出入很大

（1）A 型瓦楞　瓦楞高而宽，富有弹性，缓冲性好，垂直抗压强度高，但平压性能不好。一般利用其的缓冲保护性包装容易破裂的玻璃制品、水果、玩具、洗衣粉等，另外也用作衬垫隔板。

（2）B 型瓦楞　瓦楞低而密，单位长度上瓦楞个数多，使之具有光滑的印刷表面。平压和平行压缩强度高，但缓冲性稍差，垂直支承力低，故适合于包装自身具有一定强度和支撑力的电器、罐头等商品。

（3）C 型瓦楞　C 型瓦楞性能介于 A、B 型瓦楞之间，既具有良好的缓冲保护性能，又具有一定的刚性，许多工厂喜欢用它来代替 A 型瓦楞使用，适合于包装各种商品。

（4）E 型瓦楞　E 型瓦楞纸板较薄，挺度好，一般用于制作纸盒作为销售包装；也可以单独使用 E 型瓦楞纸作为安瓿缓冲隔纸。

国外还使用一种特大形瓦楞，称为 K 型瓦楞，楞高 7mm，具有良好的缓冲和耐冲击、耐捆扎性能，尤其适合制做箱衬隔板。

A、B、C、E 型瓦楞纸板在实际应用中各有特点，其性能相对关系如表 1-4-2 所示。

表 1-4-2　　各种楞型的相对性能与用途

<table>
<tr><th rowspan="2">楞形</th><th rowspan="2">平面抗压</th><th rowspan="2">垂直抗压</th><th rowspan="2">平行作用</th><th rowspan="2">缓冲作用</th><th rowspan="2">适印性能</th><th colspan="2">用途</th></tr>
<tr><th>制品容器</th><th>制品用途</th></tr>
<tr><td>A</td><td>4</td><td>1</td><td>4</td><td>1</td><td>4</td><td rowspan="4">纸箱
⇩
纸盒</td><td rowspan="4">运输包装
⇩
销售包装</td></tr>
<tr><td>C</td><td>3</td><td>2</td><td>3</td><td>2</td><td>3</td></tr>
<tr><td>B</td><td>2</td><td>3</td><td>2</td><td>3</td><td>2</td></tr>
<tr><td>E</td><td>1</td><td>4</td><td>1</td><td>4</td><td>1</td></tr>
</table>

根据表中相互关系，在生产多层瓦楞纸板时为了取得各向抗压性能平衡，更好地保护商品，一般采用 AB、CB、BE 及 ACB、BAA 等楞型组合，以互为补充，更好地发挥各种楞型的物理性能。

根据瓦楞的层数，可分为单楞单面（双层）瓦楞纸板（多用于内包装或包装衬板，图

1-4-3（a）所示）、单楞双面（三层）瓦楞纸板（应用最广，图 1-4-3（b）所示）、双楞双面（五层）瓦楞纸板（多用于大型商品包装，图 1-4-3（c）所示）、三楞双面（七层）瓦楞纸板（多用于重型商品包装，图 1-4-3（d）所示），如图 1-4-3 所示。

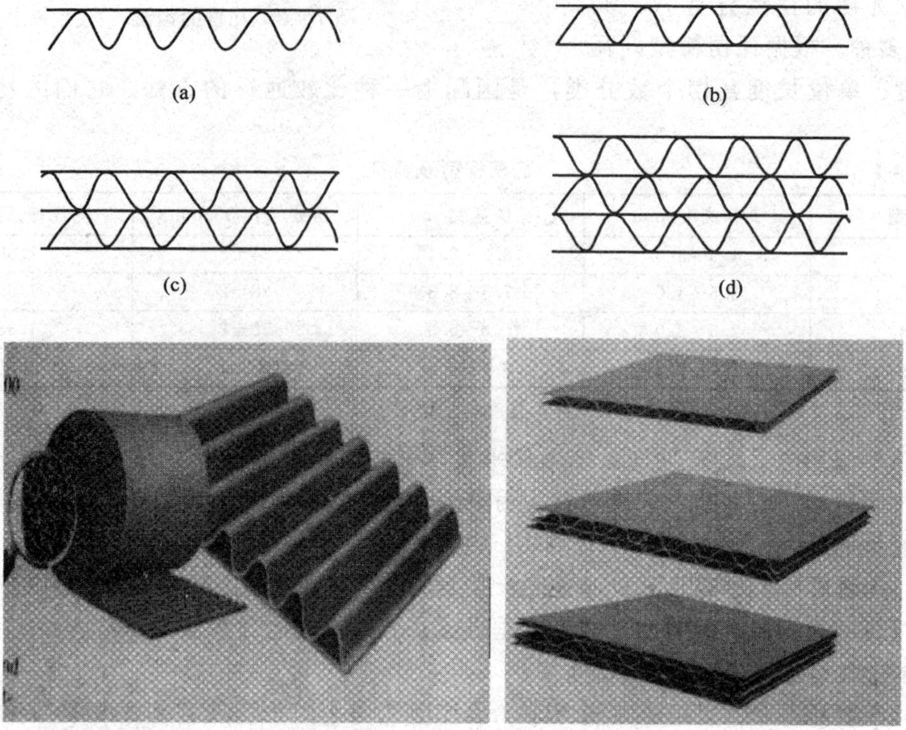

图 1-4-3　瓦楞纸板的层数和结构

（二）纸板的长宽表示法和楞别的表示法

纸板的长和宽是以流水线走纸宽度（用纸门幅）为宽，横切机切长为长（图 1-4-4）。

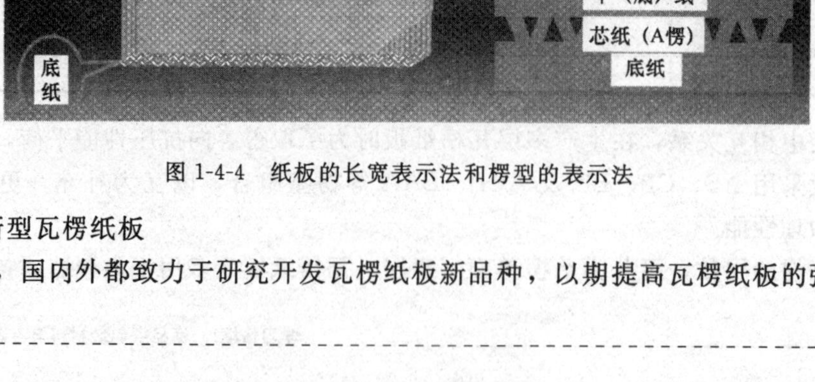

图 1-4-4　纸板的长宽表示法和楞型的表示法

（三）新型瓦楞纸板

近年来，国内外都致力于研究开发瓦楞纸板新品种，以期提高瓦楞纸板的强度和适应性，开发了一些瓦楞纸板的新品种，如图 1-4-6 所示。这些新品种包括超强瓦楞纸板 X—PLY，强化瓦楞纸板、蛇行瓦楞纸板、十字型瓦楞纸板、双拱形瓦楞纸板和微型瓦楞纸板（图 1-4-5）。

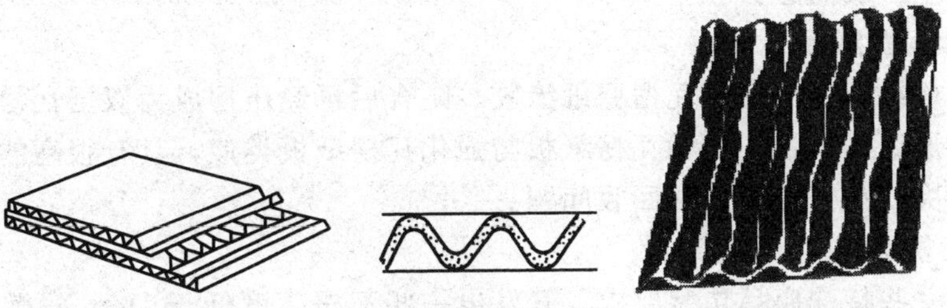

(a) X-PLY瓦楞纸板　　(b) 强化瓦楞纸板　　(c) 蛇型瓦楞纸板

图 1-4-5　新型瓦楞纸板

1. 超强瓦楞纸板 X—PLY

发明者受三层胶合木板的启发，将三层瓦楞芯纸以纵横交替排列的方式与纸板粘结，制成一种如图 1-4-5（a）所示的七层瓦楞纸板，在定量与普通瓦楞纸板相同的情况下，强度、挺度、耐折抗弯强度要高出 15%～16%，平行压缩强度则高出 92%，因此可包装体积大，质量大的物品。由于中层瓦楞与两面瓦楞楞向呈垂直排列，这种瓦楞纸板不适合机械自动化生产。

2. 强化瓦楞纸板

强化瓦楞纸板与普通瓦楞纸板的不同之处是在两层瓦楞原纸之间涂上一层热固型树脂，借助于压制瓦楞时辊的高温将热固型树脂加热熔融，然后冷却固化定型，再与纸板粘贴在一起，如图 1-4-5（b）所示。这种瓦楞纸板楞型坚挺，平压和平行抗压强度极高，实验表明厚度为 4mm 瓦楞纸板，与普通瓦楞纸板比较平压强度高出 4 倍，边压强度高出 1.5～1.8 倍，戳穿强度高 1.6 倍。因此三层强化瓦楞纸板完全可以替代五层普通瓦楞纸板使用，且这种纸板的耐寒耐湿性能也佳，尤适合奶酪制品、饮料、药品等包装纸箱。由于瓦楞芯层涂布了热固型树脂，故对包装后的纸箱回收造纸的处理带来了许多的困难。

3. 蛇型瓦楞纸板

这是一种开发仅十多年新型瓦楞纸板，如图 1-4-5（c）所示。瓦楞的楞峰与传统的直线型不同，它呈蛇型弯曲。这种瓦楞纸板的最大优点是消除了瓦楞纸板垂直压缩强度与平行压缩强度之间的差距；并且压完楞以后，即使不与面、里纸粘结，瓦楞楞形也能长期保持不变，特别适合于取代传统的单楞单面纸板来作为玻璃制品的内衬缓冲。表 1-4-3 是它与普通瓦楞纸板抗压性能的比较。

此外，在包装方面获得了应用，功能类似于瓦楞纸板还有蜂窝芯纸板，以及弹性好、适合作缓冲衬垫的圆柱芯纸板、泡沫芯纸板等。

表 1-4-3　**蛇型瓦楞纸板与普通瓦楞纸板技术指标的比较**

楞型	厚度/mm	厚度比/%	边压强度/N	压强度比/%	垂直抗压/N	平面抗压/N
B 型	3.22	100	412	100	235	168
E 型	1.84	57	920	223	243	204
蛇形瓦楞	2.18	68	1072	260	240	230

4. 十字形瓦楞纸板

这是一种将两组单楞单面瓦楞纸板按楞向纵横粘贴成的瓦楞纸板，缓冲性好，纸板整体无纵横向强度差，适合包装玻璃、陶瓷等易碎制品。生产时可采用单机或单面机，不适合用瓦楞纸板生产线制造。

5. 双拱形瓦楞纸板

双拱形瓦楞纸板是由两层瓦楞原纸涂胶、贴合后再经压楞成为双层瓦楞，最后与面纸粘贴成为双拱形瓦楞纸板。这种瓦楞纸板与强化瓦楞纸板类似，具有很高的平压强度和抗弯曲性能，解决了瓦楞纸箱用后回收问题。

6. 微型瓦楞纸板

为了适合一些特殊商品包装要求，开发出一些瓦楞高度低于 1mm 的微型瓦楞。这种瓦楞纸板一般采用质量较高的白色牛皮纸和纸板来生产，使制成的纸盒既有挺括的外观，又适合装潢印刷。

二、瓦楞原纸和箱纸板的性能检测与选配

瓦楞纸板是由箱板纸和瓦楞纸黏合而成，而瓦楞纸是由瓦楞原纸轧制而成的。由瓦楞纸板制成的瓦楞纸箱作为一种容器，要求具有一定的刚性，即抗压强度。

1. 箱纸板

箱纸板是用于制造瓦楞纸板、固体纤维板或纸板盒等产品的表面材料，定量为 125～360g/m²。箱纸板包括普通箱纸板（未用硫酸盐木浆抄造的箱纸板）、牛皮挂面箱纸板（表面两层或一层用硫酸盐木浆抄造的箱纸板）以及牛皮箱纸板（俗称牛皮卡纸，配浆中硫酸盐木浆占 80%以上的，且正反面色泽相近的箱纸板）。

普通箱纸板和牛皮挂面箱纸板的产品质量分为优等品、一等品、合格品三个等级。其中优等品为国际先进水平，一等品为国际一般水平、国内先进水平，合格品为国内合格水平。优等品适用于制造重型、精细、贵重及冷藏物品包装用的瓦楞纸板；一等品适用于制造一般物品包装用的瓦楞纸板；合格品适用于制造轻载瓦楞纸板。牛皮箱纸板分为优等品、一等品两个等级。适用于制造重型、精细、贵重及冷藏物品包装用的瓦楞纸板。牛皮箱纸板质量指标如表 1-4-4 所示。

表 1-4-4　　牛皮箱纸板质量指标（GB/T 13024—2003）

指标名称		单位	规定(牛皮箱纸板) 优等品	一等品
定量		g/m²	125 160 180 200 220 250 280 300 320 340 360	
紧度 ≥	≤220g/m²	g/cm³	0.70	0.68
	＞220g/m²		0.72	0.70
耐破指数 ≥	＜160g/m²	kPa·m²/g	3.40	3.20
	160～200g/m²		3.30	3.10
	200～250g/m²		3.20	3.00
	250～300g/m²		3.10	2.90
	≥300g/m²		3.00	2.80

续表

指标名称			单位	规定（牛皮箱纸板）	
				优等品	一等品
（横向）环压指数	≥	＜160g/m²	N·m/g	9.0	8.0
		160～200g/m²		9.5	9.0
		200～250g/m²		10.0	9.2
		250～300g/m²		11.0	10.0
		≥300g/m²		11.5	10.5
（横向）耐折度		≥	次	100	60
吸水性（正/反）		≤	g/m²	35/40	40/50
水分			%	+8.0±2.0	

牛皮箱纸板一般要求全部用针叶木硫酸盐浆（牛皮浆）来生产，用于制造精细、贵重和冷藏物品包装用的出口瓦楞纸板；挂面箱纸板采用50%或30%的长纤维浆挂面，此外用木浆废纸、半化学浆作底层，用于制造出口物品包装用、较大型物品包装用瓦楞纸板；普通箱纸板中合格品一般用半化学浆、草浆、废纸浆来生产，用于制造一般物品、轻载包装用的瓦楞纸板。普通箱纸板和牛皮挂面箱纸板质量指标如表1-4-5所示。

表1-4-5　普通箱纸板和牛皮挂面箱纸板质量指标（GB/T 13024—2003）

指标名称			单位	规定		
				优等品	一等品	合格品
定量			g/m²	125 160 180 200 220 250 280 300 320 340 360		
紧度	≥	≤220g/m²	g/cm³	0.70	0.68	0.65
		＞220g/m²		0.72	0.70	0.65
耐破指数	≥	＜160g/m²	kPa·m²/g	3.30	3.00	2.20
		160～200g/m²		3.10	2.85	2.10
		200～250g/m²		3.00	2.75	2.00
		250～300g/m²		2.90	2.65	1.95
		≥300g/m²		2.80	2.55	1.90
（横向）环压指数	≥	＜160g/m²	N·m/g	8.60	7.00	5.50
		160～200g/m²		9.00	7.50	5.70
		200～250g/m²		9.20	8.00	6.00
		250～300g/m²		10.6	8.50	6.50
		≥300g/m²		11.2	9.00	7.00
（横向）耐折度		≥	次	60	35	12
吸水性（正/反）		≤	g/m²	35/70	40/100	60/200
水分			%	8.0±2.0	9.0±2.0	

箱纸板分卷筒和平板两种。平板箱纸板的尺寸为787mm×1092mm、960mm×1060mm、960mm×880mm。

2. 瓦楞原纸

瓦楞原纸在生产过程中被压制成瓦楞形状，制成瓦楞纸板以后，它将提供纸板弹性、平压强度，并且影响垂直压缩强度等性能，因此瓦楞原纸必须具有较好的耐破度、耐折度和横向压缩强度等性能。为了增强粘结强度，原纸要具有一定的吸收性。另外在外观上，纤维组织要均匀，纸幅间厚薄要一致，纸面平整，不能有皱折，裂口和窟窿等纸病，否则它们和浆块、硬质杂质一样大大增加生产中的断头故障，影响产品质量。瓦楞原纸必须有较高的挺度——环压强度和压楞强度。此外，还要求原纸具有一定的松厚性，即紧度要适中，以不小于 0.45～0.50g/cm^3 为宜。瓦楞原纸国外一般都用阔叶木半化学浆制造，我国木材资源紧缺，大多以麦草、蔗渣、棉秆和废纸为原料生产。瓦楞原纸的质量指标如表 1-4-6 所示。

表 1-4-6　　瓦楞原纸的质量指标*

指标名称	单位	规格			
		A 等	B 等	C 等	D 等
定量	g/m^2	112.0±6.0 127.0±6.0 140.0±7.0	160.0±8.0 180.0±9.0 200.0±10.0		
紧度　≥	g/cm^2	0.50		0.45	
横向环压指数　≥ 112g/m^2 127～140g/m^2 160～200g/m^2	N·m/g	7.10 7.70 9.20	5.50 6.30 7.70	3.80 4.40 5.50	3.30 3.50 3.50
纵向裂断长　≥	km	4.30	3.75	2.70	2.15
交货水分	%	8.0±2.0	$8.0^{+3.0}_{-2.0}$	$9.0^{+3.0}_{-2.0}$	

注：* 瓦楞原纸国家标准中技术指标 1997 年修订表

3. 瓦楞纸板用料选配总原则

瓦楞纸板用料选配应符合质量选配和定量选配两项总原则。

（1）质量选配原则　一般应尽量选用质量等级近似的瓦楞原纸和箱纸板来生产瓦楞纸板。如高等级箱纸板应尽量选用 A 级瓦楞原纸；较低级箱纸板则可选用 C、D 级瓦楞原纸。如果选用强度高的箱板纸与等级低的瓦楞原纸制成的瓦楞纸板极容易塌楞，平压强度低，箱纸板优良性能无法体现。

（2）定量选配原则　实验证明，提高瓦楞原纸的定量有利于降低成本，在保持强度不变的情况下，瓦楞原纸定量每增加 1g/m^2，箱纸板可以同时降低 1g/m^2。

① 瓦楞原纸定量过高，会出现表面不平整，产生明显的瓦楞条纹，影响外观质量和印刷效果。

② 瓦楞原纸定量过低，贴合后会使瓦楞的齿形变形，影响瓦楞纸板的厚度、边压强度及缓冲性能。

箱纸板与瓦楞原纸的定量比维持在 2∶1 的范围内比较好。

4. 瓦楞原纸和箱纸板的性能检测

纸箱企业生产质量管理流程如图 1-4-6 所示，瓦楞原纸和箱纸板质量检测项目如图 1-4-7所示。

纸板和瓦楞纸板加工成纸箱后，在使用的过程中，因纸箱的贮运，会经受一定的压力。为使纸箱在此压力作用下不被压坏，使所装货物免受破损，要求承做纸箱的材料应有

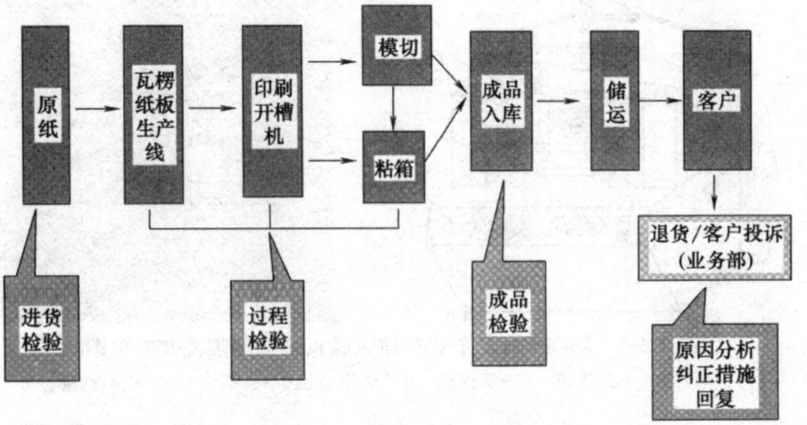

图 1-4-6　纸箱企业生产质量管理流程图

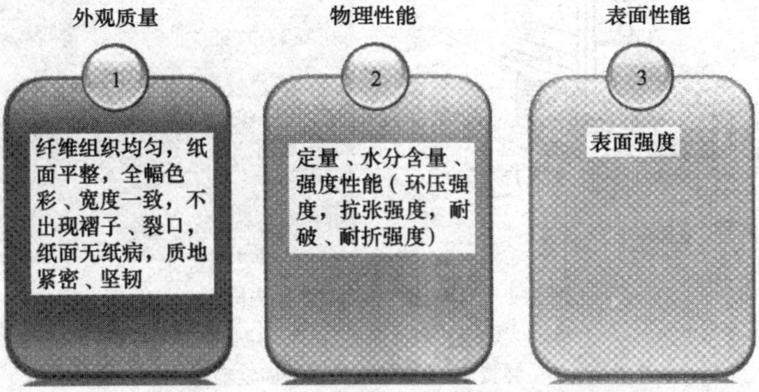

图 1-4-7　瓦楞原纸和箱纸板质量检测项目

足够的环压强度。

纸板的环压强度是指在一定条件下，压缩试样至压溃前所能承受的最大压力，其值以 N 表示。

(1) 仪器及工作原理

环压强度通常采用电子式压缩试验仪进行检测，该仪器可以进行多种压缩强度检测（图 1-4-8）。同时还需要环压专用取样器、环压中心盘、环压取样器（图 1-4-9、图 1-4-10）。

① 仪器结构

a. 传动机构。由蜗轮、蜗杆、链轮、丝杆等组成。

b. 测量机构。由上、下压板组成。

上压板连接传动机构，可以上下移动。下压板安装在压力传感器上，压力的变化通过传感器检测后经 A/D 转换器转换成电信号，放大后由液晶显示器或光电显示器直接显示读数。

c. 试样座。用于检测时放置试样。环形沟槽的宽度，根据试样厚度的不同而改变，通过变换不同直径的内盘而达到。

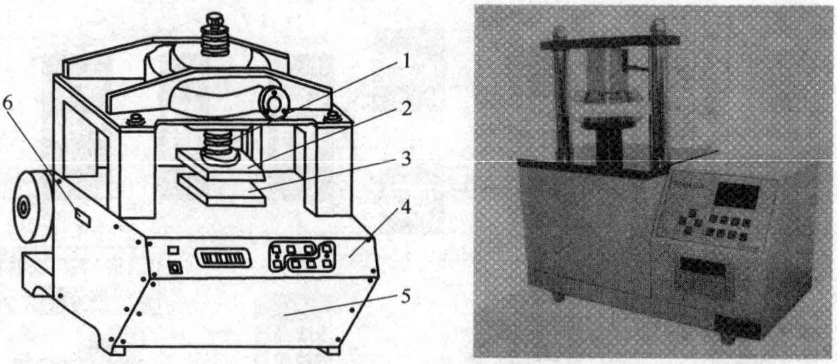

图 1-4-8　DRK113 电子式压缩试验仪结构原理图及外型图

1—丝杠　2—上压板　3—下压板　4—操作面板　5—机体　6—打印机接口

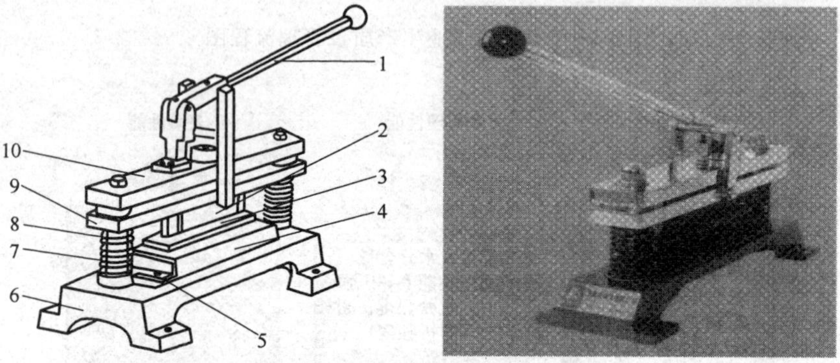

图 1-4-9　环压专用取样器结构图

1—操作手柄　2—上切块　3—压板　4—下刀　5—定位块　6—底座　7—立柱　8—弹簧　9—活动梁　10—固定梁

② 工作原理。仪器是根据虎克定律和梁的弯曲变形理论而设计的。

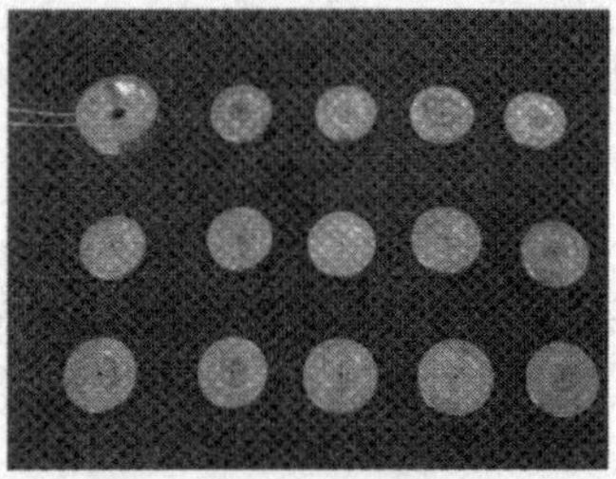

图 1-4-10　环压中心盘和内盘

检测时，试样置于上、下压板间的试样座内。开动仪器，使上压板以恒速下降，当接触试样时，上压板所承受的压力即通过试样、下压板传递到弹簧板上而使之变形，其变形程度由装设在弹簧板下面的压力传感器接受，压力的变化通过传感器检测后经 A/D 转换器转换成电信号放大后，由液晶显示器或光电显示器直接显示读数。即为试样的环压强度。

将试样以环形受压，增加了纸的刚度，同时模拟瓦楞纸箱受压弯鼓变形、其面纸及芯纸受压情况；研究纸及纸板的纵横比问题。电子式压缩试验仪是由机械传动和电子测控系统共同组成的机电一体化的试验装置。由于机械系统的传动与变速作用，使仪器上压板获得稳定的运速进行下降运动，从而对置于下压板上的试样施加逐渐增大的压力，下压板的底部安装一个力传感器，当试样受力后，传感器也同样受到大小相等的力的作用，传感器内部应变体上的力敏元件可将变形力转换为电压信号并输出，从而实现试样所受压力值的测量。

(2) 检测步骤（图 1-4-11）

① 开机进行试验选择。在试验选择界面，按上下键，选择要进行的试验——环压实验，再按确认键，进入相应的试验。

② 参数设定。在环压强度试验中首先要进行定量的设定，用左键选择要修改的位，上下键进行修改，最后按确认键置入数值并退出置数。

③ 用专用的切纸刀将纸切成宽 12.7mm，长 152mm 的试样，根据厚度选择相应直径的内盘，将试样插入试样座沟槽内，置试样座于下压板的中心位置。

④ 测试。放入试样，按测试键，使下压板均上升而压缩试样，直至试样被压溃。仪器自动完成一次测试。若在测试过程中发现异常情况，按停止键使电机停止。

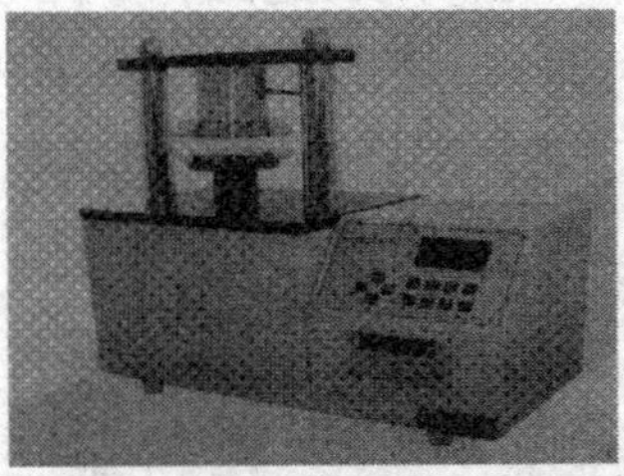
(a) 开机

(b) 选择实验项目

(c) 设定定量参数

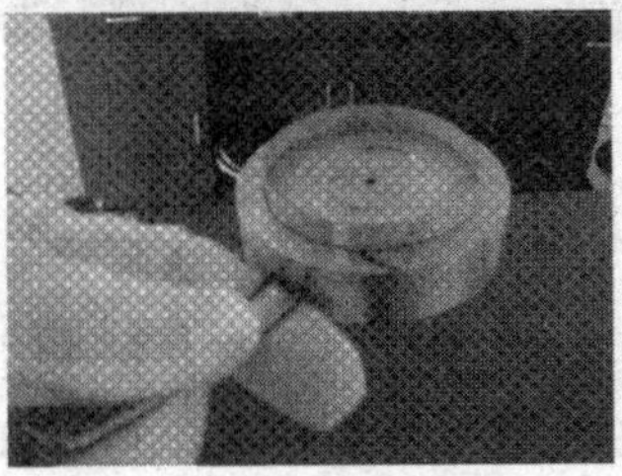
(d) 试样插入试样座沟槽内

(e) 置试样座于下压板中心

(f) 测试并读取数据

图 1-4-11　纸样环压强度性能检测流程图

(3) 结果计算

① 环压强度

$$R=\frac{\overline{F}}{L}$$

式中　R——环压强度，N/m

$\overline{F}$——平均压力，N

L——试样长度，m

② 环压指数

$$r=\frac{R}{G}$$

式中　r——环压指数，N·m/g

R——环压强度，N/m

G——定量，g/m^2

按纵向及横向各10条检测，并使试样的一半正面向外，一半反面向外。以纵向和横向所有检测值的算术平均值表示结果，并报出最大值和最小值。计算结果准确至1N。

三、瓦楞纸板的性能检测

瓦楞纸板是纸箱生产的半成品，其质量的好坏直接影响到纸箱的质量，按照国家标准的规定，瓦楞纸板的性能检验项目主要包括边压强度、平压强度、耐破强度、戳穿强度、粘合强度等。通过检测各项强度值，从而可以预测瓦楞纸箱的抗压强度，为生产选择原材料提供帮助。

瓦楞纸板性能试验同样要求先进行预处理，预处理方法是在温度23℃±2℃，相对湿度50%±5%环境中预处理24h，并要求在此条件下进行试验。瓦楞纸板边压、平压、粘合（剥离）强度的测试所使用的主要测试设备是电子式压缩试验仪。其他检测项目方法和仪器同纸板性能检测相同，这里不再做介绍。

1. 瓦楞纸板平压强度的测定（FCT）

瓦楞纸板的平压强度是指试样在其瓦楞被压溃以前所能承受的垂直于纸板平面的最大压力，以kPa表示。

图1-4-12　平压取样器

（1）测试仪器和工作原理　压缩强度仪，平压取样器（图1-4-12）。

（2）测试方法和结果表示（图1-4-13）　切取面积为65cm^2（直径91mm±0.5mm）的圆形试样（切边应整齐并与瓦楞纸板面垂直），平放在仪器的下压板中心处。开动仪器，使下压板以（12.5mm/min±2.5mm/min）的速度向上运动，压缩试样至瓦楞槽纹被压溃，记录指示数值，准确至1N。更换试样，以同样程序进行十次测定。在测定时若瓦楞不是对称压溃应废弃重做。

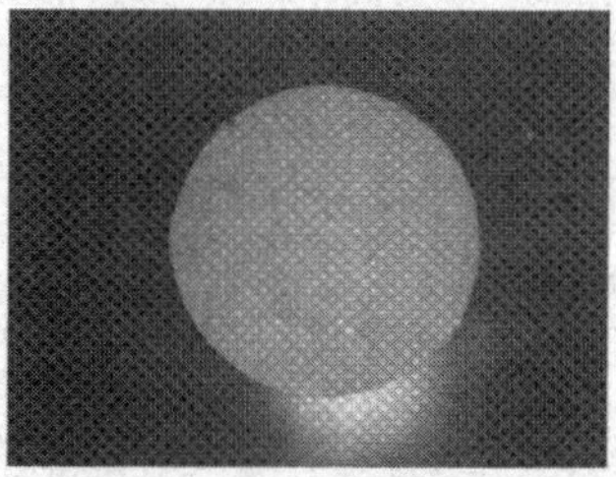

(a) 准备取样

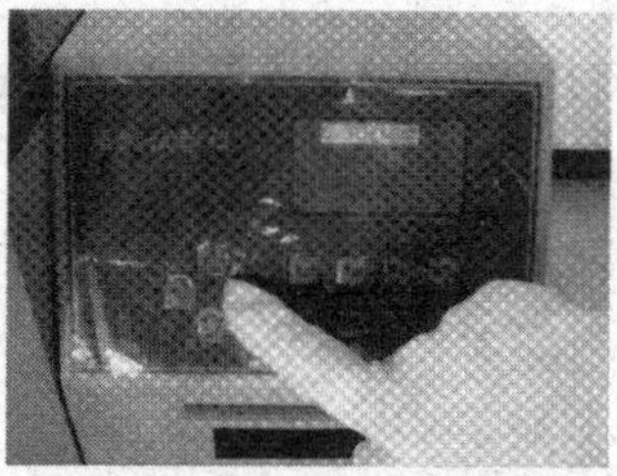

(b) 选择实验项目

(c) 设定面积参数

(d) 置试样座于下压板中心

(e) 测试

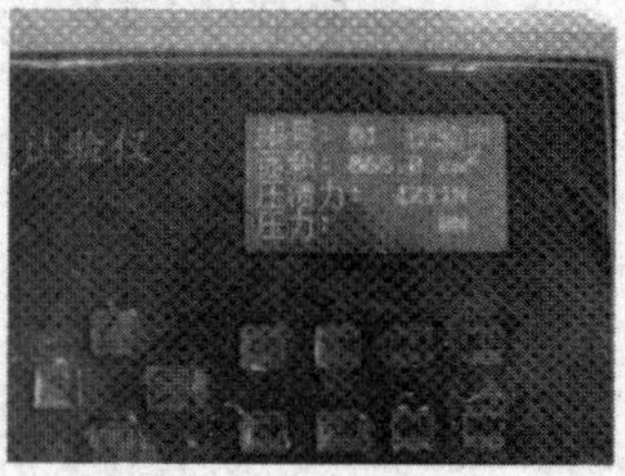

(f) 读取数据

图1-4-13　瓦楞纸板平压强度性能检测流程图

瓦楞纸板的平压强度按下式计算：

$$FCT=\frac{10F}{A}$$

式中　FCT——平压强度，kPa

　　　F——试样承受的最大压缩力，N

　　　A——试样面积，cm^2

以所有测定值的算求平均值表示结果，并报出最大值和最小值。计算结果准确至 10kPa。

2. 瓦楞纸板边压强度的测定（ECT）

瓦楞纸板的边压强度是指直接立于压板间的试样，在被压溃前，所能承受的最大压缩力，以 N/m 表示。

(1) 测试仪器和工作原理　压缩强度仪，边压取样器（图 1-4-14)。

金属导板：两块抛光的长方形砧板，其规格为 100mm×20mm×20mm。用于夹持试样，使之垂直于压板。

工作原理：将长方形的瓦楞纸板立于压板间（槽纹垂直压板），运动压板，使试样承受不断增长的压缩力至被压溃，由试样所承受的最大压缩力，求得试样的边压强度（图 1-4-15)。

图 1-4-14　边压（粘合）取样器

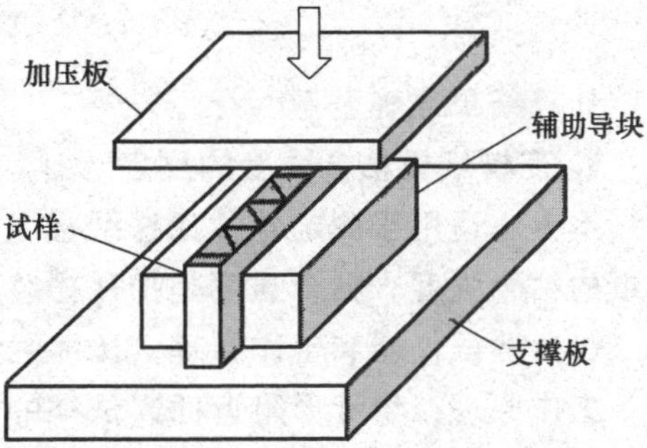

图 1-4-15　边压强度测试原理

(2) 测试方法和结果表示　切取长（100mm±0.5mm)，宽（25±0.5)mm 或取长 (50.5±0.5)mm，宽（30.5±0.5）mm 的试样，其瓦楞槽纹要垂直于长边。置试样于仪器的下压板中心位置，并用金属导板夹持（其槽纹与压板垂直)。启动仪器，使下压板以 (12.5±2.5)mm/min 的速度上升，待上压板负荷至 50N 时将导板去掉，继续加压至压溃，读取最大负荷时的压缩力，准确至 1N。更换试样，按同样程序进行十次测定。在测定时若试样倾斜或面板裂开，应废弃重做（图 1-4-16)。

试样的边压强度按下式计算：

$$ECT=\frac{F\times 10^3}{L}$$

式中　ECT——边压强度，N/m

　　　F——最大压缩力，N

　　　L——试样长边尺寸，mm

以所有测定值的算术平均值表示结果，并报出最大值和最小值。

(a) 选择实验项目

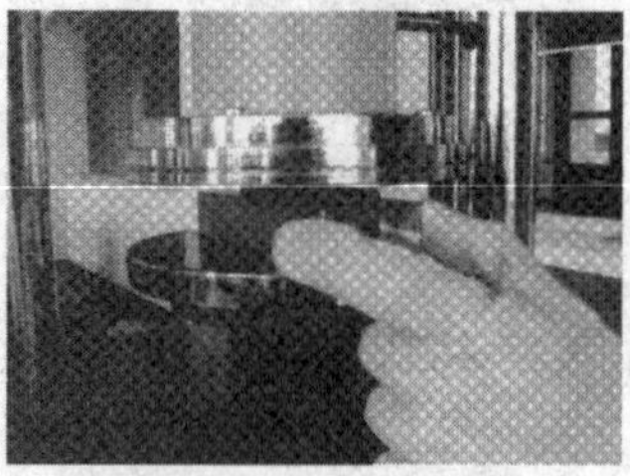

(b) 置试样座于下压板中心

(c) 去掉导板

(d) 加压至压溃

(e) 读取数据

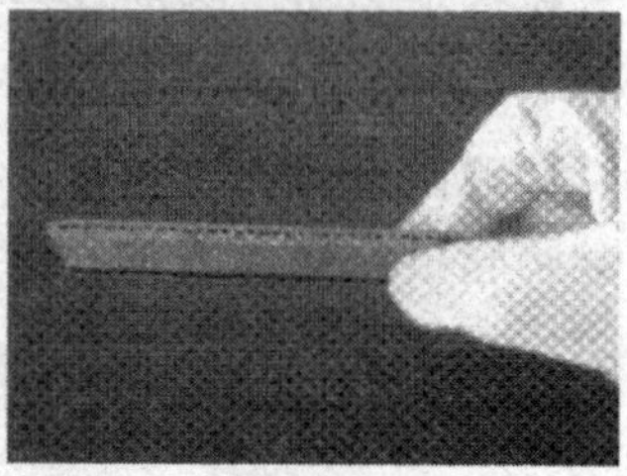

(f) 压溃试样

图 1-4-16　瓦楞纸板边压强度性能检测流程图

计算结果准确至 10N/m。

3. 瓦楞纸板粘合强度的测定

本方法适用于测定各种瓦楞纸板（包括单瓦楞、双瓦楞和三瓦楞纸板）楞峰与面纸或芯纸的粘合强度。粘合强度是指瓦楞芯纸与面纸或里纸的结合强度，也称剥离强度。

（1）测试仪器和工作原理　压缩强度仪，边压（粘合）取样器。

工作原理：将针形附近插入试样的楞纸和面纸之间（或芯纸之间），然后对插有试样的针形附件施压，使其做相对运动，直至被分离部分分开（图 1-4-17）。图 1-4-18 为不同的测试类型。

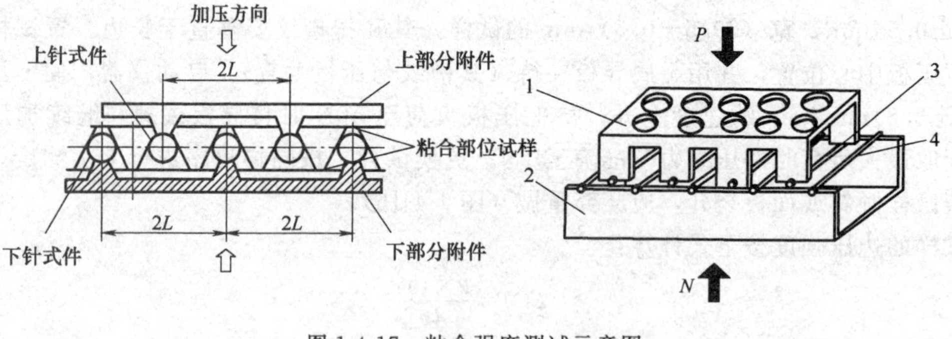

图 1-4-17　粘合强度测试示意图

1—上插针架　2—下插针架　3—上插针　4—下插针

（2）测试方法和结果表示　从样品中切取 10 个 25mm×80mm 的试样，瓦楞方向应与短边的方向一致。试样尺寸误差为±1mm。将试样装入针形附件，插针（测试棒）的型号随被测瓦楞纸板的型号而异。长的一组试棒插在瓦楞芯纸的下侧，短的一组试棒插在瓦楞芯纸的上侧，然后上侧向上、下侧向下施加拉力，直到两者相互分离为止。

以试样被全部分离时所需的最大力表示。单位为N，按下式计算：

$$P=\frac{F}{L}$$

式中　P——粘合强度，N/m

F——试样被全部分离时所需最大力，N

L——试样瓦楞分离的长度，m

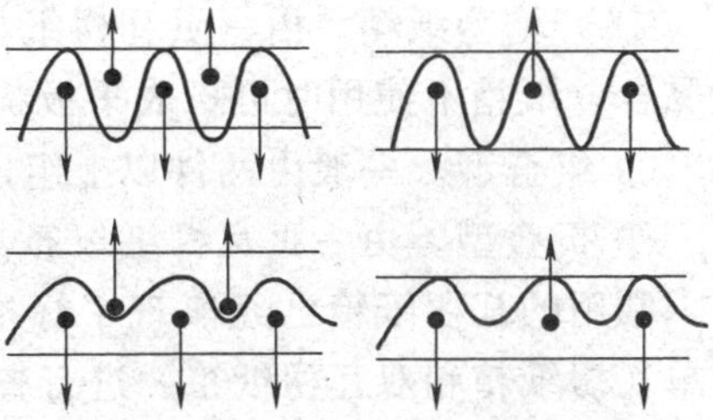

图 1-4-18　测试类型

A 型测芯纸与里面纸之间的粘合强度

B 型测芯纸与面纸或里纸的粘合强度

四、瓦楞纸箱

（一）瓦楞纸箱的概念和分类

瓦楞纸箱是用瓦楞纸板经过相应的加工设备以及工艺而制成的纸包装容器。这些设备及与之配套工艺主要有分切、压线切断、开槽、开角、模切成型、钉箱或黏箱（接头）等(图 1-4-19)。其中开槽指在瓦楞纸板上切出便于折叠的缺口，宽度为纸板厚度再加 1mm。接头对于某些瓦楞纸箱箱型时不可或缺的，由胶带黏合、黏合剂黏合、金属钉黏合三种方式。

图 1-4-19　瓦楞纸箱

瓦楞纸箱有各种规格与型号。国外对瓦楞纸箱的分类方法较多，国际上比较通用的是按国际纸箱规程来分类，即由 ASSCO 和 EFECO 提出，经由国际瓦楞纸板协会批准的纸箱分类方法。

我国瓦楞纸箱的分类根据制造纸箱原材料等级来区分，可以分为单瓦楞纸箱和双瓦楞纸箱。由于生产规格的大小的不同及包装重量不同，纸箱应选用相应等级的瓦楞纸板。根据国际瓦楞纸箱协会统一箱型标准，我国常用的瓦楞纸箱主要为国际标准中的 02 类。此类箱的结构特征是空箱可以折叠平放，且摇盖的宽度不同。具体箱型结构包括 0201 箱型（平口纸箱）；0202 箱型（搭口纸箱）；0203 箱型（大盖纸箱）等。

瓦楞纸箱以其质量轻、结构性能好、强度高、自动化生产程度高等特点用于运输包装等方面。

瓦楞纸箱按加工成型方式分为以下三种：

① 开槽型纸箱。由一页瓦楞纸板经裁切、压痕和折叠成型，侧面制造商接头要订合或黏合，纸箱不使用时可折成平板状。

② 组合型。一般由两件以上组成，箱体、箱盖、箱底分开，使用时套接成型。

③ 折叠型。由一页瓦楞纸板经裁切、折叠成型，不需要任何订合或黏合。

常用的瓦楞纸箱已经实现了标准化，可通过国家标准 GB/T 6543—2008《运输包装用单瓦楞纸箱和双瓦楞纸箱》进行查阅，不同的箱型结构有不同的代码，瓦楞箱型代码由四位数字组成，前两位代表箱型类型，后两位代表该类型中的不同式样。如 0201 型为平口纸箱，封口的两摇盖对齐，不搭接也不留缝（图 1-4-20）。

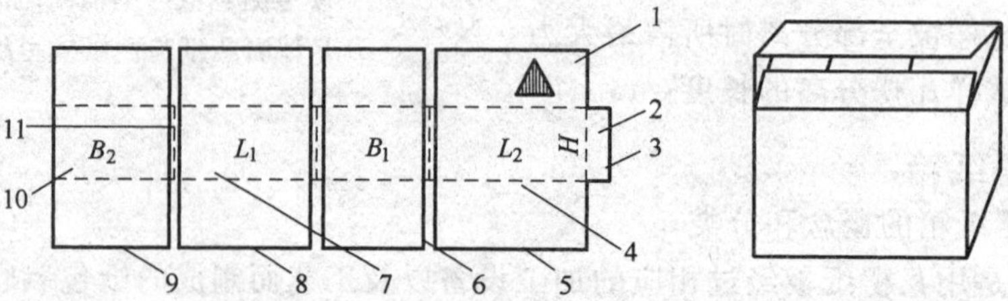

图 1-4-20　0201 型瓦楞纸箱箱坯结构及箱型

1—瓦楞方向　2—搭接舌　3—横切线　4—横压线　5—纵切线　6—开槽
7—侧板　8—外摇盖　9—内摇盖　10—端板　11—纵压线

瓦楞纸箱主要优点有：

① 能有效地保护产品。用纸板制成的包装容器，有一定的强度和弹性，而用瓦楞纸板制成的纸箱，其弹性明显优于用其他包装材料制成的包装容器。

② 结构变化多。纸容器可以设计出各种不同的形式，如圆形、方形等；还能进行盒内衬隔、摇盖延伸、压曲线、开窗等。

③ 印刷性能优良。纸及纸板系由纤维交织而成，易于吸收油墨和涂料，所印刷的图案、文字清晰、牢固。

④ 占用空间较小。很多纸容器，可以折叠成平板状，便于运输，也便于仓储。

⑤ 成本低廉。纸包装材料，原料来源丰富，易于生产，故纸容器价格较低。

⑥ 无环境污染。纸容器可以回收利用，可以作为原料再生产，没有废弃物。

⑦ 可制成复合材料。纸张易与塑料薄膜等制成复合包装纸，也可加入各种填料制成特种纸或纸板，使其具有更优良的性能。

（二）瓦楞纸箱的质量检测

瓦楞纸箱的质量关系到对被包装商品的安全保护性，在整个贮存、运输和销售过程中不能破损，以实现商品的价值。因此瓦楞纸箱在出厂前进行抽样检查，确定其质量是否符合使用要求。瓦楞纸箱性能检测分为外观质量检测、抗压性能检测及动态性能检测。

外观检验项目规定为十一种。其中八种为轻缺陷，三种为重缺陷。轻缺陷的项目为标志、印刷、压痕线、刀口、箱钉、结合、裱合和摇盖耐折；重缺陷的项目为内尺寸、厚度和含水率。表 1-4-7、表 1-4-8 分别为检测轻缺陷项目、重缺陷项目。

1. 轻缺陷检测

（1）印刷

① 忠于原稿。印刷的部分必须完完全全按照原稿的意图和可见形式进行复制不能有任何偏差和人为的改动。即便是善意的改动，也绝不可以。

② 不缺笔断画、掉字、图文残缺等。

③ 无错别字、白字等问题。

④ 符合相关法律法规要求。

（2）印刷色差　颜色深浅一致，即指印刷色差。两个标准中均无详细的规定，只是笼统的感性的要求深浅一致。一般企业标准中会引用平版装潢印刷品标准的规定，实地印刷的同批同色色差应符合其规定的具体要求。

测量工具为分光密度仪。测量前，要首先用机器配置的标准白板进行校正，测量输入原样标准后，就可以进行检测测试了。

（3）位置准确

① 法律法规指定的标识位置的特殊标识、标志。例如：国家药监局《24 号令》第四章药品名称和注册商标的使用：主要规定药品通用名称横、竖版应排在右上三分之一范围，不得用草体、篆体等不易识别字体，不得用斜体、中空、阴影等修饰，不得分行，并对其商品名称进行限制。

② 终端用户指定的位置，一般以生产批号、生产日期、有效期等内容为主。案例 6，印刷操作工挂版时为了美观，将侧版居中摆放，而客户要求左对齐，后面空余部分打批号使用。因此，该批纸箱导致客户无法印制批号。

（4）条形码　随着销售瓦楞包装的盛行，条形码技术早已经应用于纸箱印刷，因此，条形码的检测也成了一项必须的内容。早期的条形码检测设备是条形码扫描笔，但随着计算机技术的进步，现在较常用的是直接连接电脑的带状条形码扫描仪，既方便又快捷，而且设备的成本低廉。条形码的检测分为外观检测、条码尺寸精度检测、对比度检测（PCS 值）和首次读出率检测。条形码标志及设备的生产企业和使用单位应主动相互联系，及时将试样送国家编码中心或各省“分中心”检测。经检验合格后方可批量生产。条码的质量监督保证体系分为抽查、评价、仲裁三种基本形式。

（5）套版　国标和行标均未作具体规定，有的企业参照平版装潢印刷品标准的规定。测量工具为 20 倍刻度显微镜（精度为 0.01mm）。在要求的标准光源下，分别测试样主要部位和次要部位任二色间的套印误差各三点。分别取其平均值，为主要部位和次要部位的套印误差。上述指标适用于平版胶印纸箱工艺，对于凸版印刷，套准指标应结合印刷设备性能和客户的要求予以适当放宽和控制。

（6）压痕　压痕线宽：单瓦楞纸箱不大于 12mm；双瓦楞纸箱不大于 17mm；折线居中，不得有裂破、断线、重线等缺陷。箱上不得有多余的压痕线。测量工具为直尺或卷尺，其余指标主要以目测为主。

（7）刀口　刀口无明显毛刺，裁刀切口里面纸裂损距边不超过 8mm 或长不超过 12mm。成箱后叠角漏洞直径不超过 5mm，现在使用的纵切刀具、开槽刀具以及模切工艺已经完全满足需要，绝少出现此类问题。

（8）箱钉　箱钉使用带有镀层的低碳钢扁丝，不应有锈斑、剥层、龟裂或其他使用上的缺陷。间距均匀、单钉距不大于 55mm，双钉距不大于 75mm。首尾钉至压痕边线的距离为（13±7）mm。钉合接缝处应钉牢、钉透，不得有叠钉、翘钉、不转脚钉等缺陷。钉间距的量取是指两钉相对处的距离。测量工具为直尺或钢卷尺。

(9) 结合　钉合搭接舌宽为35～55mm，箱钉应沿搭接舌中线钉合，排列整齐，偏斜不超过5mm，粘合搭接舌宽不小于30mm，粘合剂应涂布均匀、充分、无溢出，粘合面剥离时面纸不分离。纸箱二片接头对齐，其剪刀差：大型箱不大于7mm，中型箱不大于6mm；小型箱不大于4mm。剪刀差：量取结合部位上下端压痕线处两刀距离之差。测量工具为直尺或钢卷尺。

(10) 裱合　箱面纸不许拼接、缺材、露楞、折皱、透胶、污迹。箱里纸拼接不得超过二拼，拼接头处距摇盖压痕线不得小于30mm；脱胶面积每平方米不大于20cm^2；大型箱楞斜不超过3个，中、小型箱楞斜不超过2个。脱胶面积指纸板未粘合或假粘合部分。测试时，用手轻轻横向折瓦楞纸板，有纸板分离的脆响声，则说明纸板存在开胶或假粘合问题。

表 1-4-7　　瓦楞纸箱外观性能检测轻缺陷项目

技术要求		备　注
标志	按GB 191规定	在纸箱上应印有商检部门规定的代码、代号
印刷	箱面图案、文字清晰正确、深浅一致、位置准确	
压痕线	压痕线宽：单瓦楞纸箱不大于12mm；双瓦楞纸箱不大于17mm，折线居中，不得有裂破、断线、重线等缺陷，箱上不得有多余的压痕线	
刀口	刀口无明显毛刺，裁刀切口里面纸裂损距边不超过8mm或长不超过12mm。成箱后叠角漏洞直径不超过5mm	
箱钉	箱钉使用带有镀层的低碳钢扁丝，不应有锈斑、剥层、龟裂或其他使用上的缺陷；间距均匀、单钉不大于55mm，双钉距不大于75mm；首尾钉至压痕边线的距离为13±7mm，钉合接缝处应钉牢、钉透，不得有叠钉、翘钉、不转脚钉等缺陷	间距的量取是指两钉相对处的距离
结合	钉合搭接舌宽35～50mm，箱钉应沿搭接舌中线钉合，排列整齐，偏斜不超过5mm。粘合搭接舌宽不小于30mm，粘合剂应涂布均匀、充分、无溢出，粘合面剥离时面纸不分离。纸箱二片接头对齐，其剪刀差；大型箱不大于7mm，中型箱不大于6mm；小型箱不大于4mm，箱体方正	剪刀差：量取结合部位上下端压痕线处两刀距离之差
裱合	箱面纸不许拼接、缺材、露楞、褶皱、透胶、污迹。箱里纸拼接不得超过二拼，拼接头处距摇盖压痕线不得小于30mm；脱胶面积每平方米不大于20cm^2；大型箱楞斜不超过3个，中、小型箱楞斜不超过2个	剪粘合剂系淀粉粘合剂或其他具有同等效果的粘合剂，不得使用硅酸钠。脱胶面积指纸板未粘合或假粘合部分
摇盖耐折	纸箱支撑成型后，摇盖开合270°，往复三次，面纸、里纸无裂缝	

2. 重缺陷检测

重缺陷只要有一项不合格时，该样箱为不合格；五个样箱中只要出现两个样箱不合格，则该批外观检验不合格。轻、重缺陷个数小于或等于合格判定数，则该批外观检验合格；若等于或大于不合格判定数，则该批外观检验不合格。

(1) 纸箱尺寸　对纸箱形状来说，箱体内径与设计尺寸公差应保持在大箱±5mm，小箱±3mm之内，外形尺寸大小基本一致。

(2) 含水率　所谓含水率是指瓦楞原纸或纸板中的水分含量大小，用百分比表示，含水率对纸箱箱体强度有很大的影响，是纸箱3个重缺陷检验项目之一。

瓦楞纸箱的含水率标准为(12±4)%。纸箱含水率的测定，比较准确的检测方法是烘干法，即从纸板或箱体不同部位分别取样若干块，用天平称取约50g的试样，并将其撕成碎片后放入烘箱内，烘干至恒重，即可求出其含水率。含水率的计算公式为：

$$含水率=(试样原来的质量-试样烘干后的质量)\div 试样原来的质量\times 100\%$$

（3）纸板厚度　瓦楞纸板厚度是指在一定压力下瓦楞纸板上下面间的垂直距离，单位为mm，是纸箱外观缺陷的检验项目之一，并直接影响到纸板的边压强度、戳穿强度和抗压强度等性能。影响纸板厚度的原因很多，若瓦楞纸板厚度偏薄，其边压强度、戳穿强度和抗压强度将相应降低。瓦楞纸板的楞型不同，其厚度也有所差别。

实验室通常采用瓦楞纸板厚度计检测纸板的厚度。

纸板的厚度越大，纸箱的垂直抗压和平面抗压性能相应就高。所以，瓦楞纸板的厚度指标，是生产过程中不可忽视的检测项目。一批产品的纸板之间的厚度应趋于一致，同一张纸板不同部位之间厚度也应均匀一致。

表1-4-8　　瓦楞纸箱外观性能检测重缺陷项目

<table>
<tr><td>项目</td><td colspan="7">技术要求</td><td>备注</td></tr>
<tr><td rowspan="3">内尺寸/mm</td><td colspan="3">箱型</td><td colspan="2">大</td><td>中</td><td>小</td><td rowspan="2">纸箱支撑成型，相邻面夹角成90°，用内径尺在搭接舌上距箱口50mm处分别量取箱长和箱宽，以箱底与箱顶两内摇盖间的距离量取箱高</td></tr>
<tr><td colspan="3">长、宽、高单项极限偏差</td><td colspan="2">+5
−3</td><td>+4
−3</td><td>+3
−2</td></tr>
<tr><td colspan="3"></td><td colspan="4"></td><td></td></tr>
<tr><td rowspan="6">厚度/mm</td><td colspan="2">单瓦楞纸箱</td><td colspan="4">双瓦楞纸箱</td><td colspan="2" rowspan="6">厚度是指瓦楞纸板上下面间的距离，按GB 6547测量</td></tr>
<tr><td>A</td><td>≥4.5</td><td colspan="2">AA</td><td colspan="2">≥9.0</td></tr>
<tr><td>C</td><td>≥3.5</td><td colspan="2">AC</td><td colspan="2">≥8.0</td></tr>
<tr><td>B</td><td>≥2.5</td><td colspan="2">CB</td><td colspan="2">≥6.0</td></tr>
<tr><td>E</td><td>≥1.1</td><td colspan="2">CC</td><td colspan="2">≥7.0</td></tr>
<tr><td></td><td></td><td colspan="2">AB</td><td colspan="2">≥7.0</td></tr>
<tr><td>含水率/%</td><td colspan="6">瓦楞纸箱含水率应为12±4</td><td colspan="2">用快速水分测定法或烘箱测定法检测</td></tr>
</table>

注：大、中、小型箱内综合尺寸分别为：≥2000mm、<2000mm、≤1000mm

知识拓展与应用
案例——瓦楞纸箱外观存在的质量问题分析

试对瓦楞纸箱经常出现的质量问题的异常图片进行辨别，找出问题主要体现在哪些方面，总结解决瓦楞纸箱外观质量问题的方法（图1-4-21）。

1. 纸箱抗压强度及其影响因素

任务：包装某种商品的0201型纸箱规格为40cm×28cm×30cm，毛重15.5kg，仓贮时最大堆码高度为3.5m，应选用何种原料来生产这种纸箱才比较合适（安全系数取2.8，纸张利用率85%）

纸箱抗压强度是许多商品包装要求的最重要质量指标，测试时将瓦楞纸箱放在两压板之间，加压至纸箱压溃时的压力，即为纸箱抗压强度，用kN表示。

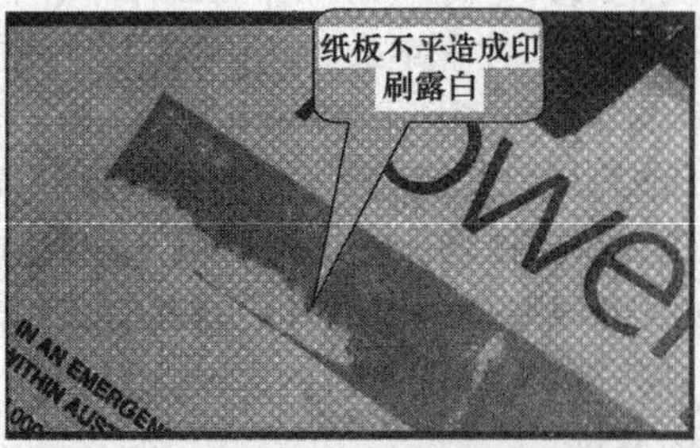
纸板不平造成印刷露白

糊块

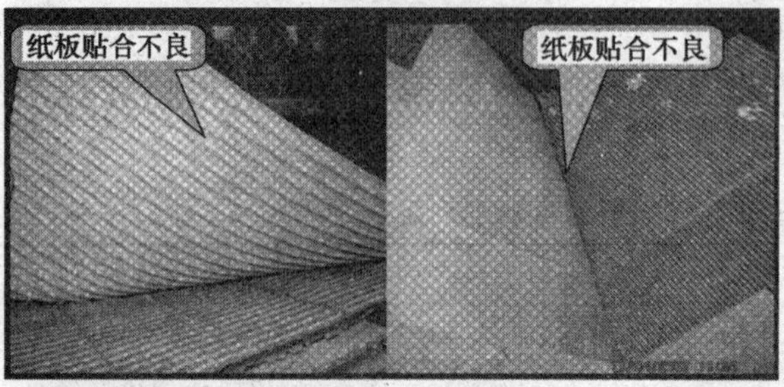
纸板贴合不良
纸板贴合不良

纸板折痕造成印刷露白

面纸压痕

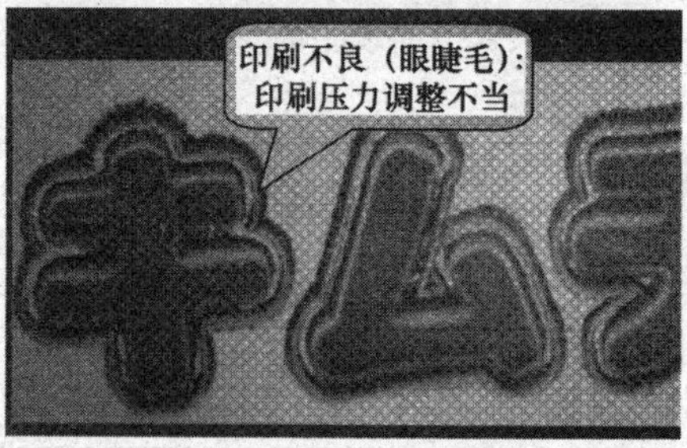
印刷不良（眼睫毛）：印刷压力调整不当

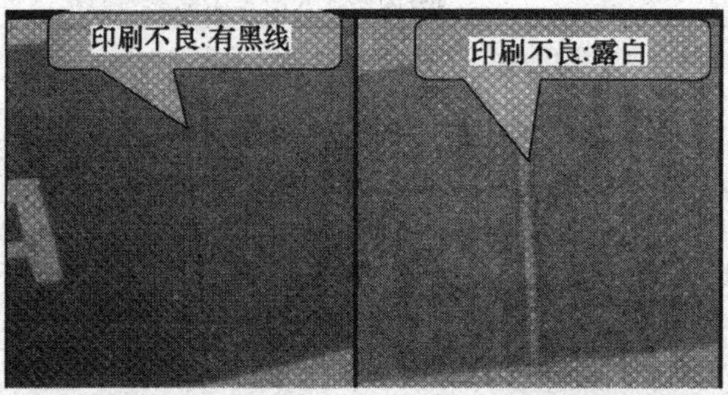
印刷不良:有黑线
印刷不良:露白

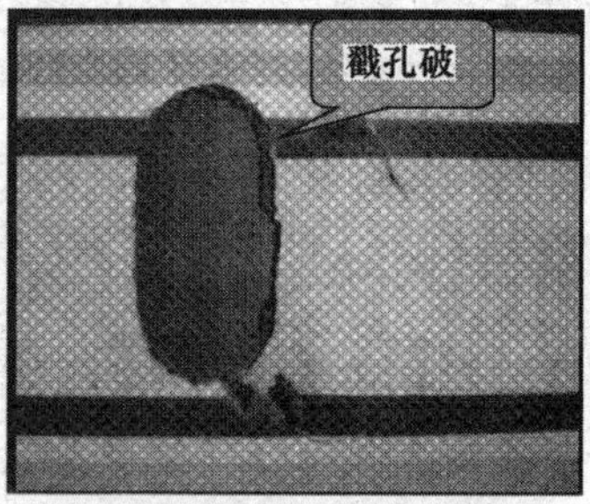
戳孔破

印刷不良:套印跑位
CHICKEN JERKY
印刷不良：糊版

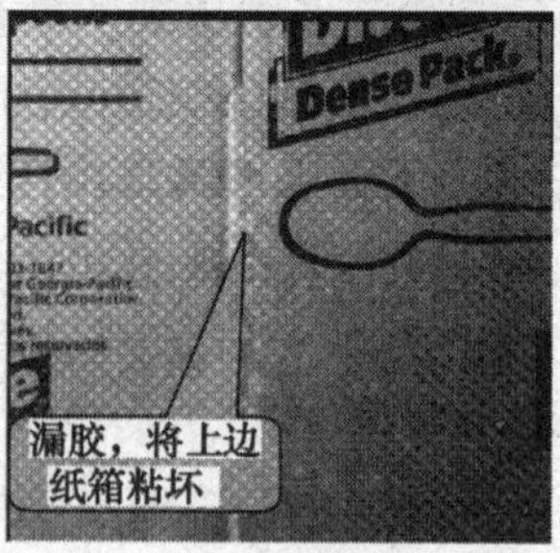
Dense Pack.
漏胶，将上边纸箱粘坏

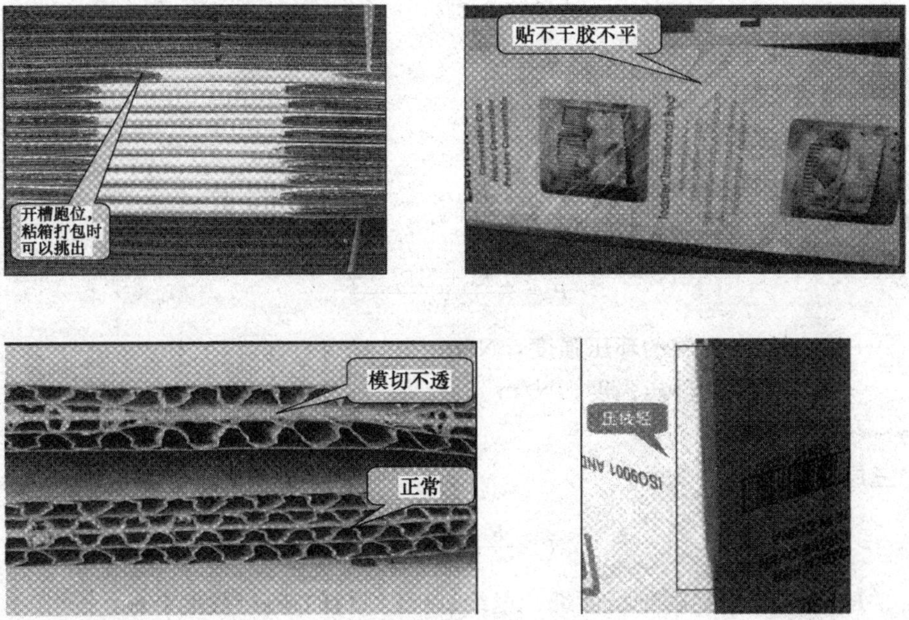

图 1-4-21　瓦楞纸箱常见外观质量问题图片

（1）预定纸箱抗压强度　纸箱要求有一定的抗压强度，是因为包装商品后在贮运过程中堆码在最底层的纸箱受到上部纸箱的压力，为了不至于压塌，必须具有合适的抗压强度。纸箱的抗压强度用下列公式计算：

$$P=KW(n-1)$$

式中　P——纸箱抗压强度，N

W——纸箱装货后重力，N

n——堆码层数

K——堆码安全系数

堆码层数 n 可以根据堆码高度 H 与单个纸箱高度 h 求出：

$$n=\frac{H}{h}$$

堆码安全系数根据货物堆码的天数来确定，我国规定：

贮存期小于 30d　　　取 $K=1.6$

贮存期 30～100d　　取 $K=1.65$

贮存期大于 100d　　取 $K=2.0$

考虑到运输方式和条件（汽车、火车、船运、集装箱、有无托盘等），预定抗压强度还应适当修正。

（2）根据原材料计算出纸箱抗压强度　预定了纸箱抗压强度以后，应选择合适的箱板纸、瓦楞原纸来生产瓦楞纸板，避免盲目生产造成的浪费。

根据原纸的环压强度计算纸箱的抗压强度有许多公式，但较为简练使用的是 Kellicutt 公式，它适合于用来估算 0201 型纸箱抗压强度，即：

$$P=P_x\left\{\frac{(ax_2)^2}{(Z/4)^2}\right\}^{\frac{1}{3}}ZJ$$

式中　P_x——综合环压值，N/cm

ax_2——瓦楞常数

J——楞型常数

Z——纸箱周长，cm

P——纸箱抗压强度，N

$$P_x=\frac{\sum R_1+\sum R_m\cdot\gamma}{100}$$

式中　R_1——箱纸板、夹层的环压强度，N/m

R_m——瓦楞芯纸的环压强度，N/m

γ——压楞系数

对于三层瓦楞：

$$P_x=\frac{R_1+R_2+\alpha R_m}{100}$$

式中　R_1、R_2、R_m——瓦楞纸板面纸、里纸、瓦楞原料的环压强度 N/m

α——起楞系数

对于五层瓦楞：

$$P_x=\frac{R_1+R_2+R_3+\alpha_1 R_{m1}+\alpha_2 R_{m2}}{100}$$

令$\left\{\frac{(ax_2)^2}{(Z/4)^2}\right\}^{\frac{1}{3}}ZJ=F$，则 $P=P_xF$

表 1-4-9 为凯里卡特简化式中的 F 值。

表 1-4-9　　凯里卡特简化式中的 *F* 值

Z/cm	A	B	C	AB	BC	ABC
	(F)					
70	47.1	38.6	44	59.2	56	73.6
90	51.2	41.9	47.9	64.4	60.9	80.0
110	54.7	44.8	51.2	68.9	65.1	85.5
130	57.8	47.4	54.1	72.8	68.9	90.4
150	60.7	49.7	56.8	76.4	72.2	94.9
170	63.2	51.8	59.2	79.6	75.3	98.9
190	65.6	53.8	61.4	82.6	78.2	102.6
210	67.9	55.6	63.5	85.4	80.8	106.1

(3) 瓦楞纸箱价格计算方法

纸箱价格(元)＝瓦楞纸板出厂每平方米价(元/m^2)×纸箱展开面积(m^2)

(4) 确定纸箱抗压强度的方法　由于受生产过程中各种因素的影响，最后选定原材料生产的纸箱抗压强度不一定与估算结果完全一致，因此最终精确确定瓦楞纸箱抗压强度的方法是将纸箱恒温恒湿处理以后用压力机测试。对于无测试设备的中小型厂，可以在纸箱上面盖一木板，然后在木板上堆放等量的重物，来大致确定纸箱抗压强度是否满足要求。瓦楞纸箱抗压强度性能检测流程如图 1-4-22 所示。

① 试验准备。将试件放置测试台中心位置，按下降键，调整上压板位置，至上压板接近试件顶面时，按停止键。

② 测试。按测量键，上压板将以设定的加压速度（原始 10mm/min）向下加压，至预压压力（原始 220N）停 5s，继续加压，直到试件压溃返回。一次测试完毕。

注：测试过程中，如发现试件明显变形，但上压板继续下降，请按停止键，上压板将自动返回。测试结果有效。

(a) 开机

(b) 选择试验项目及参数设置

(c) 放置试件

(d) 加压进行测量

(e) 试件压溃

(f) 读取数据

图 1-4-22 瓦楞纸箱抗压强度性能检测流程图

（5）影响纸箱抗压强度的因素

① 原材料质量。原纸是决定纸箱压缩强度的决定因素，由 Kellicutt 公式即可看出。然而瓦楞纸板生产过程中其他条件的影响也不允许忽视，如黏合剂用量、楞高变化、浸渍、涂布、复合加工处理等。

② 水分。纸箱用含水量过高的瓦楞纸板制造，或者长时间贮存在潮湿的环境中，都会降低其抗压强度。

实验表明，纸箱抗压强度与含水率的关系如下：

$$P=a\times 0.9^{x}$$

式中 P——纸箱抗压强度，N

a——水分0时抗压强度，N

x——纸板含水率，%

通过上式可以计算出，当纸箱水分从10%提高到14%时，纸箱强度下降30%以上。因此对于在潮湿环境下流通的纸箱，最好进行防潮加工。

③ 箱型和楞型。箱型是指箱的类型（02类、03类、04类等）和同等类型箱的尺寸（长、宽、高）比例，它们对抗压强度也有明显地影响。有的纸箱箱体为双层瓦楞纸板构成，抗压强度较同种规格的单层箱明显提高；在相同条件下，箱体越高，稳定性就差，抗压强度降低。不同楞型的瓦楞纸板抗压强度不同，制成纸箱抗压强度也有明显的差异。

④ 印刷与开孔。印刷会降低纸箱抗压强度。包装有透气要求的商品在箱面开孔，或在箱侧冲切提手孔，都会降低纸箱强度，尤其开孔面积大，偏向某一侧等，影响更为明显。

⑤ 加工工艺偏差。在制箱过程中压线不当（过深或过浅），开槽过深，接合不牢等，也会降低成箱抗压强度。

2. 纸箱动态性能试验

对于一些特定商品的包装，如陶瓷、玻璃制品、电器、仪器等，还要检验纸箱对商品的缓冲保护性能，即模仿运输、装卸过程中的极端情况，将纸箱按实际操作包装商品以后，进行动态耐久性或破坏性实验。

（1）跌落试验　将包装商品后的纸箱按不同姿态（角着地、边着地、面着地等）从规定高度跌落，检验达一定次数后纸箱内包装商品的状态或纸箱破损时跌落的次数。

（2）斜面冲击试验　将纸箱放置在滑车上，然后将其从一定长度的斜面（10°）上滑下，最后撞击在挡板上，它类似于运输过程中的紧急刹车情况。

（3）振动试验　将纸箱包装商品后置于振动台上，使其受到水平、垂直方向的振动作用，或者同时受到双向振动，经一定时间后检查商品情况或商品纸箱破坏时经过的时间。

（4）六角鼓回转试验　将纸箱放入装有冲击板的六角回转鼓内，按规定转数、次数转动，然后检验商品、纸箱破坏情况。

上述动态试验都是破坏性的，提高纸箱和商品的抗破坏能力可在包装商品时使用缓冲衬垫、隔板或其他保护措施。此外有些包装纸箱还须作喷淋、耐候等试验，可根据双方合同协定。

复习思考题

1. 简述植物纤维原料的主要化学组成。
2. 简述纸张的制造工艺。
3. 简述包装用纸和纸板的种类以及应用领域。
4. 简述纸和纸板包装材料在进行性能测试前进行预处理的原因。
5. 纸张进行涂布加工的目的是什么？你了解哪些包装用涂布纸？
6. 选择一类纸包装商品，对其包装材料的选用情况展开市场调查。
7. 查阅瓦楞芯纸、箱纸板、瓦楞纸板及瓦楞纸箱相关产品测试国家标准，总结这四类产品的主要测试项目的测试方法。

8. 简述影响瓦楞纸箱质量的主要因素，以及在实际生产使用环节中如何减少它们的不良作用。

9. 你了解哪些国内外新型包装用纸？

10. 通过互联网对我国大型纸包装生产企业规模、产品等资讯进行调查，并总结纸包装的发展趋势。

学习情境2　商品包装用塑料和复合软包装材料的性能检测及选用

知识目标

1. 常见商品包装用塑料薄膜的种类、特点、检测方法、选用原则。
2. 常见塑料容器的种类、成型方法。
3. 软包装复合基材特性、分类。
4. 软包装材料结构及基材选用原则。
5. 软包装材料基本复合工艺方法。
6. 软包装材料的鉴别方法。

能力目标

1. 根据商品特性，综合质量和成本要求，正确选用商品包装用塑料薄膜。
2. 根据商品特性，设计软包装复合基材。
3. 塑料包装材料和复合软包装材料检测技术方法。
4. 利用互联网等资源进行塑料和复合软包装专业市场信息检索和搜集。
5. 以包装设计师和包装检测人员的身份与客户进行交流沟通。

学习情境介绍

塑料是20世纪初产业化的一种新型高分子材料，问世至今不到100年。然而由于其品种繁多、性能优良、市场适应性强，而且成型加工方便、成本低廉，在和其他材料的竞争中显示出了强大的生命力，目前已深入到工业、农业、国防、科研等领域的各个方面，成为现代人类生活中的一种不可或缺的材料。塑料制品在包装领域中也得到了广泛的应用及高速的发展。

复合软包装材料克服了单一包装材料的缺点，最新的包装材料从问世以来被大量用于包装产业。复合软包装材料产品适应性广，能用于多种商品的包装，商品的保护性能良好。

该学习情境共包括3个教学项目：常见塑料薄膜的检测方法、性能及选用，常见塑料容器的性能和选用，软包装复合基材的性能、选用及软包装设计。培养学生具有商品塑料及复合软包装材料与容器的性能检测及选用的能力。

项目1　常见塑料薄膜的检测方法、性能及选用

项目任务

通过教师课前准备和学生自己收集的各种塑料包装材料的实物展示，了解塑料包装材料的发展历史、塑料包装材料的应用现状、包装用塑料薄膜的种类、性能、检测方法和选用原则。

- ◆ 具有初步识别包装用塑料薄膜的能力。
- ◆ 具有初步分析包装用塑料薄膜的性能，选用方法和检测手段。

塑料是一种用天然的或合成的高分子化合物为主要原料，并与填料、色料和各种辅助剂（如增塑剂、稳定剂、发泡剂、耐老化剂等）混合，在一定温度和压力下塑造成一定形状，并在常温下能保持既定形状的高分子材料。塑料是20世纪初产业化的一种新型高分子材料，问世至今不到100年。然而由于其品种繁多、性能优良、市场适应性强，而且成型加工方便、成本低廉，在和其他材料的竞争中显示出了强大的生命力，目前已深入到工业、农业、国防、科研等领域的各个方面，成为现代人类生活中的一种不可或缺的材料。塑料制品在包装领域中也得到了广泛的应用及高速的发展。现在，在塑料制品的各种应用中，塑料包装材料雄居首位。塑料包装材料在各种包装材料中的应用量亦仅次于纸品而居第二位，而且近年来其发展速度一直居于各种包装材料之首。

一般将厚度在0.25mm以下的片状塑料称为薄膜，而厚度在0.25mm以上的称为片材。塑料薄膜的品种很多，通常按化学成分、成型方法、包装功能等几种方法进行分类。

按化学组成可将塑料薄膜分为PE、PP、PS、PVC、PVDC、NY、PET、EVA、PVA薄膜等。

按成型方法可将塑料薄膜分为挤出吹塑薄膜、挤出流延薄膜、压延薄膜、溶液流延薄膜、单向或双向拉伸薄膜、共挤出复合薄膜、涂布薄膜等。

按包装功能可将塑料包装薄膜分为防潮膜、保鲜膜、防锈膜、热收缩膜、弹性膜、扭结膜、隔氧膜、耐蒸煮膜等。

另外，通常还可按塑料薄膜的结构将其分为单层薄膜和复合薄膜两大类。

一、塑料包装材料的检测方法

在塑料包装材料中，各种塑料薄膜、复合塑料薄膜具有不同的物理、机械、耐热以及卫生性能。人们根据包装的不同需要，选择合适的材料来使用。我们应优先选择那些科学、简便、测量误差小的方法。优先选择ISO国际标准、国际先进组织标准，如ASTM、TAPPI等和我国国家标准、行业标准，如GB/T标准、QB/T标准、HB/T标准等。

1. 规格、外观

塑料薄膜作为包装材料，它的尺寸规格要满足内装物的需要。有些薄膜的外观与货架效果紧密相连，外观有问题直接影响商品销售。而厚度又是影响机械性能、阻隔性的因素

之一，需要在质量和成本上找到最优化的指标。因此这些指标就会在每个产品标准的要求中作出规定，相应的要求检测方法一般有：

（1）厚度　GB/T 6672—2001《塑料薄膜和薄片厚度测定　机械测量法》非等效采用ISO 4593：1993《塑料—薄膜和薄片—厚度测定—机械测量法》。适用于薄膜和薄片的厚度的测定，是采用机械法测量即接触法，测量结果是指材料在两个测量平面间测得的结果。测量面对试样施加的负荷应在0.5～1.0N之间。该方法不适用于压花材料的测试。

（2）长度、宽度　GB/T 6673—2001《塑料薄膜与片材长度和宽度的测定》非等效采用国际标准ISO 4592：1992《塑料—薄膜和薄片—长度和宽度的测定》。该标准规定了卷材和片材的长度和宽度的基准测量方法。

塑料材料的尺寸受环境温度的影响较大，解卷时的操作拉力也会造成材料的尺寸变化。测量器具的精度不同，也会造成测量结果的差异。因此在测量中必须注意每个细节，以求测量的结果接近真值。

标准中规定了卷材在测量前应先将卷材以最小的拉力打开，以不超过5m的长度层层相叠不超过20层作为被测试样，并在这种状态下保持一定的时间，待尺寸稳定后再进行测量。

（3）外观　塑料薄膜的外观检验一般采取在自然光下目测。外观缺陷在GB/T 2035《塑料术语及其定义》中有所规定。缺陷的大小一般需用通用的量具，如钢板尺、游标卡尺等进行测量。

2. 物理机械性能

（1）拉伸强度测试　拉伸性能是最基本、最普通的一种力学性能测试方法。

测试仪器：摆锤式抗张强度测定仪或其他拉伸试验机

测试方法：试样的形状为哑铃形（分Ⅰ、Ⅱ、Ⅲ型）或长方形（Ⅳ型），如图2-1-1所示。测试时，在试样上画出标线，以一定的速度拉伸试样，直至试样破裂。记录破裂时的最大载荷以及破裂时的标线距离。最大载荷与试样截面积之比就为薄膜的拉伸强度。

（2）撕裂强度测试　撕裂强度一般用来考核塑料薄膜和薄片及其他类似塑料材料抗撕裂的能力。

测试仪器：埃莱门多夫撕裂度仪或其他拉力试验机

测试方法：测试原理是具有规定切口的长方形试样（图2-1-2）承受规定大小摆锤贮存的能量所产生的撕裂力，以撕裂试样所消耗的能量计算试样的耐撕裂性。测试方法见纸及纸板的撕裂度测试。

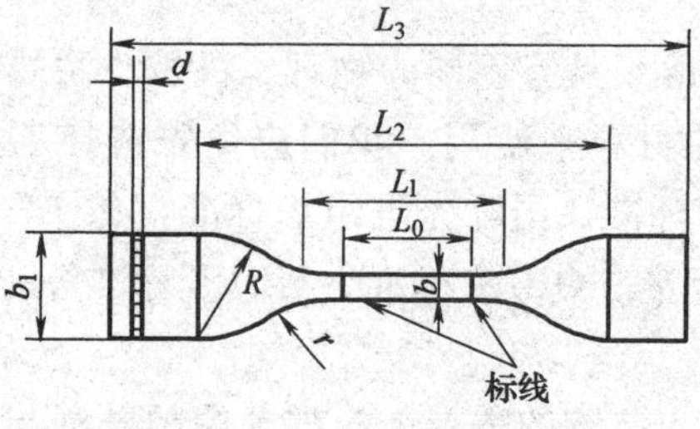

图2-1-1　塑料哑铃形试样

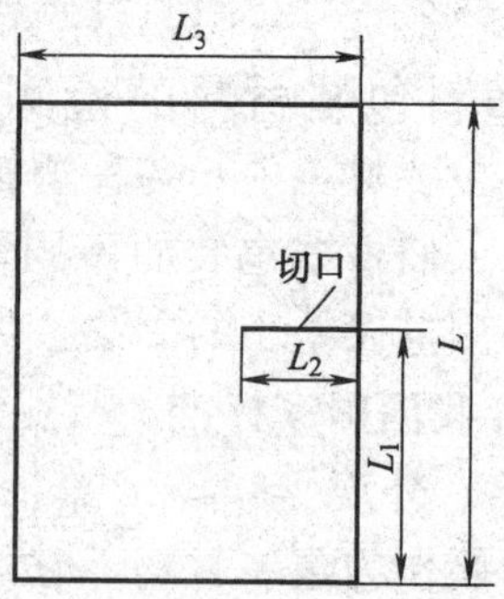

图2-1-2　撕裂试样

(3) 冲击强度测试　冲击强度测试是用来量度被测材料在高速冲击状态下的韧性或对断裂的抵抗能力。冲击强度的测试方法有摆锤式冲击试验、落锤式冲击试验及高速拉伸冲击试验。这里简单介绍落锤式冲击试验。

测试仪器：落锤式冲击试验仪（图 2-1-3）

测试方法：测试时，将落锤由一定高度自由下落，通过改变重锤质量，求冲击到固定的试样上的最小破坏质量，或固定落锤质量自由下落，通过改变重锤下落高度，求冲击到固定试样上的最小破坏高度。

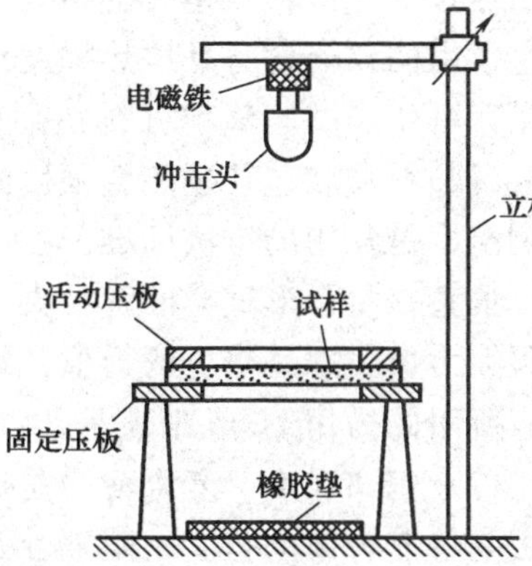

图 2-1-3　落锤式冲击试验仪

(4) 摩擦因数测试　在薄膜和塑料包装袋生产中，塑料薄膜的摩擦因数是一项重要的指标，一方面它和薄膜抗粘连性能一起成为塑料薄膜开口性的量化评定指标，另一方面又可作为自动包装机器运行速度、张力调节、薄膜运行磨损的参考数据之一。

摩擦因数包括静摩擦因数和动摩擦因数。静摩擦因数是指两接触表面在相对移动开始时的最大阻力与垂直施加于两个接触表面的法向力之比；动摩擦因数是指两接触表面以一定速度相对移动时的阻力与垂直施加于两个接触表面的法向力之比。

测试仪器：摩擦因数仪或一机多用的拉力试验机。

测试方法：试验是由水平试验台、滑块、测力系统和使水平试验台上两试验表面相对移动的驱动机构等组成。试验通过将两试验表面平放在一起，在一定的接触压力下，使两表面相对移动，测得试样开始相对移动时的力和匀速移动时的力，如图 2-1-4所示。通过计算得出试样的摩擦因数。

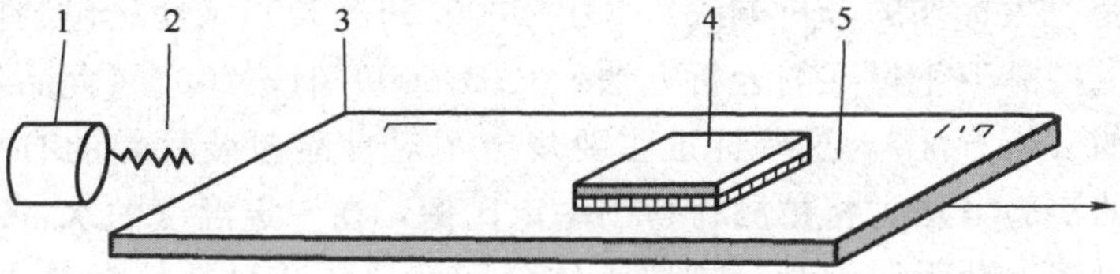

图 2-1-4　摩擦因数测试示意图

1—测力系统的负荷传感器　2—调节弹性系数的弹簧

3—水平试验台　4—滑块　5—水平试验台上的试样

$$静（动）摩擦因数=\frac{静（动）摩擦力}{试块的正压力}$$

(5) 静电测试（GB/T 14447—1993）　静电对塑料包装印刷具有很大的影响。静电测试是在规定的实验条件下，以电晕放电形式使塑料薄膜带电后，其静电半衰期的测试方法。

测试仪器：高压发生器、放电电极、试样夹具、静电传感器、静电计、静电-时间记录仪。

测试方法：把试样装入夹具内，夹好后的试样应平整，无破裂，无皱折。对放电电极施加 10kV 的高电压，当试样达到静电峰值电压 U_o（或静电峰值电场强度 E_o）时，停止施加高电压，记录并测定试样的半衰期 $t_{1/2}$，根据实际需要可测剩余静电电压（或剩余静电电场强度），如图 2-1-5 所示。

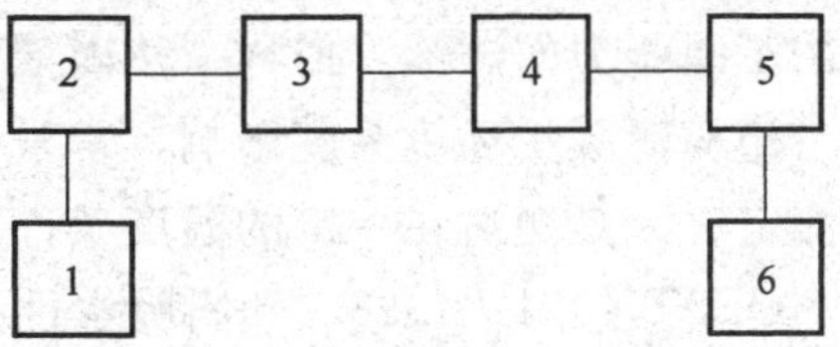

图 2-1-5　测试装置示意图

1—高压发生器　2—放电电极　3—试样夹具

4—静电传感器　5—静电计

6—静电-时间记录仪

(6) 热合强度　塑料薄膜作为包装材料，常常用热合的方法将被包装物封装在内，是否达到良好的密封，热合的质量很重要，目前试验室常用的仪器设备是“热梯度仪”，它是一台可设定不同温度、压力、时间的热合试验设备，可用于试验某种材料在某种条件下封合的最佳效果，封合质量可用 QB/T 2358—1998《塑料薄膜包装袋热合强度试验方法》。本标准适用于各种塑料薄膜包装袋的热合强度测定，是常用的方法标准。

试验是将条形试样的两端夹在拉力试验的两个夹具上，进行拉伸，破坏试样封合部位的最大力值，即是热合的力值，结果以一定单位长度的试样所用的力值来表示，即热合强度。所用的力用 N/m 来表示。

(7) 剥离强度　复合薄膜是用干复式或共挤式将不同单膜复合在一起，复合的好坏直接影响着复合膜的强度，阻隔性及今后的使用寿命，所以在选用包装材料前测试复合层的剥离力很重要。

GB/T 8808—1988《软质复合塑料材料剥离试验方法》规定将预先剥开起头的被测膜的预分离层的两端夹在拉力试验机上，测试剥开材料层间时所需的力。

3. 卫生性能

包装材料的卫生性能越来越受到人们的关注。在国际贸易中，许多国家禁止含有害物质的材料进入市场，如重金属，溶剂残留等物质，各国都有所限制。我国对有关食品包装材料的卫生性能也有许多规定。用于塑料包装材料卫生性能的检验方法标准常用的有：GB/T 5009.58—2003《食品包装用聚乙烯树脂卫生标准的分析方法》、GB/5009.59—2003《食品包装用聚苯乙烯树脂卫生标准的分析方法》、GB/5009.60—2003《食品包装用聚乙烯、聚苯乙烯、聚丙乙烯成型品卫生标准的分析方法》、GB/5009.61—2003《食品包装用三聚氢胺成型品卫生标准的分析方法》。这些标准主要规定了对食品包装材料的有机物、无机物、重金属、脱色性的实验方法。将被测材料按一定比例，在一定温度的水、乙醇、乙酸、正己烷中浸泡一定时间，获得浸泡液。这些液体分别模拟包装材料接触的水、醋类、酒类、油类。

4. 其他性能

包装用塑料薄膜的其他性能还有光学性能，如透光率、雾度等。透光率是指透过试样的光通量与射入在试样的光通量之比。雾度是指透过试样，而偏离入射角的光通量与透过光通量之比。GB/T 2410—1980《透明塑料透光水率和雾度测试方法》是目前常用的方法。

塑料薄膜作为包装材料，往往需要印刷，这就需要对表面进行处理，如电晕处理，来达到一定的表面张力。GB/T 14216—1993《塑料膜和片润湿张力测试方法》是用原先配好的不同张力的试液，俗称“达因液”来测试试样的表面张力的一种方法。

塑料薄膜受环境温度影响，常常引起尺寸的变化。GB/T 1036—2008《塑料线膨胀系数测定法》是测试在一定的温度条件下材料的线尺寸变化的一种方法。

QB/T 1034—1998《塑料吸水性试验方法》是通过称量材料浸水前后重量的变化来表示吸水性量的一种方法。

《塑料薄膜包装袋的耐蒸煮性》GB/T 10004—1998 中规定了耐热耐介质性的测试方法，将袋内分别装有模拟接触食品中的盐、酸类、酒类、油类的氯化钠、乙醇、植物油密封后经高压、高温蒸煮后观察包装袋的完好情况，或测试材料试验前后的性能变化情况。

总之，塑料薄膜的检测方法很多，每种方法都有一定的适用性，各种试验结果都存在一定的不确定度，包括方法，仪器，人员，环境，试样，试剂等。因此，选用方法标准时一定要仔细研究、验证。

二、常用塑料薄膜性能及选用

1. 聚乙烯薄膜（Polyethylene，PE）

聚乙烯是经石油裂解所得到的乙烯，经聚合而成。聚乙烯可以是均聚和共聚的，同时也可以是线型和非线型的。聚乙烯为无臭、无毒、外观呈乳白色的蜡状固体，化学稳定性好，常温下几乎不与任何物质反应，具有一定的透气性，热封性能好。聚乙烯的相对分子质量在1万～100万之间。相对分子质量越高，其物理力学性能越好，但随着相对分子质量的增加，加工性能降低。

（1）低密度聚乙烯（LDPE）薄膜的应用　普通LDPE薄膜是一种柔软而透明的薄膜，无毒、无臭，厚度一般在0.02～0.1mm之间。具有良好的耐水性、防潮性、耐寒性和化学稳定性。大量用于食品、药品、日用品及金属制品的一般防潮包装和冷冻食品的包装。但对于吸湿性大，防潮性要求较高的物品，则需要采用防潮性更好的薄膜和复合薄膜包装。LDPE薄膜的透气率大、无保香性、且耐油性差，不能用于易氧化食品、风味食品和含油食品的包装。但透气性好使它能用于水果、蔬菜等新鲜物品的保鲜包装。LDPE薄膜的热粘合性和低温热封性好，因此常用作复合薄膜的粘合层和热封层等。但由于其耐热性差，故不能用作蒸煮袋的热封层。

LDPE可采用泡管法拉伸工艺制成热收缩薄膜。其热收缩率可达30%～35%，且不易破损，广泛用于瓶子的集合包装，食品罐、饮料瓶托盘的收缩包装或称“衬垫集合”包装。用相对分子质量较高的LDPE或采用一般薄膜级的LDPE与LLDPE共混，可制得厚度为0.2～0.35mm的重包装薄膜。它与普通LDPE薄膜相比具有膜厚、强度高，尤其是抗撕裂强度高，出现裂口也不易继续扩大等特点。因此可用作化肥、农药、化工产品等重型包装袋。热收缩包装机如图2-1-6所示。LDPE可与HDPE采用挤出复合吹塑法制成外表面粗糙、内表面光滑的重包装防滑薄膜。其包装袋具有堆码时防滑的效果，便于运输和堆放。另外，LDPE还可采用挤出复合法制得中间是气泡夹层的膜状材料，又称气垫膜。由于气垫膜中间是充满空气的气泡，所以富有弹性，具有缓冲性能，可用作仪器仪表、电子产品、陶瓷、玻璃器皿等易碎物品的缓冲防震包装。

图2-1-6　热收缩包装机

（2）高密度聚乙烯薄膜（HDPE）的应用　高密度聚乙烯（HDPE）薄膜的抗张强度、防潮性、耐热性、耐油性和化学稳定性均优于LDPE薄膜，也可以热封合，但透明性不如LDPE。HDPE可制成厚度为0.01mm的微薄薄膜，其外观与薄绢纸很相似，手感舒适，又称拟纸膜。它具有良好的强度、韧性和开口性，为增强拟纸感和降低成本，可加入少量的轻质碳酸钙。HDPE拟纸膜主要用于制作各种购物袋、垃圾袋，水果包装袋和各种食品包装袋等。因其气密性差，不具有保香性，因此包装食品的贮藏期不长。另外，

HDPE 薄膜因耐热性好，可用作蒸煮袋的热封层。

(3) 线性低密度聚乙烯（LLDPE）薄膜的应用　与 LDPE 薄膜相比，LLDPE 薄膜具有更高的抗拉、抗冲击强度，耐撕裂强度和耐穿刺性。在与 LDPE 薄膜具有同等强度和使用性能的情况下，LLDPE 薄膜的厚度可减至 LDPE 薄膜的 20%～25%，因而使成本大幅度降低，即使用作重包装袋其厚度也只需 0.1mm 就能满足要求，可代替价格较贵的高分子量高密度聚乙烯。因此，LLDPE 很适合制成超薄薄膜，其厚度可小到 0.004mm。LLDPE 薄膜应用极为广泛，既可以用于各种日用品包装、冷冻食品包装，也大量用作重包装袋和垃圾袋。

LLDPE 还可作为一种改良剂，它与 LDPE 或 HDPE 共混后制得的薄膜耐久性好，耐穿刺性、耐热性、热封性和印刷性均有所提高。

各种 PE 薄膜的印刷性能较差，印刷前均需要进行电火花处理或电晕处理等方式，使其形成极性的表面层以提高与极性油墨的结合牢度。

2. 聚丙烯薄膜（Polypropylene，PP）

聚丙烯是以丙烯单体进行聚合的热塑性聚合物，相对密度为 0.90～0.91g/cm^3，结晶度可达 95%。聚丙烯（PP）是一种热塑性树脂，具有良好的耐热性、电绝缘性且耐腐蚀、密度低；加之原料易得、来源丰富，使之成为近年世界通用树脂中增长较快的品种。透明性较聚乙烯好，表面光滑，吸水性低（<0.02%），气密性也比聚乙烯好。聚丙烯薄膜与其他包装材料性能对比列于表 2-1-1 中。

表 2-1-1　聚丙烯与其他包装材料性能比较

	聚丙烯	双向拉伸聚丙烯	低密度聚乙烯	玻璃纸
厚度/μm	20～100	10～80	80～100	—
密度/(g/cm^3)	0.89	0.90	0.92	—
闪烁光透过率/%	>90	>90	>85	>90
光泽度	>65	>70	>60	>70
抗张强度(纵向)/mPa	20～50	100～250	10～100	30～80
抗张强度(横向)/mPa	20～50	100～250	10～20	20～60
伸长率(纵向)/%	200～600	50～150	150～650	10～40
伸长率(横向)/%	200～600	50～150	150～650	30～90
透湿度/(g/m^2·24h·40℃)	8～11	3～4	16～22	16～35
氧气透过率/(mL/m^2·24h·atm)	5～8	1～3	13～16	0.1
耐油度/h	>50	>50	>15	—
紫外线透过率/%	>80	>80	>80	>80

聚丙烯薄膜的应用：聚丙烯薄膜主要包括双向拉伸聚丙烯（BOPP）薄膜、流延聚丙烯（CPP）薄膜、普通包装薄膜和微孔膜等。BOPP 薄膜具有质轻、机械强度高、尺寸稳定性好等优点，广泛应用于包装领域，特别是食品包装领域。BOPP 薄膜按用途可分为光膜、烟膜、电工膜、珠光膜等。CPP 薄膜具有阻隔性好、热封温度低、印刷和复合适应性强、耐蒸煮等特点。与 BOPP 薄膜相比，CPP 薄膜具有加工设备简单、单位面积成本低的优势。而且其抗刮性和包装机械性能良好，因而在包装领域占有重要地位。CPP 薄膜主要分为通用型、蒸煮型和镀铝型三种，一般均与 BOPP、BOPET（双向拉伸聚酯）等薄膜复合使用。通用型 CPP 是良好的热封基材，现主要用于干燥类食品及服装等产品的包装，蒸煮型 CPP 膜可耐 120℃ 高温蒸煮，主要应用于熟食及药品等需高温杀菌处理的

包装；镀铝型 CPP 膜对铝等蒸煮金属具有极佳的附着强度，应用于各类精美食品包装（图 2-1-7、图 2-1-8）。

图 2-1-7　CPP 薄膜的应用

图 2-1-8　珠光膜的应用

3. 聚苯乙烯薄膜（Polystyrene，PS）

聚苯乙烯是由苯乙烯单体聚合而成。密度为 1.04～1.09g/cm^3。聚苯乙烯是质硬、脆、透明、无定型的热塑性塑料。聚苯乙烯没有气味，燃烧时冒黑烟。聚苯乙烯易于染色和加工，吸湿性低，尺寸稳定性、电绝缘性能和热绝缘性能极好。聚苯乙烯的透光率为 87%～92%，其透光性仅次于有机玻璃。聚苯乙烯毒性极低，属于比较安全的塑料品种。

聚苯乙烯薄膜具有很高的透明度和光泽度，美观，印刷性能好，吸水率低，对气体和水蒸气的透过率大。未拉伸的聚苯乙烯薄膜硬而脆，其延伸性、抗拉强度和抗冲击强度较低，所以很少用作软包装材料。在包装上使用的主要是双向拉伸聚苯乙烯（BOPS）薄膜以及热收缩薄膜。

聚苯乙烯薄膜的应用：聚苯乙烯薄膜因加热时收缩，不易热封合，但可以用溶剂（如醋酸丁酯、四氢呋喃等）或粘合剂封合。聚苯乙烯薄膜的良好透气性使它很适合包装水果、蔬菜、肉色等新鲜食品以及鲜花等。聚苯乙烯热收缩薄膜因透明性好，热收缩率达 40%～60%，已成功地用于水果和蔬菜的“呼吸”型热收缩包装。

BOPS 热收缩薄膜即双向拉伸聚苯乙烯热收缩薄膜，是近年来迅速发展的一种符合环保要求的新型贴体商标材料，其制成的标签，被公认为环保型标签。

BOPS 热收缩薄膜作为一种新型的贴体包装材料，强度高、形状稳定，且具有良好的光泽度和透明度，印刷性能好，有极高的印刷分辨率，损耗率极低。鉴于 BOPS 薄膜拥有高收缩率和强度，它能够与各种不同形状的容器紧密贴合，所以不仅能印刷出精美的图案，还能满足各种外形迥异的新颖包装容器的需要。这种无毒无味，可耐油脂，符合食品卫生标准的薄膜制成的标签，增强了饮料等产品的货架效果。

4. 聚氯乙烯薄膜（Polyvinyl Chloride，PVC）

聚氯乙烯是由氯乙烯单体聚合而得。聚氯乙烯化学稳定性好，在常温下一般不受无机酸、碱的侵蚀，耐热性较差，受热易变形，光学性能好，可制成透光性、光泽度皆好的制品。根据聚合方法的不同，常用的聚氯乙烯树脂可分为悬浮法树脂与乳液法树脂。聚氯乙烯可制成从软到硬不同力学性能的塑料制品（图 2-1-9）。

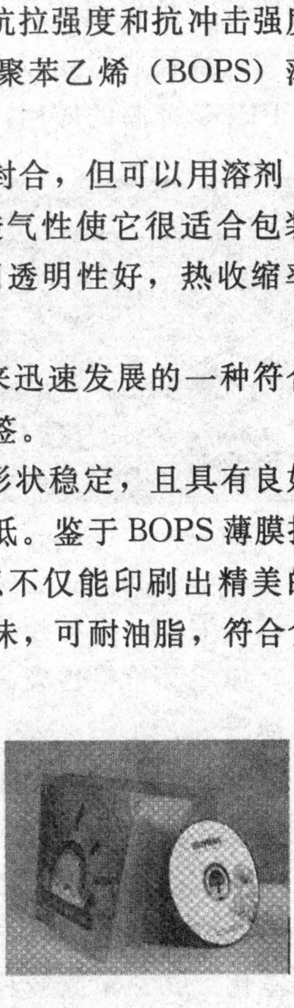

图 2-1-9　PVC 制成的 CD 套

聚氯乙烯薄膜分软质薄膜和硬质薄膜，可以采用压延法、挤出吹塑法和T模法生产。

软质聚氯乙烯薄膜因增塑剂含量较多（25%以上），所以薄膜的伸长率、抗撕裂强度和耐寒性较好，易于印刷和热封合，可制成透明薄膜。由于软质聚氯乙烯薄膜带有增塑剂的异味，并存在着增塑剂外迁等问题，所以一般不能用于食品包装。但采用内增塑法生产的软质聚氯乙烯薄膜可用于包装食品。一般来说聚氯乙烯软质薄膜主要用于工业产品以及非食品包装。

硬质聚氯乙烯薄膜的应用：硬质聚氯乙烯薄膜是一种不含增塑剂或增塑剂含量很少的薄膜，其透明度高，俗称PVC玻璃纸。硬质聚氯乙烯薄膜挺括、韧性好、扭结稳定，有良好的气密性、保香性和较好的防潮性，印刷性能优良，可制得无毒薄膜。它主要用于糖果的扭结包装，纺织品、服装的包装，以及香烟和食品包装盒的外包覆膜。但硬质PVC的耐寒性较差，低温时发脆，故不适于作冷冻食品包装材料。

聚氯乙烯热收缩薄膜一般采用泡管法拉伸工艺制成，其透明性好，强度高，热收缩率高达70%，机械适应性较好，且成本低。因此大量用于工业产品的热收缩包装、干电池的外包覆膜，以及蔬菜、水果的热收缩包装等。

5. 聚偏氯乙烯共聚物薄膜（Polyvinylidene Chloride，PVDC）

聚偏氯乙烯是偏氯乙烯的共聚物。聚偏氯乙烯的分子结构的对称性使得它具有高度的结晶性，并且软化温度高，接近其分解温度，再加上它与一般的增塑剂相容性较差，难以加热成型，因此工业上采用结构与其相似的氯乙烯共聚，起到内增塑的作用，从而达到适当的降低其软化温度，提高与增塑剂相容性的目的，又不失PVDC固有的高结晶特征。聚偏氯乙烯树脂常用以下几种加工方法：挤出、共挤出、层压，以及注塑、吹塑和浇铸。

PVDC薄膜的应用：PVDC薄膜是一种柔韧、透明的高阻隔性薄膜，具有极佳的防潮性、气密性和保香性；并具有优良的耐强酸、强碱、化学药品和耐油性；未拉伸的PVDC薄膜可以热封合，很适合包装食品，并能长期保持食品的风味不变。PVDC热收缩薄膜具有较好的热收缩性，在50℃以上即开始收缩，在100℃时有20%～60%的收缩率，所以包装物品后，只要在热水中浸泡几分钟即可收紧包好，很适合用于香肠、火腿等肉类食品的热收缩包装（图2-1-10）。

图2-1-10　PVDC肠衣膜

PVDC薄膜虽然具有较好的机械强度，但其挺力差，过于柔软并易粘连，操作性不良。此外，PVDC的结晶性强，其薄膜易穿孔或产生微裂纹，加之其价格也较高。所以目前PVDC薄膜以单膜形式使用较少，而主要用于制作复合薄膜。

6. 聚酰胺薄膜（Polyamide，PA）

聚酰胺的商品名叫尼龙（Nylon），是分子主链上含有酰胺基团的线型结晶聚合物，是由内酰胺或由二元胺与二元酸缩聚而成，其名称是根据胺与酸中的碳原子数或内酰胺中的碳原子数来命名的。尼龙是一种线形的、具有热塑性的聚酰胺，其分子链上均匀地分布着氨基化合物。聚酰胺具有透明性、热成型、高强度及在较宽的温度范围内保持很高的挺度。但是，由于其结构组成的原因，尼龙表现出很强的水蒸气敏感性。

尼龙薄膜的应用：尼龙薄膜是一种非常坚韧的薄膜，无毒无味，透明性好，有光泽，不易积累静电，印刷性能好，机械强度高，抗张强度是PE薄膜的三倍，耐磨性、耐戳穿性优良。尼龙薄膜的耐热、耐寒性以及耐油性好，但热封较困难。在干燥状态下，尼龙薄膜具有良好的气密性，但透湿率大，吸水性强。在高湿度的环境中，尺寸稳定性差，气密性急剧下降。因此，常采用聚偏二氯乙烯涂布（称KNY）或与PE薄膜复合，以改善其耐水性、阻湿性和热封性能等。这种PA/PE复合薄膜广泛用于食品包装。尼龙薄膜大量用于制作复合薄膜，也用作镀铝薄膜的基材。

图 2-1-11　PA/CPP 透明蒸煮袋

尼龙薄膜及其复合薄膜主要用于油腻性食品、一般食品、冷冻食品以及蒸煮食品的包装。未拉伸尼龙薄膜因伸长率大，可用于风味肉类、多骨肉等食品的真空包装。PA/CPP可用于透明蒸煮袋（图 2-1-11）。

7. 聚对苯二甲酸乙二醇酯薄膜（Polyethylene Terephthalate，PET）

聚对苯二甲酸乙二醇酯是由对苯二甲酸和乙二醇直接酯化后缩聚而得。其密度为1.30～1.36g/cm^3。聚酯树脂具有优良的性能，力学性能好，其韧性在常用的热塑性塑料中是最大的，薄膜的拉伸强度可与铝箔相媲美，冲击强度为其他薄膜的3～5倍，耐折性好，但撕裂强度差；耐油、耐脂肪、耐稀酸和稀碱、耐大多数溶剂，但不耐浓酸和浓碱；具有优良的耐高、低温性能，可在120℃温度下长期使用，短期使用可耐150℃高温，可耐－70℃低温，且高温及低温时对其力学性能影响小，气体和水蒸气渗透率低，具有优良的阻气、水、油及异味性能，透明度高，可阻挡紫外光，光泽性能好。

PET薄膜的应用：PET薄膜是一种性能比较全面的包装薄膜（图 2-1-12）。其透明性好，有光泽；具有良好的气密性和保香性；防潮性中等，在低温下透湿率下降。PET薄膜的机械性能优良，其强韧性是所有热塑性塑料中最好的，抗张强度和抗冲击强度比一般薄膜高得多；且挺力好，尺寸稳定，适于印刷、制袋等二次加工。PET薄膜还具有优良的耐热、耐寒性和良好的耐化学药品性和耐油性。但其不耐强碱，易带静电，尚没有适当的防静电的方法。因此在包装粉状物品时应引起注意。

图 2-1-12　PET 聚酯膜

PET薄膜的热封极难，目前价格也较高，所以很少以单膜的形式使用，大多是与热封性好的PE或PP薄膜复合或采用聚偏二氯乙烯涂布。这种以PET薄膜为基材的复合薄膜是机械化包装操作最理想的材料，广泛用于蒸煮、烘烤和冷冻等食品包装。PET薄膜因强度高、耐热性好，还大量用作真空镀铝薄膜的基材。

8. 聚碳酸酯薄膜（Polycarbonate，PC）

聚碳酸酯是在分子链中含有碳酸酯的一类高分子化合物的总称。聚碳酸酯为一种线型聚酯，是一种无色或呈微黄色透明的无定形塑料。聚碳酸酯具有优越的耐高温性能及在高温下的高强度，且耐低温性能也很好，脆化温度低于－100℃，可在130℃下长期使用；

耐稀酸、耐脂肪烃、醇、油脂和洗涤剂，溶于卤代烃，易与碱作用；对水、蒸汽和空气的渗透率高，若需阻隔性时，必须进行涂覆处理；无毒、无味、无臭具有透明性；耐候性较好，对热、辐射、空气、臭氧有良好的稳定性。聚碳酸酯在包装上主要以薄膜形式用于蔬菜、肉类等需要呼吸及氧气的食品。

9. 乙烯-醋酸乙烯酯共聚物薄膜（Ethylene Vinylacetate Copolymer，E/VAC）

乙烯-醋酸乙烯酯共聚物是乙烯和醋酸乙烯酯共聚而得。E/VAC 的特性主要取决于醋酸乙烯的含量，由于 VA（醋酸乙烯酯）的存在，增加了链与链之间的分子之间的黏性，相对 LDPE 来说，E/VAC 树脂具有更好的柔软性、韧性和热封性。E/VAC 按聚合工艺不同，所得产物可用于不同的用途，高压本体法用于塑料，溶液法用于 PVC 加工助剂，乳液法用于制作黏合剂、涂料等。

E/VAC 薄膜的应用：在包装应用中，VA 的含量最佳为 5%～20%。随着分子量增加，黏合性、柔韧性、热封强度、热黏强度和柔软性都有提高。良好的黏结性和易加工性，E/VAC 常用于挤出涂布，作为热封层与 PET、OPP 挤出复合，用来包装奶酪和药品。在低温下有很好的柔韧性，这种低温性可用于冰淇淋、冷冻肉的包装。

10. 乙烯-丙烯酸乙酯共聚物薄膜（Ethylene/ethyl Acrylate Copolymer，E/EAC）

E/EAC 是乙烯和丙烯酸乙酯的共聚物，为柔软的橡胶状半透明固体，其主要优点是加工热稳定性好，耐低温性能优良，脆折温度可低至－100℃，优良的耐弯曲开裂性及耐环境应力开裂性，而且弹性较大，有优秀的热黏强度和黏结强度，E/EAC 可用于铝箔和其他树脂的黏结层。

在包装上 E/EAC 具有广泛的用途，可以作为包装材料中的黏结层，也可以作为薄膜或容器的形式用于食品软包装、快餐食品、药品包装，挤出薄膜可用于无菌纸盒包装、复合罐、牙膏管和食品包装。

11. 聚乙烯醇薄膜（Polyvinyl Alcohol，PVA）

聚乙烯醇不能由单体直接聚合而成，而是先用醋酸乙烯酯聚合呈聚醋酸乙烯酯，然后将其醇解，制得聚乙烯醇。聚乙烯醇是一种耐热、高强度、柔韧、耐溶剂、介电性能好的材料。聚乙烯醇薄膜的机械性能好，耐折、耐磨、无毒、无臭、无味，化学稳定性好、阻气性和阻香性极好，因分子内含有羟基，具有较大的吸水性，故阻湿性差，且随着吸湿量的增加，其阻气性能急剧下降。

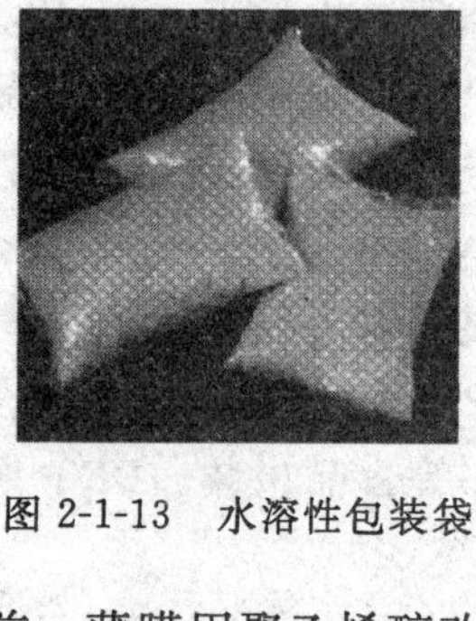

图 2-1-13　水溶性包装袋

聚乙烯醇薄膜的应用：聚乙烯醇当作塑料使用时，通常以薄膜形式应用于食品包装。聚乙烯醇薄膜常与高阻湿性薄膜复合，用作高阻隔性食品包装材料。PVA 是一种性能优良，用途广泛的水溶性聚合物。由它制备的薄膜具有优异的阻氧性、阻油性、耐磨性、抗撕裂性、透明性、抗静电性、印刷性、耐化学腐蚀性等，并在一定条件下具有水溶性和可生物降解性，在薄膜材料中占有独特的、十分重要的地位。目前，薄膜用聚乙烯醇改性的工作主要集中在以下几个方面：热塑性阻隔包装薄膜用改性、水速溶性包装薄膜用改性（图 2-1-13）、可生物降解薄膜用改性。

12. 乙烯-乙烯醇共聚物薄膜（Ethylene-Vinyl Alcohol Copolymer，EVOH）

乙烯-乙烯醇共聚物是乙烯和乙烯醇的水解共聚产物。聚乙烯醇具有特别高的气体阻隔性能，但吸湿性大，有的品种还溶于水难以加工。通过乙烯醇和乙烯的共聚合，保留了高的气体阻隔性能，而耐湿性和加工性也得到了改进。

乙烯-乙烯醇共聚物树脂最突出的特性就是能提高对 O_2、CO_2 或 N_2 等气体的高阻隔性能，使其在包装中能充分提高保香和保质的作用。

由于乙烯-乙烯醇共聚物分子中存在较多的羟基，因而材料是亲水和吸湿的。乙烯-乙烯醇共聚物具有非常好的耐油性和耐有机溶剂能力，可以做油性食品、食用油等要求高阻隔性能的食品包装材料。

EVOH 在包装上应用越来越广泛，在食品业中用于无菌包装、热罐装和蒸煮袋，包装奶制品、肉类、果汁罐头和调味品；在非食品方面，用于包装溶剂、化学药品。

13. 离子交联聚合物薄膜（Ionomer）

离子交联聚合物又称离子型聚合物，是以乙烯为主体，加入1%～10%的丙烯酸（或甲基丙烯酸）等单体进行高压共聚并在共聚物主链上引入金属离子（如钠、钾、锌、镁等）进行交联而得的产品。离子交联聚合物的力学性能好，抗拉强度高于聚乙烯，在低温下性能也很好；表面硬度高、耐磨性好，韧性强、弹性好，具有优良的抗穿刺性和耐折叠性。耐溶剂性好，耐一般无机酸、碱和油脂，不耐强酸及某些氧化剂和有机酸。热封合性能好、透明性好、光泽度好，耐低温，对金属和其他极性材料的黏合性好。

目前常用的离子交联聚合物是由乙烯和甲基丙烯酸的共聚物引入钠或锌离子进行交联而成的产品，商品名为萨林。离子交联聚合物在包装行业中以薄膜形式使用时，可用于包装形状复杂的或带棱角的物品、食品，特别是高油脂的食品，还可做普通裹包、弹性裹包及收缩包装，以及复合材料的中间黏合层或热封层。

项目2　常见塑料容器的性能和选用

项目任务

通过教师课前准备和学生自己收集的各种塑料容器的实物展示，了解塑料包装容器的种类、性能、塑料包装容器的应用现状和成型方法，以及塑料包装容器的循环使用标志，要求学生根据自身体验掌握塑料包装容器的特点。

◆ 了解塑料包装容器种类和性能的能力。

◆ 具有初步分析塑料包装容器成型方法的能力。

塑料包装制品以其特有的性能广泛应用于社会领域的各个方面。塑料包装制品在应用中拥有着金属、玻璃、陶瓷、木材等材料无法比拟的特性，如密度小、易于成型加工、品种繁多、成型方便、较好的耐腐蚀、耐冲击、成本低廉等。当然塑料包装制品也有其不足，如塑料在高温下易变形，易于磨损或变脆，易于产生静电积聚等。这就需要对塑料包装制品进行合理的分析和使用。

塑料包装制品按所用原料性质分类，主要有聚乙烯、聚丙烯、聚苯乙烯、聚氯乙烯、聚酯、聚碳酸酯等制品。

塑料包装制品按容器成型方法主要有吹塑成型、滚塑成型、热成型、注射成型等制品类型。下面对常用的类型分别进行介绍。

（1）吹塑成型　吹塑成型是指借助于气体的压力，使闭合在模具中的热型坯被吹胀为中空制品的一种塑料成型方法。吹塑是热塑性塑料的一种重要的成型方法。按型坯的成型工艺不同，可将吹塑分为挤出吹塑与注射吹塑两个大类；按吹塑拉伸情况的不同，可将吹塑分为普通吹塑与拉伸吹塑两个大类；按照产品器壁的组成不同，可将吹塑分为单层吹塑与多层吹塑两个大类。图 2-2-1 和图 2-2-2 为吹塑容器。

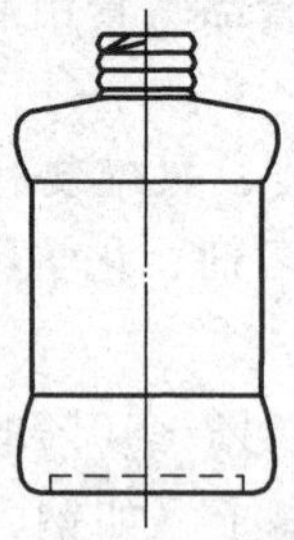

图 2-2-1　吹塑容器

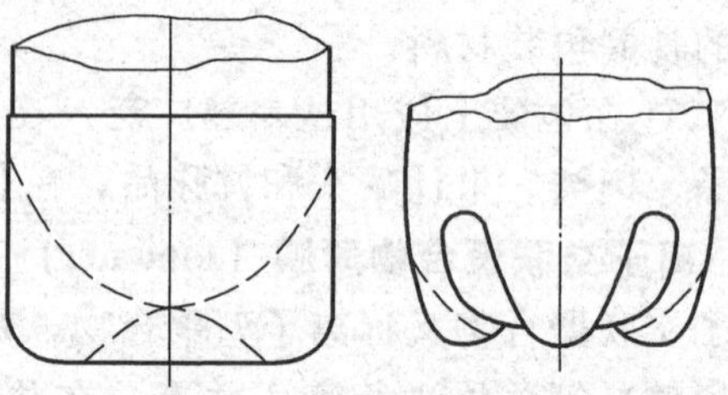

图 2-2-2　吹塑容器瓶底结构

（2）滚塑成型　滚塑成型是利用具有流动性的物料在容器中受到重力的作用而流向最低点的原理，将粉状（液态或者溶胶状）的塑料装入到模具中（模具的腔型与塑料制品的外型相同），然后使模具在滚塑机上加热，同时沿着两个互相垂直的轴缓慢旋转。由于模具沿两垂直轴旋转，其任何一点均有机会相继进入最低位置，整个模腔的表面上均有覆盖塑料的机会。由于模具转动的同时受热升温，使模腔壁上的塑料不断熔化（或者使塑料熔胶不断凝胶化）并涂布到模型的表面上，然后经冷却定型而得到所需要的塑料制品。

（3）热成型　热成型是将塑料片材或薄膜加热到某一适当的温度之后，施以外力使片材变形而成给定形状的塑料制品的成型方法。

热成型时，片材加热所达到的实际温度，因塑料不同而异，但通常是接近或略高于片材的熔融温度。在热成型的温度范围内，塑料片材的流动变形有限。由于热成型方法和受热塑料片材流动性的限制，热成型塑料容器的横截面多为方形、圆形或椭圆性，容器的深度与宽度之比一般为 1∶1，最大不超过 1.2∶1。为避免容器壁厚不均而产生应力集中，应采用较大半径的圆弧过渡，圆角半径一般不小于塑料片材厚度的 4～5 倍，同时大圆角有利于容器成型。

热成型按照成型过程中，对塑料片材所施加的外力的不同，可以分为真空成型、压缩空气成型与机械拉伸成型。

（4）注射成型　注射成型也称注塑。该法是先将塑料在料筒中充分熔融，然后于高压下迅速将塑料熔体定量注入闭合模具的型腔之中，待塑料冷却固化之后，取出制品的一种塑料成型方法。

注射成型周期短，效率高，可以成型结构复杂、形状多样、尺寸精度较高并带有嵌件的塑料容器。

（5）预发泡珠粒的模塑成型　预发泡珠粒的成型是采用蒸汽将其加热，使已经熟化好的聚苯乙烯珠粒在模具中熔接成具有一定形状的制品。

预发泡珠粒的模塑成型主要用于聚苯乙烯制聚苯乙烯发泡制品模塑体。聚苯乙烯发泡制品模塑件具有良好的隔热、防震功能，广泛使用于隔热、缓冲材料，也用于容器类包装材料。

一、常用塑料包装容器

1. 编织袋

聚乙烯和聚丙烯是非极性高聚物，将它们拉伸后，在拉伸方向强度提高的同时，沿拉伸方向的撕裂强度或垂直拉伸方向的拉伸强度则明显下降。虽然双向拉伸能使薄膜两向的力学性能较为平衡，但拉伸方向的强度却减弱许多，做成编织袋能充分发挥单轴拉伸薄膜的强度高的特性。从制膜和拉伸来说，制编织袋用的扁丝与塑料薄膜生产工艺相近，而对于复膜的编织袋来说，复合工艺与挤出复合工艺制复合薄膜相同，只是以编织布代替纸或基膜而已。编织袋可分为复膜和无复膜两种。聚丙烯编织袋以聚丙烯树脂为主要原料，经挤出成膜、切割、拉伸制成的扁丝织造缝制而成，主要用于化肥、合成材料、炸药、粮食、食糖、盐、矿砂、水泥等产品的包装。复合塑料包装布以高密度聚乙烯或聚丙烯树脂为原料，经挤出拉伸制成各种颜色的扁丝，再经编织和流延法复合聚乙烯或聚丙烯而制成的单经平纹复合塑料编织布，可以作为各种帐篷、露天建筑用遮布及缝制成手提袋等。

2. 泡沫塑料

泡沫塑料是用聚苯乙烯、低密度聚乙烯、聚氨酯和聚氯乙烯为基础制成的内部具有无数微小气孔的塑料制品。泡沫塑料的通性是质轻，比同种塑料要轻几倍甚至几十倍，由于有无数小孔，因此不易传热、能吸音、绝缘、防震等。泡沫塑料可用作包装材料、绝热材料、吸音材料、过滤材料、室内装饰材料、浮漂物、绝缘材料等。

泡沫塑料按其气孔结构不同，可分为开孔泡沫塑料和闭孔泡沫塑料。开孔泡沫塑料中，孔与孔是相通的，闭孔泡沫塑料中，孔与孔之间不相通，是独立的。根据泡沫塑料的力学强度，泡沫塑料按发泡程度和交联与否，可分为硬质、半硬质和软质三种类型。按泡沫塑料的密度又可分为低发泡、中发泡和高发泡。按泡沫结构，分闭孔和开孔两种，密度 $0.02\sim0.06g/cm^3$，具有良好的隔热和防震性，主要用作包装箱内衬。通常用于制造泡沫塑料的树脂主要是 PVC、PS、PE、PP、聚氨基甲酸酯、聚甲醛、环氧树脂等。在工业生产中，泡沫塑料的发泡方法有物理发泡、化学发泡和机械发泡三种。

在两层低密度聚乙烯薄膜之间充以气泡制成的薄膜，称为气泡塑料薄膜或气垫薄膜，密度为 $0.008\sim0.03g/cm^3$，适用于包装食品、医药品、化妆品和小型精密仪器。

将聚苯乙烯或低密度聚乙烯在挤出机内通入加压易于汽化的气体，经挤出吹塑而成低发泡薄片，称为泡沫纸，再用热成型方法，可制成食品包装托盘、餐盘、蛋盒及快餐食品包装盒等。

3. 塑料带制品

塑料带制品包括打包带、撕裂膜、胶粘带、绳索等。塑料打包带是用聚丙烯、高密度聚乙烯或聚氯乙烯的带坯，经单轴拉伸取向、压花而成宽 13～16mm 的带，单根抗拉强度在 130kg 以上，较铁皮或纸质打包带捆扎方便、结实。

聚丙烯薄片经单轴拉伸后，大分子沿轴向高度定向，强度增加；横向大分子失去结合力，易撕裂成带状，称撕裂膜，普遍用于捆扎零售商品。聚丙烯经适当单轴拉伸剖成 2～3mm 宽的扁丝，可织成编织袋，强度高，质轻，耐腐蚀，不霉变，性能超过麻袋及牛皮纸袋，现已广泛用于水泥、化肥等重包装。

胶粘带是一种压敏胶带，将压敏胶涂于薄膜带基或牛皮纸带基上，带的背面有防粘层。如果用玻璃纤维顺轴向增强胶粘带，可提高拉伸强度，作捆扎材料使用极为方便。将压敏胶涂于纸质或铝箔彩色标贴背面，俗称不干胶标贴。热熔胶和乙烯-醋酸乙烯酯树脂乳液是包装箱盒封口的主要胶粘剂，消耗量占包装用胶粘剂的 80%以上。

塑料带制品具有美观、耐腐蚀、不生锈、重量轻等优点，同时吸水性和吸湿性很小，浸水后不会降低强度，经牵伸的塑料带制品，使用过程中收缩会将包装物扎得很紧，广泛用于食品、纺织、轻工、医药、仪表等行业的包装中。

4. 塑料瓶

塑料瓶主要用于包装饮料、液体调料、化妆品、香水、药水、洗涤剂、文化用品等商品的包装。采用聚乙烯、聚丙烯、聚苯乙烯、聚酯等材料，用中空吹塑或注射成型。用作塑料瓶的塑料品种有聚对苯二甲酸乙二醇酯、聚氯乙烯、聚乙烯、聚丙烯、聚苯乙烯等。新发展的多层次复合共挤吹塑的复合塑料瓶，进一步改善了隔绝性能，同时由于便于将廉价的塑料夹入夹层，因而可以降低材料成本。

5. 塑料桶

塑料桶主要采用高密度聚乙烯和聚丙烯塑料，通过挤出吹塑、注射吹塑等方法加工而成。桶的容量由几升到 200L 不等，外形多数呈方形和圆形，塑料桶有圆桶、方桶和提桶等。

塑料包装桶可以用作食品、医药和工业原料（酸、碱、盐)、油类等包装，其优点是耐腐蚀、重量轻、不易破损。塑料桶的加工技术采取中空成型，先进的加工方式是采取多工位成型并有多点电子测厚仪反馈控制桶壁厚度，自动调整厚度公差。软塑桶是由聚乙烯共聚物制成的，呈方形。灌装前可压扁折叠，节省空间和运输费用，用于液体饮料和盐渍酱菜的包装。

6. 塑料箱

塑料箱容量较大，多为矩形截面，用于酒瓶、工业品的盛装和周转。采用聚丙烯、高密度聚乙烯等热塑性材料，用注射等方法加工而成。

塑料箱广泛应用的是聚丙烯周转箱，新型的塑料高密度聚乙烯瓦楞板，其强度/重量比值很高，是包装箱的好材料，用以代替木材和纸板等。另外还有发泡聚苯乙烯增强板、合成纤维增强板等，作为受力结构的板材，用作包装箱材料，主要目的是代替天然材料，减轻重量并降低成本。

7. 塑料罐

塑料罐除了采用传统全塑料结构外，又发展了许多新结构——以薄纸板为基材的复合结构。薄纸板与镀铝塑料薄膜复合以及发泡聚苯乙烯与铝箔复合，广泛用作食品饮料包装，代替金属罐。还有一种纸板与金属组合罐，罐身由薄纸板螺旋卷绕而成，纸板表面经涂塑或复合，盖和底用金属，这种组合罐用于包装固体饮料和熟制食品。

8. 塑料杯、盘、盒、软管

塑料片材成型工艺的发展，为高效生产塑料小型容器创造了条件。聚苯乙烯、聚乙烯、聚氯乙烯以及发泡聚苯乙烯的薄片材连续化热压成型制成的一次性容器已大量使用，成本很低。薄壁塑料杯供包装果汁、冷饮和固体饮料以及作为旅行用饮料杯。

发泡聚苯乙烯浅盘用以包装新鲜鱼肉、果脯点心、蔬菜水果，表面蒙上一层拉伸薄膜或收缩薄膜进行封闭，由自动包装机连续化生产，大量被超市采用。

塑料盒多用于儿童食品、文化用品和礼品包装中，采用聚乙烯、聚苯乙烯、聚氯乙烯等材料。

塑料软管用于各种膏状、乳剂产品的包装，采用低密度聚乙烯、聚丙烯、聚苯乙烯、聚氯乙烯制成。管身挤出成型，管颈、管肩注射成型。

9. 塑料容器的选用

我们在使用塑料容器时，会发现容器底部印有可循环标志，如图 2-2-3 所示，该标志中间还有数字，这些数字代表了不同的塑料材料。

1——表示该容器材料为 PET，常用于饮料包装，如脉动水包装瓶；

2——表示该容器材料为 HDPE，常用于清洁用品，沐浴产品，如玉兰油沐浴露；

3——表示该容器材料为 PVC；

4——表示该容器材料为 LDPE，常用于保鲜膜；

5——表示该容器材料为 PP，常用于微波炉餐盒；

6——表示该容器材料为 PS，常用于碗装泡面盒、快餐盒；

7——表示该容器材料为 PC，常用于水壶、水杯、奶瓶。

图 2-2-3　可循环标志

二、常用塑料助剂

塑料是由天然或合成树脂添加各种改善其性能的添加剂后组成的，这些添加剂就是塑料助剂。因各种助剂在塑料中所起功能的不同而命名，例如：增塑剂、稳定剂等。

（1）增塑剂　增塑剂是加入到硬制塑料中提高其柔韧性、加工性和延展性的一类物质；通过降低材料的玻璃化转变温度，提高分子链活动能力，增塑剂可以改善加工和挤出特性，降低最低加工温度，降低材料硬度，提高低温柔顺性。

（2）抗氧剂　由于聚合物材料与空气中的氧会发生一系列复杂的化学氧化反应，所以聚合物材料会在生产、加工和贮存的过程中发生化学老化，化学老化会造成分子链断裂，使聚合物分子量大幅下降，分子链也可能在化学老化过程中交联，进而提高分子量并影响到聚合物的流动特性。

有几种因素能促进氧化反应，如在加工过程中温度过高、紫外光照射、电离辐射、机械应力和化学腐蚀等。

为了防止因氧化降解引起的聚合物破坏，可以将一种称为抗氧剂的化学添加剂添加到聚合物中。由于氧化的速率是随温度升高而提高的，而且这种反应都是典型的自催化反应，另外聚合物在加工过程中同时受到热和氧的作用，因此，聚合物的稳定问题在绝大多数场合中都显得非常重要。材料成型后，必需的稳定程度与聚合物的敏感性和使用条件或贮存条件有关。

（3）热稳定剂　热稳定剂用于防止聚合物受热时，特别是在加工过程中受热时发生降解。大多数聚合物的主要反应类型是氧化，所以抗氧剂可以有效地起到热稳定剂的功能。而对一些热敏性聚合物，其他类型的反应则更重要。以改善塑料的热稳定性为目的的助剂叫热稳定剂。使用时常将两种或两种以上的热稳定剂配合起来，其效果明显大于单独使用时的热稳定效果，这种现象叫协同效应。

（4）光稳定剂　塑料在太阳光的照射下会发生变色、发脆，各种性能下降的现象，这叫老化，能够抑制老化的物质叫光稳定剂。

(5) 着色剂　着色剂是赋予塑料各种颜色的物料。我们知道太阳光是由各种颜色的波长的光组成的，按波长由长到短的顺序排列，它们分别是红外光（肉眼看不到）、红、橙、黄、绿、蓝、靛、紫、紫外光（肉眼看不到），其中能量最小的而波长最大的是红外光，而我们看到的各种物体的颜色是太阳光照射在物体上部分波长的光线，即：颜色被物体吸收，而把另外一部分光波的光线反射出来组成的颜色。

(6) 润滑剂　为了改善塑料熔融状态下的流动性、防止塑料在设备上黏附以及改进制品表面的光泽性而添加入塑料中的一类物质叫润滑剂。

(7) 阻燃剂　绝大部分塑料是可以燃烧的，而在某些使用场合，例如：家用电器、汽车内外装饰件、建筑材料等方面，要求塑料具有阻燃性。此外，多数火灾中死亡的人，不是被烧死，而是被烟呛死的，为此，还要求燃烧时，塑料的发烟度要小，以减少人员的伤亡。

加入到塑料中，可以提高塑料制品的阻燃性，能减少塑料燃烧中的发烟度的一类物质叫阻燃剂。

(8) 抗静电剂　塑料材料与金属材料相比较，一个最突出的优点就是电绝缘性能优良，其缺点是在受到摩擦时会产生静电，由于绝缘性能好，产生的静电会累积在塑料表面，达到一定数量后会发生放电，形成电火花，从而发生火灾。塑料还能透过各种电磁波而引起电子器件、集成电路的电磁干扰，影响了这些控制元件的正常操作。为了克服上述缺点，同金属的塑料化相反，对塑料要进行金属化处理，使塑料不易产生静电积累，且能阻隔电磁波的透过，具有这种功能的材料叫抗静电剂。

三、塑料包装材料的发展趋势

1. 高阻隔、多功能性

这类材料包括高阻渗性、多功能保鲜性，选择透气性、耐热性、无菌（抗菌）性以及防锈、除臭、形状记忆、能再封、易开封性等塑料包装材料，其中以高阻渗性多功能保鲜，无菌包装材料等发展更为迅速。无论是日用品包装、食品包装、工业包装都有了更高的要求；另一方面随着环保呼声日烈，在满足包装功能的前提下，尽量减少垃圾的产生量，从而呈现包装薄膜、容器，片材向轻量化、薄壁化发展，其关键技术是积极采用具有超韧性、能加工较薄、较易加工的新型原料，如双峰高分子 HDPE 等，给塑料包装提供了更多的原料选择；特别是新型功能聚乙烯，聚丙烯的开发，进一步提高了软包装结构的许多性能，如韧度、透明性、阻渗性、耐热性和抗穿刺性等，并可降低热封温度、改进加工性、提高包装生产线速度等。选择合适型号的聚乙烯并控制生产工艺条件，即可获得氧气、二氧化碳以及水蒸气的渗透率恰当的食品包装膜，可用于可控气调包装，延长食品的货架寿命，如用于超市色拉、胡萝卜片、椰菜花及肉类等半成品包装以及农产品保鲜袋等。

2. 节能、环保、易回收利用

塑料包装材料除要求能满足市场包装质量和效益等日益提高的要求外，还进一步要求要节省能源、节省资源，用后易回收利用或易被环境降解。为此，塑料包装材料正向高阻隔、多功能性、环保适应性、采用新型原材料、新工艺、新设备及拓宽应用领域等方向发展。

3. 防静电、导电的软塑包装材料

当今已是信息化时代，各种频率、波长的电磁波充满整个地球空间。这些电磁波对电子元件、电路板、计算机通信设备等产生不同程度的干扰，造成数据失真，通信紊乱。而电磁感应和摩擦产生的静电对电子元件、仪器、仪表因静电积累产生的高压电将有破坏性。因此，开发防静电、导电的软塑包装材料，具有广阔的发展前景。

4. 塑料共混、塑料合金和无机材料填充增强的复合材料

被誉为明日塑料之星的塑料共混物、塑料合金、无机材料填充增强的复合材料（ABC）在20世纪发展的基础上，通过基础研究的努力，生产和加工技术将获得进一步提高和完善、产品性能改进和系列化、功能化方面也将取得更大的进展，对提高塑料包装质量、附加值和环保适应性以及开发新产品将产生更大的影响。

随着塑料包装产品质量的提高，功能性增加及新品种的不断开发，其用途也进一步拓宽，特别是高阻隔塑料包装材料由食品包装为主逐步更多地拓宽非食品包装领域，其中工业包装、医药包装、农副产品包装、建材包装、航海用品包装等都将会获得进一步发展。进入21世纪，世界经济大调整，继续深化及可持续发展战略的转变是世界产业变革的总背景，也是塑料工业环境变化的背景，塑料包装材料与传统包装材料比较，从产品整个生命周期评价分析，节省能量、节约资源、废弃物产生量减少、环境负荷也较轻，因此在21世纪初发展仍占据重要地位并发挥着重要作用。

项目3　软包装复合基材的性能、选用及软包装设计

项目任务

通过教师课前准备和学生自己收集的各种软包装复合材料的实物展示，了解软包装复合基材的性能、软包装复合材料的结构、软包装复合基材的选用原则、软包装复合材料的应用现状和成型方法，以及软包装复合材料的鉴别检测方法。

- ◆ 了解软包装复合基材特性、分类。
- ◆ 掌握软包装材料结构及基材选用原则及软包装材料复合基本工艺方法。
- ◆ 具有根据商品特性，设计软包装复合基材的能力。
- ◆ 具有复合软包装材料检测技术方法的能力。

在国家包装通用术语标准GB 4122—1983中，软包装的定义为：软包装是指在充填或取出内包装物后，容器形状可以发生变形的包装。用纸、铝箔、塑料薄膜、纤维以及它们的复合物所制成的袋、盒、套、包封等均为软包装。软包装主要应用在食品、药品的袋包装、收缩包装、拉伸包装、贴体包装、泡罩包装、真空包装、充气包装、气调包装等。所谓复合材料是指由两种或两种以上的具有不同性能的物质结合在一起组成的材料。软包装复合材料作为包装材料成为现代包装技术发展的重要标志。软包装复合材料是采用层合、挤出和涂布等复合工艺和技术，将两种或两种不同材质的单层基材材料（薄膜）进行复合而形成的复合层结构的柔软包装材料。在包装行业主要用于复合薄膜袋、复合软管、铝塑复合纸罐类包装容器等。软包装复合材料能集中和发挥各种材料的独特性能——保护性、美观性、机械加工性，具有防潮、阻气、遮光、耐热、耐油、热封等有利于包装自动

化的优良性质。最常见有塑/塑、铝/塑、纸/塑、纸/铝、纸/铝/塑的复合等，复合层数一般为2～7层不等，品种非常丰富。各种复合薄膜的基本结构是印刷装饰的外层、提供强度支持的基本层、有利于封合的封合层，以及有特殊功能（如阻隔、保温、保鲜、绝缘、防腐等）的功能层。随商品特点及包装品的形式越来越多样化，复合包装材料的应用领域非常广泛，在食品、药品、轻工产品、基础化工原料、电子产品等行业中复合材料包装取代了大部分的纸包装、部分的金属、玻璃罐类容器。软包装复合材料可以按复合工艺、复合材质、复合形态和复合功用进行分类。图2-3-1、图2-3-2为几种食品的软包装示意图。

图2-3-1　薯片包装

图2-3-2　牛肉干包装

一、软包装复合基材的基本性能

软包装复合材料的基材按功能分，主要有热封基材、功能性基材、强度支持层基材等。基材功能不同，其基本性能要求也不同。

1. 热封基材

热封基材因其直接同被包装内容物接触，因此，必须满足如下一些要求：

① 无毒、无味、无臭、无色。

② 与被包装内容物接触时，不被内容物侵蚀、萃取、渗透，耐内容物性好。

③ 热封强度高。

④ 机械加工性好，适宜于分切、流水线充填等。

2. 强度支持层基材

强度支持层基材又称骨架层基材，其主要承担容纳、支持和保护产品的作用，一般应满足如下一些要求：

① 较高的机械强度。

② 耐磨耐冲击性好。

③ 良好的印刷适宜性，油墨附着力强。

④ 透明性、光泽性、尺寸稳定性等也要好。

3. 功能性基材

功能性基材在软包装复合材料中主要起某种特殊包装目的的功能性作用，这些功能主要包括阻隔、隔热、保鲜、绝缘、抗菌等。常用的有铝箔、真空镀铝膜、PET 及 PA 双向拉伸膜。

二、软包装复合材料的结构及基材的选用原则

软包装材料层数一般在 2～7 层，典型的软包装复合材料具有以下结构。

1. 铝/纸复合结构

利用铝箔（镀铝层）的防潮、防锈、阻气和光泽效果，与纸张贴合成如图 2-3-3（a）所示的材料。该软包装复合材料的主要特点是：贴纸铝箔因具有很高的柔软性、装饰性和保护性，更好的防潮、防霉、保干和保味，主要用于卷烟、口香糖、巧克力等商品的包装。复合材料为铝/纸复合结构时，包装产品不用封合，而是通过折叠等方式完成对内装物的密封。

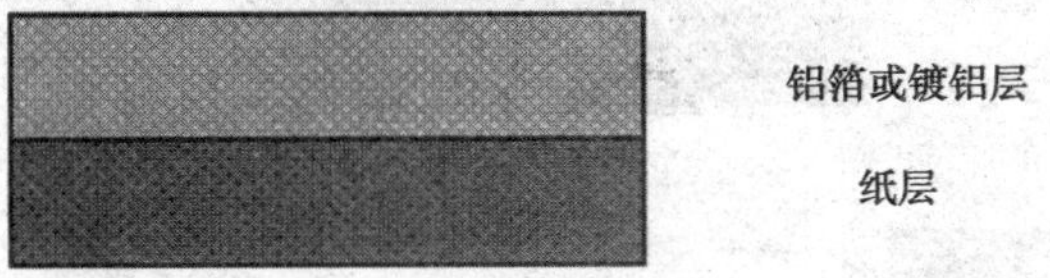

(a)

(b)

图 2-3-3　铝/纸复合结构示意图及示例

2. 纸/塑复合结构

纸/塑复合结构由纸和塑料复合而成。根据产品包装的需要，主要有两种结构，如图 2-3-4 所示。该软包装复合材料的主要特点是：有良好的抗皱性、防潮性、热封性、挺括美观性。纸/塑复合材料主要用于干燥品的包装，也用于礼品外包装膜、书刊封面及宣传画。

(a)

(b)

(c)

图 2-3-4　纸/塑复合结构示意图及示例

图 2-3-4（b）比图 2-3-4（a）多一塑料外层，其作用是防潮、防水，保护纸质基材，增加外包装的光泽性。热封塑料层要满足产品包装封口要求，因此要有好的热封性。一般产品热封塑料层多选用 LDPE，如果产品需要耐高温，如蒸煮袋，热封塑料层则要选用 HDPE，HDPE 耐高温性好。

3. 塑/塑复合结构

塑/塑复合结构是由不同种类塑料基膜复合而成，使各材料取长补短，优势组合。该软包装复合材料的主要特点是：良好的抗拉强度、耐冲击、耐撕裂、柔软性、防潮性、热封性、轻便性、美观性。塑/塑复合材料主要用于普通固体、液体物料的包装。塑/塑复合材料根据产品包装要求，常见的有两种形式，如图 2-3-5 所示。

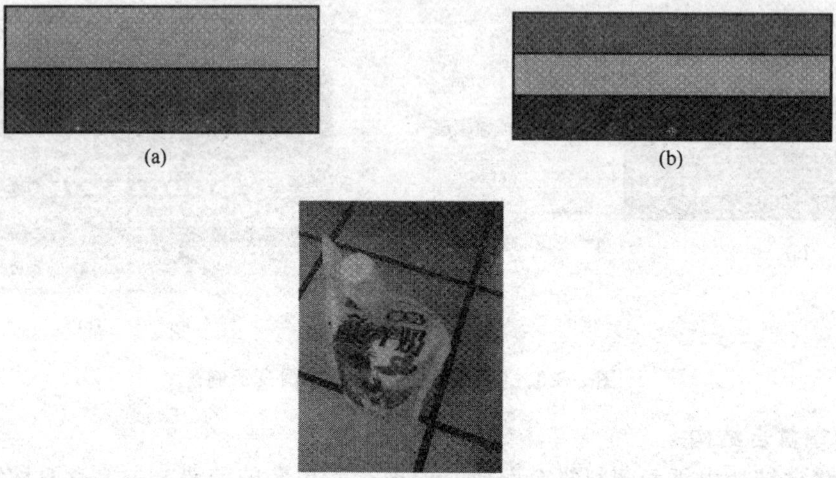

(a) (b) (c)

图 2-3-5　塑/塑复合结构示意图及示例

选用原则：骨架层塑料一般是机械强度较高，印刷适应性好的塑料薄膜基材，一般可选用 HDPE、BOPP、BOPET 等，而功能层塑料一般要求是阻隔性、耐戳穿性等性能较好的塑料薄膜基材，可选用 PVDC、PA、PET 等。

4. 塑/铝/塑复合结构

塑/铝/塑复合结构是由铝箔（镀铝层）与高强度、可热封的塑料薄膜复合而成。该复合材料的主要特点是：阻隔性极佳、柔软可折叠、机械强度高、耐油抗腐蚀性及热封性能优良。主要广泛用于粉状物、易吸湿物品的防潮包装。采用耐高温塑料或尼龙层及耐高温黏合剂的铝塑复合膜，能承受 120～150℃的高温杀菌处理，用于酱状、糊状、固状蒸煮食品的包装和太空食品包装。塑/铝/塑复合材料根据产品包装要求，常见的有两种形式，如图 2-3-6 所示。

选用原则：骨架层塑料仍然是机械强度较高，印刷适应性好的塑料薄膜基材，如 HDPE、BOPP、BOPET 和 NY 等，而功能层塑料一般要求是阻隔性、耐戳穿性等性能较好的塑料薄膜基材，可选用 PVDC、NY 等。图 2-3-6 所示的热熔胶挤出层一般是一些热塑性的热熔胶树脂，经挤出机挤出在骨架层塑料与铝层之间或铝层与热封塑料层之间而直接进行黏合，无须涂布胶黏剂，所得到的软包装复合材料无溶剂残留问题，环保性、卫生性好，且复合强度高。

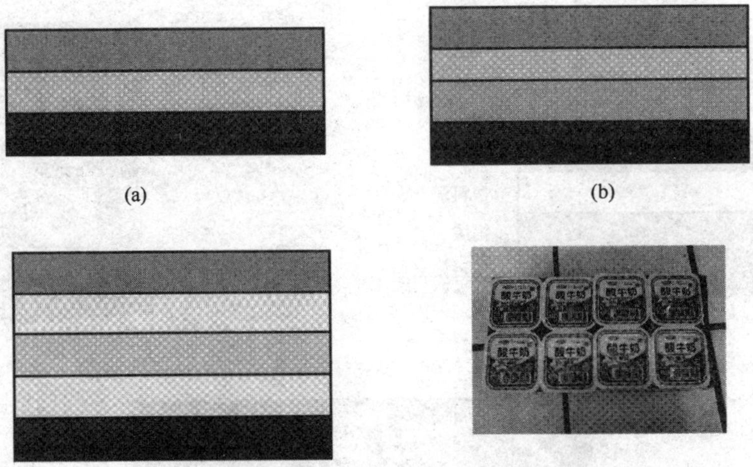

(a) (b) (c) (d)

图 2-3-6　塑/铝/塑复合结构示意图及示例

5. 纸/铝/塑复合结构

纸/铝/塑复合结构是由纸、塑料和铝箔复合而成，其结构如图 2-3-7 所示。该复合材料的主要特点是：优良的密封性、防潮、阻气、遮光、挺度高、成型性好，主要用于粉状、颗粒状的阻气、保干、留香、保味物品的袋式包装，延长食品、药品的保质期。

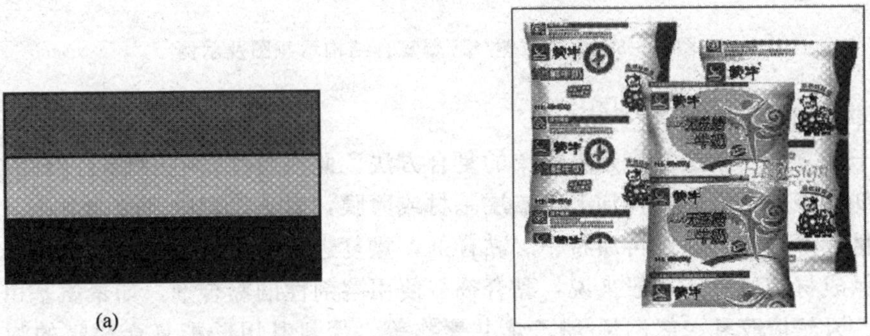

(a) (b)

图 2-3-7　纸/铝/塑复合结构示意图及示例

选用原则：外层的纸质基材要有良好的印刷适性、挺度和防潮防水性。铝层主要起到优良的阻隔性能和遮光性。内层的塑料层主要是起到热封作用。

6. 塑/纸/塑/铝/塑复合结构

塑/纸/塑/铝/塑复合结构是以纸塑铝复合而成的多层结构，性能介于软薄膜和刚性片材之间，其结构如图 2-3-8 所示。该复合材料的主要特点：优良的阻隔性、密封性、遮光性，有较好的强度，便于无菌罐装自动化生产，主要用于果汁、牛奶保鲜盒，特别适用于冷冻食品的包装。此外还有以纸、铝、塑复合材料与纸板绕成罐身，与塑料盖制成轻便、经济、易于开启的复合罐，最适合包装薯片、花生、果仁等休闲小吃。若上下端卷封马口铁或铝易开盖，性能媲美铁罐，而成本比铁罐低。

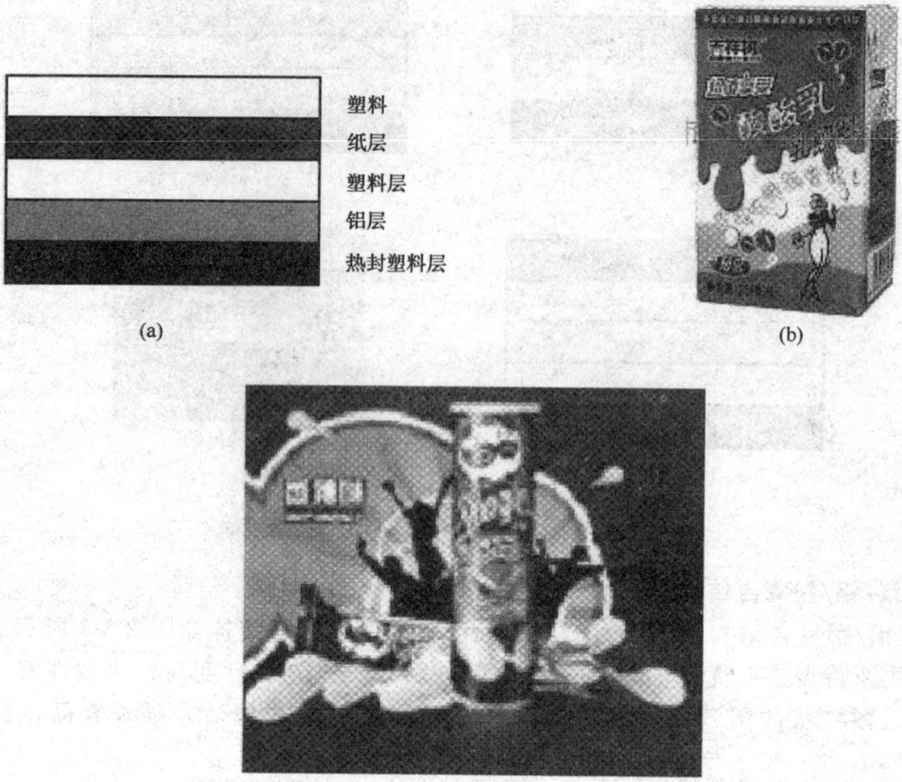

图 2-3-8　塑/纸/塑/铝/塑复合结构示意图及示例

三、软包装材料复合工艺

（1）干法复合　干法复合是最简单的复合方法。此法是在第一层基材或薄膜上，涂布一层黏合剂，经过干燥后，再加上第二层基材或薄膜，以热压辊处理使之复合。如需进行第三层基材或薄膜时，通过再涂布一层黏合剂，重复进行即可。但是，要选用合适的黏合剂才能确保成材的质量。一般来说，黏合剂多使用溶剂性的黏合剂，如聚氨基甲酸酯、醋乙烯树脂、天然橡胶乳、氯乙烯-醋乙烯共聚物等。聚氨基甲酸酯复合薄膜的弹性好、耐热性高、热封性佳，因此可用它来黏合蒸煮袋复合膜。此种蒸煮袋复合膜在较宽的温湿度范围内不会发生剥离。

（2）湿法复合　湿法复合是常用的复合方法。此法是先将水溶性的黏合剂在基材的表面涂刷一层，当其被润湿之后，把另一基材或薄膜贴合上去。通过压辊压紧，压辊的车速一般是 160m/min，最高可达 300m/min，然后再加热干燥完成。此法的优点是成本低比较经济、能大量加工、无溶剂污染。所使用的黏合剂比较便宜，如淀粉、聚乙烯醇、硅酸钠等的水溶液。此外，还有丁腈橡胶、丁苯橡胶、聚异丁烯等。由于湿法复合所用的黏合剂具有水溶性，因此它的基材应当具有亲水性，且不能被水的浸湿而引起变形。

（3）热熔法复合　热熔法复合主要是利用热熔涂料的配方和温度控制其黏度来进行复合。热熔涂料中含有几种高分子化合物、树脂、蜡等成分（简称为热熔物），它们的最高温度不超过 175℃。由于热熔涂料可以灵活调配，并能获得良好的黏着力，而且不需要加工干燥，不使用有机溶剂，因此不会散发臭味污染、也不会引起火灾等危害。热熔法可采取以下三种加工方式来完成复合作业：第一是帘流复合，把热熔物用泵从储料槽输送到“模头”（缝宽约 0.5mm 以下），经空气加工形成热熔物的均匀帘流，再与基材复合，可以多次进行。第二是缝模复合，热熔物经过缝模器的“口模”，径直地喷射到背辊上（面上覆有基材），依材料的用途而掌握其涂布量。第三是辊式复合，所采用的辊式涂布器与造纸工业上的涂布机大体相同，包括逆转辊、凹印辊、转移辊、浸渍槽等。并以 50～300m/min 的速度进行涂施，涂布量一般为 5～300g/m^2。

(4) 挤压法复合　挤压法复合不用黏合剂，但加工材料中必须有一个是塑料（树脂），否则难以成型。其复合过程是将树脂（如聚乙烯颗粒）和其他物料喂入挤出机，通过挤出机内螺杆的转动和加温，使树脂熔化、混合而得到均匀的物料。该物料在高压的作用下，通过模口挤出而形成薄膜。这种薄膜受拉伸到规定的厚度，再与其他的基材一起，在由金属冷却辊和包胶辊组合的压区进行复合完成。

四、软包装复合材料的性能及应用

1. 软包装复合材料的性能

复合包装材料的性质既有共通性又有特殊性。复合包装材料应具有以下性能：

(1) 保护性　应有足够的力学强度，包括拉伸强度、耐破裂强度、耐折强度等。另外，还具有防水性、防寒性、密封性以及避光性、耐湿性、耐油性、绝缘性等。

(2) 操作性　即方便包装作业、能适应机械化操作，不打滑、不带静电、抗卷翘、耐隔离性好、有折痕保持性。

(3) 商品性　适宜印刷、利于流通、价格合理。

(4) 卫生性　无臭、无毒、污染少。复合包装材料本身要清洁，不能含有危害人体健康的化学成分。

(5) 耐油性　用于包装食品的材料常以不透油为基本的要求之一。为了防止油和油脂对纸的多孔结构的渗透，有时需要用成膜物质去堵塞微孔，而最好是用与油脂没有化学亲和力的。这意味着使用极性聚合物的效果更佳，使之具有良好的耐油性和耐脂性。这些极性聚合物包括羧甲基纤维素（CMC）、乙基纤维素（EC）、甲基纤维素（MC）以及聚乙烯醇（PVA）、苯乙烯-马来酸酐共聚物（SMAC）等。

(6) 热封性　有的包装作业要求快速热封，因此对这种复合包装材料所选用热封涂料应有更高的要求。在普通环境条件下，它必须具有热塑性和不黏连性。在加温加压的条件下，它又必须具有强烈的胶黏性。即使在热封区、冷却区前仍然保持牢固。热封涂料的聚合物有多种，溶剂性的如乙基纤维素、丙烯酸类、乙烯共聚物、聚偏二氯乙烯和聚醋酸乙烯酯等。由它们的混合物或者是用蜡配制的，热封温度的范围为 100～180℃；水基性的如聚氯乙烯、聚乙烯醋酸乙烯等，热封温度的范围为 82～163℃。

(7) 阻隔性　许多食品要求包装材料具有一定的防氧性能，借以阻止腐败变质情况发生。同时，要使包装袋保持香味也与它的气体屏蔽能力有关。一般用包装物的氧气透过率来表示。包装物的氧气透过率是单位时间内渗透通过包装物表面的氧气总量，在测试时必须写明测试状态，包括温度、氧气分压差以及包装物两侧的湿度。

(8) 压敏性　即时贴也就是压敏性复合包装材料，除制作不干胶、标签外，还可制胶带、转移印花、墙壁覆盖材料等。它具有与一般胶不同的性能，第一，在很宽的温度范围内，以很小的压力和很短的加压时间表现良好的黏合能力；第二，可以与各种不同的表面发生黏合作用；第三，能够长时间保持与表面接触的能力，且不易老化。

2. 软包装复合材料的应用

（1）在食品包装方面　在食品工业上使用的复合包装材料最多。例如，铝箔/蜡/薄纸（用于口香糖包装）、铝箔/薄纸/蜡（用于巧克力包装）、铝箔/防油胶黏剂/羊皮纸（用于牛油、奶酪包装）等。一般而言，复合包装材料皆具有防水、抗油、耐热等特性，其用途甚广。大体上可用于：

① 固体食品。如方便面、各种奶糖、麦片、巧克力、紫菜、茶叶、各类干果（如葡萄干）、膨化食品等食品的包装。

② 液体食品。如牛奶、甜酒、果汁、酱油、醋等食品的包装。

③ 保鲜食品。用于生鱼、鲜肉、禽蛋等食品的包装。

（2）在药品包装方面　西药分为片剂、粉剂、针剂等，过去它们的包装，偏重于在塑料和玻璃这两种材料。后来泡罩包装材料获得了较大的发展，主要是由于这种包装的生产成本低、加工速度快、保护药品的性能好，对患者既经济又方便。据初步统计，现在每年以8%的比例增长。泡罩包装实际上也属于复合包装材料的应用之一。铝箔的细化结果是镀铝膜（VAM），用聚乙烯（PE）/VAM/纸/PE来包装药品，其优点是：减小体积，阻隔性好，防止受潮变质，并能延长有效期。当前，在这方面使用的复合包装材料的已有不少，如PVDC/VAM/PP（聚丙烯），PET（聚酯薄膜）/VAM/纸/PE等。而中药有丸、散、膏、丹等，传统包装已不能适应新形势，预计复合包装材料可以一显身手。

（3）在军品包装方面　军品的防护包装，不能仅仅停留在防潮、防霉、防锈等基础功能上，需要加大力度在防磁、防爆、防生化、防微波等方面更上一层楼。研制并使用新的复合包装材料，现实意义十分重大。

（4）在杂品包装方面　常用的复合包装材料典型实例之一，是一种黏贴在商品上的标签纸，或称不干胶签，也有人叫做“即时贴”（JAC）。它在许多自选（超级）市场的货架上获得了广泛采用。在这种复合商标纸上，可以印刷出各种精美的图案，使用时只需剥去面层（含胶黏层）的铜版纸，粘贴在商品上。复合商标纸的结构通常分为5层：第一层（面层）是铜版纸，面上印有彩色图案及相关文字、价码等；第二层是胶黏层（不干胶），一般采用丙烯酸树脂胶；第三层是抗黏层（涂有硅橡胶和聚甲基乙氧基硅烷）；第四层是补强层（涂以高压聚乙烯、石蜡和聚氯乙烯等）；第五层（底层）是彩黄牛皮纸或羊皮纸，供承载面层纸之用。表2-3-1列出了复合包装材料的构成、特性和用途。

表2-3-1　复合包装材料的构成、特性和用途

名称(构成)	特　性	用　途
纸/PE	防潮、价廉	饮料、调味品、冰淇淋
玻璃纸/PE	表面光泽性好、无静电、阻气、可热合	糖果、粉状饮料
BOPP/PE	防潮、阻气、可热合	饼干、方便面、糖果、冷冻食品
PET/PE	强度高、透明、防潮、阻气	奶粉、化妆品
铝箔/PE	防潮、阻气、防异味透过	药品、巧克力
取向尼龙/PE	强度高、耐针刺性好、透明	含骨刺类冷冻食品
OPP/CPP	透明、可热合	糖果、糕点
LLDPE/LDPE	易封口、强度好	牛奶

续表

名称(构成)	特　性	用　途
PET/镀铝/PE	金属光泽、抗紫外线	化妆品、装饰品
PET/铝箔/CPP	易封口、耐蒸煮、阻气	蒸煮袋
PET/黏合层/PVDC/黏合层/PP	阻气、易封口、防潮、耐水	肉类食品、奶酪
LDPE/HDPE/EVA		
纸/PE/铝箔/PE	易封口、刚性好	面包、食品
PE/瑟林/铝箔/瑟林/PE	保音、防潮、抗紫外线	茶叶、药品、奶粉
取向尼龙/PE/EVA	可作复合软管材料	牙膏、化妆品
	封口强度高、耐穿刺、阻气	炸土豆片、腌制品

3. 软包装复合材料的鉴别

对复合薄膜的鉴别稍微复杂些，首先要将复合薄膜与单膜区别开来，可采用以下几种方法区别：

① 复合薄膜一般有自然卷曲的现象，如将其放在热水中更为明显。

② 复合薄膜如最里层与最外层材质不同时，则薄膜的两面手感不同，细心触摸可分辨出来。

③ 在薄膜上切一小口，然后缓慢斜向撕开，对撕裂性不同的基材所构成的复合薄膜极易分出层次。

④ 若是印刷好的薄膜，如果印刷层摩擦不掉，则说明印刷层夹在两层膜当中，为复合膜。

至于是哪几种基材复合，可对剥离开的复合膜进行分析确定，此时要注意黏合剂的干扰。

五、软包装材料设计及主要性能测试

软包装材料的设计主要包括软包装基材的选择及其配合（组合），各基材厚度的确定等。

1. 复合软包装蒸煮袋的设计

假设某种食品选用蒸煮袋作为外包装，该食品含水量为40%～50%，对应的相对湿度为50%～85%，一般存储在平均温度为25℃、相对湿度为40%的环境中。所设计的蒸煮袋正面为透明阻隔耐蒸煮材料，背面为不透明阻隔耐蒸煮材料。

（1）基材选择　蒸煮袋基材是其骨架，起到容纳、保护产品的作用，其一般应具有高机械强度、耐120℃高温蒸煮、印刷适应性和透明性好等主要性能。常见高温蒸煮袋基材为BOPET、BOPP、尼龙薄膜等材料。对于真空高温蒸煮袋为了防止蒸煮时，气体膨胀使袋爆破，因此要求基材透气性小。BOPP因透气性较大，不适合作为高温蒸煮袋基材的最佳基材。聚酰胺（ONY）与PET相比较虽然强度性能、韧性、印刷性都差不多，但聚酰胺（ONY）在高温蒸煮下易吸湿劣化、变形，而PET受湿度和高温的影响小，因此，PET是作为真空蒸煮袋的最佳基材。

（2）阻隔层选择

① 不透明型高温蒸煮袋阻隔层材料的选择。不透明型高温蒸煮袋有铝箔型和镀铝型两种，铝箔具有极好的阻隔性能，当其厚度超过17.78μm时对水分和氧气的透过率几乎为零，而对光线完全阻隔；镀铝薄膜虽与铝箔阻隔性相近，但对光线不能完全阻隔，因此本设计采用铝箔作为不透明阻隔耐蒸煮材料的阻隔层。

② 透明型高温蒸煮袋阻隔层材料的选择。透明型高温蒸煮袋阻隔层材料的选择主要考虑的是对氧、水分等的阻隔性能，能用来做阻隔层的透明材料主要有 PVDC、EVOH、PA 等，但 EVOH 随杀菌温度的提高透氧量急剧增大，不适合充填后高温蒸煮袋的包装杀菌，而 PVDC 在 120～130℃杀菌后氧气透过量变化不大，尼龙因其透湿性大一般不单独作为阻隔层。因此本设计采用 PVDC 作为透明阻隔耐蒸煮材料的阻隔层。

③ 热封层材料的选择。目前常用的热封层材料有 LDPE、LLDPE、CPP 等，高温蒸煮袋的蒸煮温度一般为 120℃，因 LDPE 和 LLDPE 的最高使用温度为 90℃，而 CPP 的最高使用温度可达 160℃，因此本设计采用 CPP 作为热封层材料。

综上所述，可以确定该高温蒸煮包装袋的材质，正面为 PET/PVDC/CPP，背面为 PET/AL/CPP 的材料组合形式。

(3) 各种材料厚度的确定　各层材料的厚度主要根据内容物的保质期、市场常用的规格及包装工艺的要求来确定，相关内容超出高职学生学习的范围，有兴趣的同学可参考有关书籍。

2. 软包装材料主要性能测试

(1) 软包装材料透明性的测定　软包装材料透明性一般是由透光率和雾度两个参数决定，前者决定可见性，后者决定清晰度，因此透明性的测定主要是测定软包装的透光率和雾度。本书以透光率/雾度测定仪 WGT-SWGT-S 为例，介绍仪器使用方法，仪器外形如图 2-3-9 所示。

图 2-3-9　透光率/雾度测定仪

透光率/雾度测定仪 WGT-SWGT-S 主要特点：技术设计符合 GB 2410-80、ASTM D1003-61 (1997)、JIS K7105-81 等测试标准，有利于国内外技术交流；自动显示透光率/雾度多次测量的平均值，透光率结果直接显示到 0.1%，雾度显示到 0.01%；特定的结构——开启式样品窗几乎不受样品尺寸的限制，测量速度快；由于调制器的采用，仪器不受环境光的影响，不必采用暗室，保证了大件样品操作者的安全。

透光率/雾度测定仪 WGT-SWGT-S 使用方法：

开启电源进行预热，两窗口显示二小数点，准备指示灯 (ready) 指示黄光，不久指示灯 (ready) 灯变绿光，左边读数窗出现“P”，右边出现“H”，并发出呼叫声。此时在空白样品的情况下按测试开关，仪器将显示“P100.00”、“H0.00”，如不显示“P100.0”、“H0.00”，说明光源预热不够，可重关电源后再开机，重复 1～2 次，在“P100”、“H0.00”下仪器预热稳定数分钟，按“TEST”开关，微机采集仪器自身数据后，再度出现“P”、“H”并呼叫，即可进行测量。装上样品，按测试钮，指示灯转为红光，不久就在指示屏上显示出透光率数值及雾度数值，前者显示单位为 0.1%，后者为 0.01%。此时，指示灯转为绿光，需要进行复测时，可不拿下样品，重按测试钮可得到多次测数，然后取其算术平均值作测量结果，以提高测量准确度。更换样品重复测试可连续测得同一批样品的结果。

更换样品批号时，应先按测试钮测空白，指示灯转红光，然后仪器将显示“P100”及“H0.00”结果，指示灯显示绿色。一般每测完一组样品应测空白一次，注意测空白后，应再按测试钮，等到准备灯发绿光、仪器发出呼叫后，再测下一组样品。

(2) 软包装材料透气性的测定　透气性是软包装材料的一个重要的性能指标，常用透气量或透气系数来表示。透气量和透气系数的测试设备为透气性测定仪。本书以兰光DM2/330双检法气体透过测定仪为例，介绍仪器使用方法，仪器外形如图2-3-10所示。

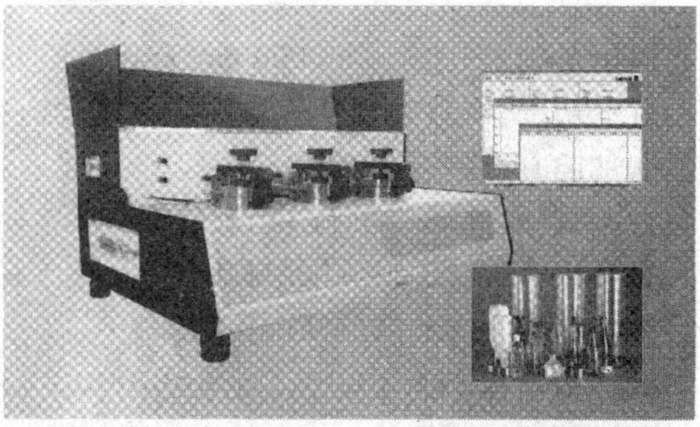

图2-3-10 DM2/330双检法气体透过测定仪

该仪器适用于塑料薄膜、复合膜等膜、片状材料与塑料、橡胶、纸质、玻璃、金属等材料制成的瓶、袋、罐、盒包装容器、成品器具的气体透过率、溶解度系数、扩散系数、渗透系数的精确测定。

① 该仪器试验模式。该机器采用独特专利结构，一般可实现压差法与等压法的双检法测试。

a. 等压法测试。将预先处理好的试样夹紧于上下测试腔之间，氧气或空气在薄膜的一侧（上腔）流动，高纯氮气在薄膜的另一侧（下腔）流动，氧分子穿过薄膜扩散到另一侧（下腔）中的高纯氮气中，流动的氮气被携带至传感器，通过对传感器测量到的氧气浓度进行分析，从而计算出氧气透过率等参数。对于包装容器而言，高纯氮气则在容器内流动，空气或高纯氧气包围在容器外侧。

b. 压差法测试。将预先处理好的试样夹紧于上下测试腔之间，首先对低压腔（下腔）进行真空处理，然后对整个系统抽真空，当达到规定的真空度后，关闭测试下腔，向测试上腔（高压腔）充入一定压力的试验气体，并保证在试样两侧形成一个恒定的压差（可调），这样气体会在浓度梯度的作用下，由高压侧向低压侧渗透，通过对低压侧压强的监测处理，从而得出所测试样的各项阻隔性参数。

c. 双检法测试。将预先处理好的试样夹紧于上下测试腔之间，先进行等压法测试，随后进行压差法测试。

② 该仪器的特征

计算机控制，试验过程自动化；压差法与等压法二种试验模式同腔共有；可测定试验气体的透过率、溶解度、扩散与渗透系数；可同时进行三个试样的三腔独立测试；一次试验，可完成三个试样、二种测试标准的六个数据；自动控制试验温度；具有任意温度下测定参数的数据拟合功能；可扩展有毒、易爆等危险品气体的试验；比例、模糊、人工干预三种试验过程判断模式；网络传输接口支持局域网数据集中管理与互联网信息传播；可用标准膜对仪器进行快速校准。

③ 该仪器技术指标。

a. 等压法。

薄膜测试：

测试范围：0.01 ～ 5000mL/m^2·d（常规）

分辨率：0.001mL/m^2·d

试验气体：氧气

试样数量：3件

测试面积：38.48cm^2

b. 压差法。

测试范围：0.05 ～ 50000 $cm^3/m^2 \cdot d \cdot 0.1MPa$（常规）

真空精度：0.1Pa

测试腔真空度：<20Pa

试验气体：O_2，N_2，CO_2 等气体

试验压力：－0.1～＋0.1MPa

气源压力：0.4～0.6MPa

试样数量：3 件

测试面积：38.48cm^2

c. 其他技术指标。

控温范围：5～95℃

控温精度：±0.1℃

外形尺寸：1080mm（L）×720mm（B）×490mm（H）

电源：AC 220V 50Hz

主机净重：120kg

该仪器测试采用的标准：

GB/T 19789、GB 1038、ASTM D3985、ASTM D2622、ASTM F1307、ASTM F1927、ASTM D1434、ISO 15105-1、ISO 15105-2、ISO 2556、JIS K7126-A、JIS K7126-B、YBB00082003

（3）软包装材料透湿性的测定　透湿性是软包装材料的一个重要的性能指标，常用透湿量或透湿系数来表示。透湿量又称水蒸气透过量，是指软包装材料两侧在水蒸气压差、薄膜厚度、测试温度和相对湿度都一定的条件下，透过单位面积 24h 的水蒸气量，单位为 $g/m^2 \cdot d$。透湿系数又称水蒸气透过系数，是指在一定的温度和相对湿度下，在单位水蒸气压差下，单位时间内透过单位面积单位厚度的水蒸气量，单位为 $g \cdot cm/cm^2 \cdot s \cdot kPa$。透湿量和透湿系数的测试设备为透湿性测定仪。本书以兰光 W3/030 水蒸气透过率测定仪为例，介绍仪器使用方法，仪器外形如图 2-3-11 所示。

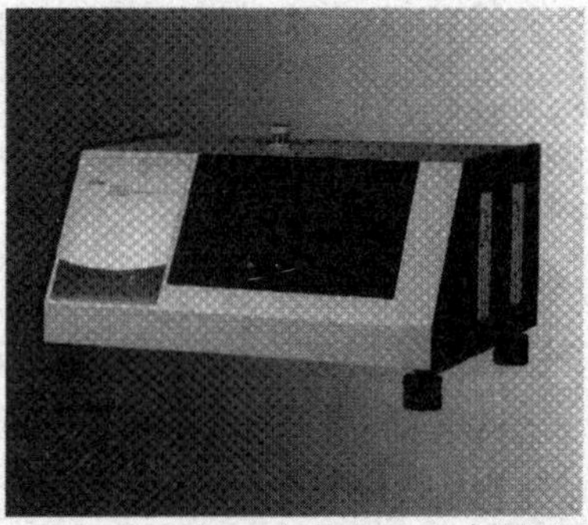

图 2-3-11　W3/030 水蒸气透过率测试系统

该仪器适用于塑料薄膜、复合膜等膜、片状材料与医疗、建材等领域所使用的多种材料的水蒸气透过率的测定。通过水蒸气透过率的测定，达到控制与调节材料的技术指标，满足产品应用的不同需求。

① 该仪器特征。称重法原理（国际溯源与仲裁方法）；计算机控制，试验过程自动化；主机、卫星机模式，一台主机可连接九台卫星机，可实现六十个试样独立测试；每机均可进行六个试样任意组合搭配测试，测试数据独立；卫星机具有与主机相同的试验功能；具制冷、制热双向自动控温功能；具自动调湿功能；专业软件支持，功能智能化，数据动态、图形显示；试验报告可按文件格式、数据库格式、Excel 格式存储；网络传输接口支持局域网数据集中管理与互联网信息传播；宽范围电源输入，满足全球各地的电源标

准；可用标准砝码与标准膜进行两种模式的系统校准。

② 该仪器测试原理。在一定的温度下，使试样的两侧形成一特定的湿度差，水蒸气透过试样进入干燥的一侧，通过测定透湿杯重量随时间的变化量，从而求出试样的水蒸气透过率等参数。

③ 该仪器技术指标。

测试范围：0.1～10000g/m^2·24h（常规）

测试精度：0.01g/m^2·24h

系统分辨率：0.0001g

试验温度：15～55℃

控温精度：±0.5℃

试验湿度：RH10%～98%（标准 RH90%）

控湿精度：RH±1%

测试面积：33cm^2

试样数量：1～6 件

试样厚度：≤3mm

试样尺寸：ϕ74mm

气源：干燥空气

扩展能力：9 台卫星机（60 个透湿杯）

试验条件：环境（标准条件 23℃）

外形尺寸：660mm（L）×480mm（B）×525mm（H）

电源：AC 110～220V 50/60Hz

主机净重：70kg

该仪器测试采用标准：

GB 1037、GB/T 16928、ASTM E96、ASTM D1653、TAPPI T464、ISO 2528、DIN 53122-1、JIS Z0208、YBB 00092003

复习思考题

1. 简述包装用塑料的分类。
2. 常用的塑料薄膜检测方法包括哪些？
3. 塑料包装材料与其他包装材料相比较，有何优缺点？
4. PE、PP 和 PVC、EVOH 相比，性能上的主要差别是什么？
5. 简述塑料制品的成型方法。
6. 什么是复合薄膜？采用复合薄膜的目的是什么？
7. 简述软包装复合材料的基材选用原则。
8. 塑料在包装方面的主要应用领域。
9. 简述塑料包装材料的发展趋势。
10. 鲜肉充气软包装保鲜袋的包装设计。

要求：1. 认识现有鲜肉包装的种类和缺点；2. 鲜肉包装应注意的事项；3. 软包装保鲜袋基材的设计；4. 列举保鲜袋的检测项目。写出完整的设计报告。

学习情境3　商品玻璃、金属包装材料与容器的选用

知识目标

1. 玻璃包装材料的特性和种类。
2. 玻璃包装容器的种类及新型玻璃的特点。
3. 钢质包装材料、铝质包装材料、金属包装容器等的性能、特点和分类。
4. 金属包装制品的制作工艺流程。
5. 喷雾包装罐喷雾形成的基本原理。

能力目标

1. 根据商品特性正确选择不同玻璃容器。
2. 能够区分三片罐、两片罐。
3. 了解不同金属容器适用的包装领域。

学习情境介绍

作为包装材料，玻璃具有一系列非常可贵的特性。透明性好，易于造型，具有特殊的美化商品的效果；玻璃的保护性能优良，坚硬耐压，良好的阻隔性、耐蚀性、耐热性和光学性能；能够用多种成型和加工方法制成各种形状和大小的包装容器；玻璃的原料丰富，价格低廉，并且具有回收再利用性能。

金属材料广泛用于工业产品包装、运输包装和销售包装，已成为各种包装容器的最主要的包装材料之一。在金属包装材料中，除钢基板外，铝材也由于其良好的可循环利用性，而具有较稳定的应用。金属包装是中国包装工业的重要组成部分，其产值约占中国包装工业总产值的10%，主要为食品、罐头、饮料、油脂、化工、药品及化妆品等行业提供包装服务。

该学习情境共包括2个教学项目：玻璃容器的特性及应用、金属包装容器的特性及成型。通过项目学习过程，培养学生了解玻璃、金属包装容器特性、应用现状及选用的能力。

项目1　玻璃容器的特性及应用

项目任务

通过教师课前准备和学生自己收集的各种玻璃包装材料和容器的实物展示，了解玻璃包装材料的种类、特性及应用现状，掌握新型玻璃材料的优点和市场应用前景。

◆　玻璃包装材料的特性和种类。

◆　玻璃包装容器的种类及其新型玻璃的特点。

作为包装材料，玻璃具有一系列非常可贵的特性。透明性好，易于造型，具有特殊的美化商品的效果；玻璃的保护性能优良，坚硬耐压，良好的阻隔性、耐蚀性、耐热性和光学性能；能够用多种成型和加工方法制成各种形状和大小的包装容器；玻璃的原料丰富，价格低廉，并且具有回收再利用性能。玻璃作为一种包装材料，具有许多优点。

① 化学惰性，对于大多数可能用玻璃包装的物品，玻璃不会与之起作用，没有什么影响，安全性高。

② 阻隔性高，对水蒸气和气体完全隔绝，从而具有很好的保存性。

③ 透明度高，且可制成有色玻璃。

④ 刚性大，使其在灌装线上易于被握持，并在整个销售期间保持形状不变；另外它可使外包装容器刚性减少，降低成本。

⑤ 耐内部压力强，特别对那些含碳酸气的饮料和气溶胶的包装是一种特别重要的性能。

⑥ 耐热性好。因为在许多包装领域，耐高温是一个重要性质，故玻璃包装具有优越性。在包装时需要耐高温的主要场合有：热灌装，在容器中烧煮或消毒杀菌，用蒸汽或热空气对容器进行消毒。而玻璃能耐高达500℃的温度，能适应于任何包装用途。

⑦ 制造原料易得，且资源充分，成本低廉。

然而，玻璃包装也存在一些缺点，有时甚至是致命的。如脆性，玻璃的耐冲击强度不大，尤其当表面受到损伤或制造时组成不均匀时更严重，而这可能造成严重后果。如灌装期间瓶子破碎，既损失了容器，又损失了产品，更严重的是中断了机器运转，甚至更难估计的是玻璃屑掉在产品中，如为食品和化妆品则后果不堪设想；玻璃包装的第二个缺点是重量大，特别在早期由于难以控制玻璃的分布，每个瓶子用了过量的玻璃以确保各点有足够的强度。这样就提高了成本且使运输费用增大。

玻璃包装材料按组成分类，通常根据形成体中氧化物的种类，把玻璃分成硅酸盐玻璃、硼酸盐玻璃、磷酸盐玻璃和铝酸盐玻璃等。常用的包装玻璃为钠钙玻璃，其次是硼硅酸盐玻璃。钠钙硅酸盐玻璃是用途和用量最多的玻璃品种，钠钙玻璃容易熔制和加工、价格便宜，一般用于对耐热性、化学稳定性没有特殊要求的玻璃包装场合。钠钙玻璃的主要成分是SiO_2、CaO、Na_2O。由于含Na^+较多，玻璃表面的Na^+易与瓶中溶液中的H^+交换，在玻璃表面生成 NaOH，NaOH 又与玻璃反应，破坏玻璃骨架，SiO_2 脱离玻璃网络并且逐渐向溶液中移动，污染瓶中溶液，所以钠钙玻璃只能用于粉状药品的包装；经过表面处理后，钠钙玻璃的耐蚀性能会大大提高，可用于中性、酸性以及化学稳定性比较好的药液包装。硼酸盐玻璃一般称为硬质玻璃，这种玻璃化学稳定性好，热膨胀系数低，制造成本也较低。硼酸盐玻璃的主要成分是 SiO_2、B_2O_3、Na_2O。由于含有氧化硼，且 Na_2O 含量较低，因此化学稳定性非常好，能耐大多数化学药品的腐蚀，特别适用于易被污染的中性、酸性和碱性药液的包装，如注射液、盐水等，也适于高级化妆品的包装。

一、玻璃包装容器

玻璃作为包装容器的材料，由于其生产原料充足、价格便宜，生产工艺比较简单，使得玻璃包装容器广泛应用于食品、药品、化工等方面。玻璃包装容器通常称为玻璃瓶，种类繁多。可根据需要进行分类。

按容器制造方法分为通过模具成型的模制瓶和通过拉制成型再二次加工成型的管制瓶。

按色泽分为无色透明瓶、有色瓶和不透明的混浊玻璃瓶。

按造型有圆形瓶和异形瓶。

按瓶口形式分为磨口瓶、普通塞瓶、螺旋盖瓶、凸耳瓶、冠形盖瓶、滚压盖瓶。

按用途分有食品包装瓶、饮料瓶、酒瓶、输液瓶、试剂瓶、化妆品瓶等。

按容积分有小型瓶和大型瓶。

按使用次数还可分为一次用瓶和复用瓶。

按瓶壁厚度可分为厚壁瓶和轻量瓶。

按所盛装的内装物分类：罐头瓶、酒瓶、饮料瓶和化妆品瓶等。

按瓶口尺寸分类：大口瓶（瓶口内径大于 30mm）和小口瓶（瓶口内径小于 30mm）。

按瓶口瓶盖形式分类：普通塞瓶、冠塞瓶、螺纹塞瓶、滚压塞瓶、凸耳塞瓶和防盗塞瓶等。

按瓶罐的结构特征分类：有普通瓶、长颈瓶、短颈瓶、凸颈瓶、溜肩瓶、端肩瓶和异型瓶等。

玻璃包装容器一般由六部分组成：瓶口、瓶颈、瓶肩、瓶身、瓶根和瓶底（图 3-1-1）。

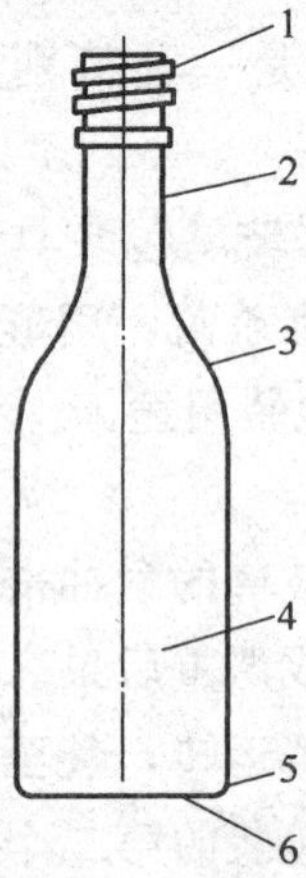

图 3-1-1　玻璃瓶结构

1—瓶口　2—瓶颈　3—瓶肩
4—瓶身　5—瓶根　6—瓶底

二、新型金属玻璃

玻璃的性质是由其结构决定的。玻璃是一种非晶态固体，具有长规无序而短规有序的结构特征。传统的玻璃是以硅酸盐系统为基础的，这类系统的高温熔体具有较高的黏度，在快冷却时，结晶过程即原子或分子的有序排列过程难以发生，因而在低温下保留了高温熔体的结构特征，形成了玻璃。玻璃的非晶结构使其具有很多缺陷，包括内部电子显微镜才能见到的超显微尺度的缺陷直至视觉可见的表面缺陷。因此，防止缺陷成为提高玻璃性能的原理和方法。金属化就是克服玻璃缺陷的方法之一。它是通过改变玻璃内部结构来达到目的。它具有微晶体和玻璃均匀分布特性，故又称玻璃陶瓷或结晶化玻璃。金属玻璃采用在极高冷却速度（>10～6℃/min）的条件下冷却玻璃熔料而制造。热稳定性好

（包括耐热冲击性好）、使用温度高等。既能符合现代包装的要求，又将为未来玻璃包装发展提供基础条件。

三、新型玻璃包装容器及其加工技术

20世纪90年代以后，由于塑料、纸质及其他材质的容器被普遍使用，特别是PET容器的产量急剧增加，传统的玻璃容器遇到了严重的挑战。为了能在与其他材质容器激烈的生存竞争中保持一席之地，作为玻璃容器生产厂商只有设法充分发挥玻璃容器自身的优点，不断开发能吸引消费者的新技术，方能奏效。

1. 无色透明且能遮隔紫外线的玻璃容器

玻璃容器有别于其他罐类或纸质容器的最大特点是具有能清楚地看到内容物的透明性。但正是因为如此，外界的光线也很容易透过容器，而导致内容物发生变质、劣化。比如内装啤酒或其他饮料长时间受到阳光的照晒，便会产生异味和褪色现象。在能引起内容物变质劣化的光线中，最为有害的是波长为280～400nm的紫外线。不同的内容物发生变质劣化的最有害的光线波长是不一样的，如表3-1-1所示。

表3-1-1　　不同内容物的光照危害

内容物	有害光线波长/nm	影响
日本清酒	280～380	着色、恶臭
料酒 红葡萄酒	320 283～357 613～657	着色 着色 褪色
味美思酒	320～430	褪色
威士忌和法兰地酒	283、430	褪色
啤酒	406～453 450～500	褪色、发臭 发臭
牛奶	620以下	发臭、维生素分解
油脂类	380以下	变质、变色
食油	325～460	变质、变臭
维生素K	580以下	光分解
甲基钴铵	580以下	光分解
胡萝卜素（番茄）	225～350	分解，褪色
叶绿素（青菜）	300以下 470～500	光分解
藻胆色素	380以下	光分解
类胡萝卜素	380以下	光分解

从数据可以看出，波长在400nm以下的紫外线对大多数内容物的质量均有害。透明容器可以使内容物在消费者面前清楚地显示出其本色，是显示其商品特色的重要手段，因此玻璃容器的用户非常希望能有一种既无色透明，又能遮隔紫外线照射的新型产品问世。

目前通常使用的玻璃容器颜色大致有：无色透明（隧石玻璃Flint）、褐色（琥珀色

Amber)、黑色（Black）、蓝色（Blue）、绿色（Green）、浅绿色（生态绿 Ecology）等，其各自的透光率如图 3-1-2 所示。

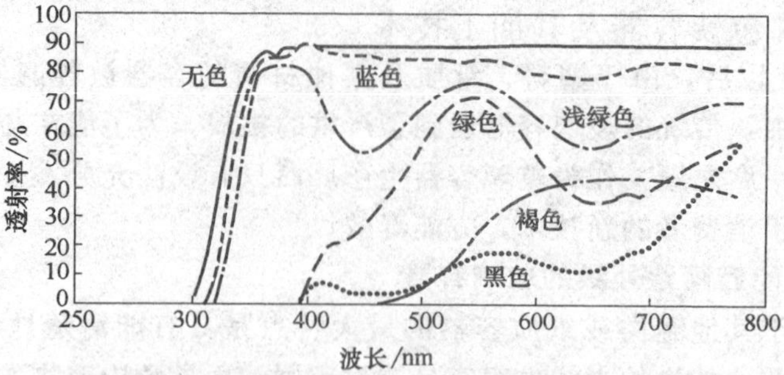

图 3-1-2　不同颜色玻璃的光线透射率曲线图（玻璃厚度 3.5mm）

由图可知，黑色、褐色及绿色等浓颜色对紫外线的遮隔性较好，而无色透明的、蓝色的及浅绿色的玻璃无论是可见光，还是紫外线均很容易透过。

为了解决这一问题，最近国外开发了一种名为 UVA Flint 的能吸收紫外线的无色透明玻璃（UVA 是 Ultra-Violet Absorption 缩写，意即吸收紫外线）。其制作方法是，一方面通过在玻璃中添加能吸收紫外线的金属氧化物，同时利用颜色互补效应，再添加某些金属或其氧化物使带有颜色的玻璃褪色。目前已商品化的 UVA 玻璃一般是添加氧化钒（V_2O_5）、氧化铈（CeO_2）两种金属氢化物。添加氧化钒时，它以 V^{3+}、V^{4+}、V^{5+} 的稳定状态存在于玻璃中。其中 V^{5+} 具有一个很强的紫外线吸收带而具有遮隔紫外线的功效。同时 V^{5+} 使玻璃呈淡黄色，而 V^{3+}、砂分别使玻璃呈绿色和蓝色。而金属硒（Se）和氧化钴（Co_3O_4）可使颜色消除。

由于只需添加少量的氧化钒便可获得理想的效果，故熔制过程中只需使用一专门的添加剂供料槽即可，这特别适宜于小批量的生产。

添加氧化钒也可获得 UVA 效果。但这种玻璃有暴晒效应的缺点，即 Ce^{3+} 一遇到紫外线会释放出电子而变成 Ce^{4+}，这时 Ce^{4+} 与其他离子共存，会使玻璃颜色发生改变。另外，添加氧化钒的玻璃还具有荧光特性，在日光下显紫色。还有一点，为了获得理想的 UVA 效果，必须大剂量地添加该氧化物。而添加量越多玻璃在熔融过程中就越容易产生气泡，这也是其技术难点。为消除添加氧化铈而产生的颜色，一般采用氧化钴（Co_3O_4）和氧化锰（MnO_2）作消色剂。

UVA 玻璃与普通玻璃对紫外线的遮隔性能对比曲线如图 3-1-3 所示。由图 3-1-3 可

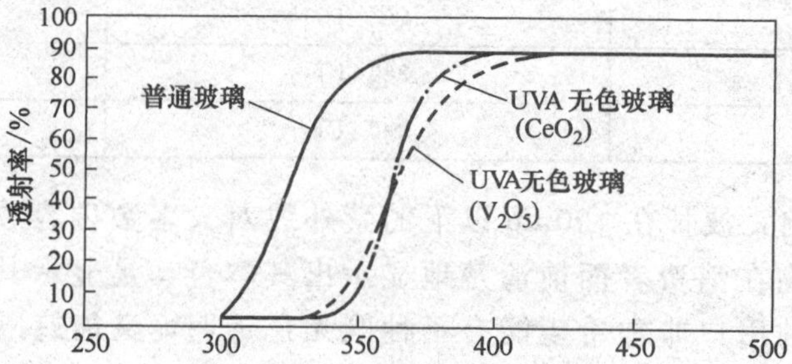

图 3-1-3　UVA 玻璃与普通玻璃紫外线透射率对比曲线图（玻璃厚度 3.5mm）

见，UVA玻璃的遮隔性能明显增强。有一组对比试验结果如下：对厚度为3.5mm的UVA玻璃和普通玻璃进行波长为330nm的光线透射率随机抽样测试表明，普通玻璃为60.6%，而UVA玻璃仅为2.5%。另外，用照射量均为14.4J/m^{2}的紫外线分别照射用普通玻璃和UVA玻璃容器封装的蓝色色素试样进行褪色试验，其结果是普通玻璃内的色素残存率仅为2%，而UVA玻璃内的几乎未发现褪色。对比试验确认了UVA玻璃具有有效遏止褪色的性能。

还有，对用普通玻璃瓶和UVA玻璃瓶罐装的酒进行日光照射试验也表明，前者酒的变色程度和口感劣化程度均远远高于后者。

2. 预贴标签

标签是商品的脸面，是区别各种不同商品的标志，大多数消费者凭它来判断商品的价值。因此标签当然必须既美观又醒目。

一般用玻璃瓶装商品，均要在瓶外加贴专门设计的注明内容物有关说明事项的独具匠心的标签。这一过程一般在灌装以后进行。但长期以来，玻璃容器的使用厂商常被诸如标签的印刷、加贴或现场标签的管理等繁杂工作所困扰，为了解决用户上述困难，提供方便，现在有的玻璃容器厂商预先就将有关标签加贴或预印在容器上，这称之为“预贴标签”。在玻璃容器上预贴的标签一般有弹性标签、粘贴标签和直接印刷标签等；而粘贴标签又分压贴黏性标签和热敏黏性标签等。预贴标签能经受灌装过程中的清洗、充填及杀菌消毒等工序而不被损坏且便于容器的回收使用，有的还能在玻璃容器破裂时防止碎片飞散，具备缓冲性能。

压贴黏性标签的特征是使人感觉不到标签薄膜的存在，仅使需显示的标签内容像采用直接印刷法一样浮现在容器的表面。但是，其成本较高，所以目前虽然压贴黏性标签的用量有稍稍增加的趋势，但尚未形成较大的市场。导致压贴标签价格不菲的原因主要是出厂时黏着标签用的硬纸板基片成本较高，且不能回用。

另一种更广受欢迎的是热敏黏性标签，它一旦受热具有良好的黏性。经过对热敏标签黏合剂的改进及容器表面处理和预热方法等多方面的反复试验和研究，该标签的耐洗度得到了很大的提高，同时大幅度降低了成本，于1998年被正式应用于每分钟灌装300瓶的灌装生产线。热敏预贴标签瓶与压贴标签一样能清晰地看到其中千差万别的内容物，而且还具有成本低、能经受碰擦而不会破损、粘贴以后可经受冷冻处理等特点。热敏黏性标签用厚度为38μm的PET树脂制作，在其上涂有高温活性黏结剂。标签经过在11℃的水中浸泡3天、经100℃的水煮沸30min等试验，均未发现异常变化。标签的表面可印刷多种颜色，亦可在其反面印刷，这样可避免在运输中因发生碰撞而损伤印刷面。这种预贴标签的使用可望大大扩大玻璃瓶市场的需求。

3. 涂覆薄膜

为适应市场的需求，越来越多的玻璃容器顾客对容器的颜色、形状及标签等提出了多品种、多功能、小批量的要求。比如容器的颜色，既要求能显示外观上的差别，又能防止紫外线对内容物的损害。像啤酒瓶的颜色有茶色、绿色，甚至黑色的，其目的就是为了既能遮隔紫外线，又在外观上达到了差别化的效果；而如果做成蓝色的，则可给人一种清凉的感觉；做成无色透明的，则可清楚地看到内容物的形态等。

在玻璃容器的制作过程中，一则颜色的调配比较复杂，二则众多颜色混杂的废弃玻璃不便于回收利用。所以作为玻璃制造商，总是希望减少玻璃颜色种类。为了达到这一目的，一种在玻璃容器表面涂覆一层聚合物薄膜的涂覆玻璃容器应运而生。这种薄膜可制成各种颜色和外表形状，如毛玻璃状等，因而可使玻璃的颜色种类最大限度地减少。若涂覆的是能吸收紫外线的聚合薄膜，则可将玻璃容器做成无色透明的，因而发挥能清楚地看到内容物的长处和优点。

聚合涂覆薄膜的厚度一般为5～20μm，不影响玻璃容器废弃后的回收利用。而且因为玻璃容器的颜色是由薄膜颜色决定的，即使各种碎玻璃混杂在一起，也不妨碍回收利用，所以可极大地提高回收利用率，对保护环境十分有利。

这种涂覆薄膜玻璃容器还具有许多的优点，如可防止容器之间因碰撞摩擦等引起玻璃瓶表面的损伤，可遮盖玻璃容器原有的细微伤痕，使容器的耐压强度提高40%以上。通过在灌装生产线的模拟碰撞受损试验证明，可在每小时灌装1000瓶的生产线上安全使用。特别是因其表面的薄膜的缓冲作用，大大提高了玻璃容器在运输或灌装移动时的抗冲击能力。所以，涂覆薄膜技术的推广应用，再加上瓶体设计的轻巧化，也将是今后扩大玻璃容器需求市场的重要手段。

日本的山村玻璃公司在1998年即开发生产了外观呈毛玻璃状的涂覆薄膜玻璃容器。并对其进行了耐碱（在70℃，3%碱溶液中浸泡1h以上）、耐气候（在室外连续暴露60h）及损伤剥离（在灌装线上模拟运转10min）试验及紫外线透射率试验。结果证明，涂覆薄膜性能完好。试验还表明，紫外线的透射率与薄膜的厚度成反比，如一种厚度为10μm的薄膜，其波长为370nm的光线透射率仅为7%以下。

4. 生态玻璃瓶

研究表明，在玻璃生产过程中，原料中废玻璃所占的比例每增加10%，则可降低2.5%的熔融能量，同时减少3.5%的CO_2排出量。众所周知，随着全球性资源短缺和温室效应的日趋严重，以节约资源、降低消耗和减少污染为主要内容的环保意识得到全球性的普遍重视和关注。

因此人们将这种既节能又减低污染的以废玻璃为主要原料的玻璃容器称为“生态玻璃瓶”。当然严格意义上的“生态玻璃”要求废玻璃的比例占90%以上。要想以废玻璃为主要原料生产出高品质的玻璃容器，需解决的关键问题是如何剔除混杂在废玻璃中的异物（如废金属、废瓷片等），及消除玻璃中的气泡。目前采取废玻璃粉末化和低温熔融技术来实现异物鉴别剔除的研究及低压脱泡工艺已进入实用化阶段。回收的废玻璃无疑是颜色混杂的，为了经熔融后能获得满意的颜色，可采取在熔融过程中添加金属氧化物的方法，如添加氧化钴可使玻璃呈浅绿色等。

四、玻璃包装材料的回收与利用

玻璃包装材料的再利用包括直接再利用和间接再利用，一般处理废弃玻璃的技术包括：通过磁性分离机，对铁质材料进行分拣；手工分拣大颗粒杂质；轻质材料通过压缩空气分拣；通过光学传感分色分拣；用压缩空气进行分拣。

玻璃瓶罐表面光洁、中性不需加敷涂料，易清洗，易重新封口。如果使用周转得当，一个瓶罐可以反复使用十次左右。回收的空瓶罐只要认真清洗、消毒，如有压力要求，可做一下压力测试后即可重复使用。玻璃瓶罐的再使用关键在于洗瓶和消毒。玻璃瓶罐的内外都要洗干净，而且要保证一定清洗速度。为了保证玻璃瓶罐的清洗质量和速度，必须采用机械设备。至于玻璃瓶罐的消毒杀菌，要根据内装物的要求选择消毒杀菌工艺，然后再确定其消毒杀菌液和机械设备。

玻璃包装容器如果不能再使用，已经破损或者已经成为碎片，都可以进行回炉处理。回炉处理不仅可以节省生产玻璃的原材料和纯碱，节省能源和时间，而且还可以起到助熔剂的作用。

1. 直接再利用

（1）生产平板玻璃　目前国内平板碎玻璃主要用于生产平拉和压延、压花玻璃。而浮法玻璃厂，因为担心影响浮法玻璃的质量，所用的碎玻璃基本上是本厂生产线上产生的，对使用外来平板碎玻璃，根本未将其作为考虑范畴。生产高质量透明浮法玻璃若采用外来碎玻璃，必须对碎玻璃进行分色分拣。对碎玻璃中所含的杂质及在粒径和含量上都有严格的要求。

（2）生产瓶罐及器皿玻璃　生产瓶罐及器皿对碎玻璃质量要求相对低一些，因此，可以大量利用回收的废弃玻璃生产这一类玻璃。

2. 间接再利用

（1）制造微晶玻璃　微晶玻璃是将玻璃在熔融状态而制得的含有大量微晶的多晶固体。它与普通玻璃相比具有机械性能较高，抗热震性能良好、化学性能稳定和具有一定的切削加工性能等特性。生产微晶玻璃的主要原料是电厂粉煤灰、废有色金属矿砂、高炉矿渣、铝厂赤泥和废玻璃等，再配以少量硫化物、氟化物或氧化铬等晶核剂，经粉碎和搅匀后再投入熔窑。在1400～1500℃熔化，稳定1～2h再出炉，将玻璃液迅速投入水中淬，捞出碎玻璃、烘干、球磨、筛分；然后在800～950℃间核化、烧结0.5～1h，升温到1000～1150℃间晶化、摊平，经0.5～1h后取出；最后自然冷却、退火、脱核、研磨、抛光制成微晶玻璃制品。烧结法生成的微晶玻璃能呈现闪闪发光的美丽花纹，这是因为玻璃水淬成颗粒进行热处理时，颗粒表面析晶程度高，内部析晶程度低，结晶程度高的部分和结晶程度低的部分颜色及对光线的反射不同，因而使微晶玻璃在研磨后呈现花纹，要想获得清晰的花纹需将玻璃颗粒过筛分级，按一定的粒级配比逐层铺在模具里，注意表面的颗粒不能过细，否则表面花纹将不明显。微晶玻璃颜色极为重要，要增加制品的白度，可在基础玻璃中引入适量的氧化锌。由于微晶玻璃色泽好、无脆性，又有高强度性能，对人体无影响，因此得到了较大的普及和推广。

（2）制造泡沫玻璃　泡沫玻璃具有吸水率低、导热系数小、热膨胀率低、强度高、抗冻和耐久性好，可锯削，易黏合等特性。它是一种轻质、隔热、保湿和防火的建筑材料，现已大量用于天花板、围护墙、内隔墙、暖气管道、通风管、冷库、石油、天然气输送管道的保温和隔热设施。它也能起隔音作用，有些产生噪声的地方，如压缩机、风机房，用它作为内墙护壁能起隔音和吸音作用。

随着科学技术的发展，泡沫玻璃制造方法通常是将一定量的发泡剂加入玻璃原料粉末中，均匀混合后装入成型模具内，在回热炉中使之受热发泡成型，然后慢慢退火冷却即可得到气孔率在90%以上，是独立气孔组成的玻璃发泡体。该产品的原料是玻璃制品包装废弃物中软化点较低的钠钙硅玻璃。生产方法有粉末熔烧法，另一种是浮法，其工艺流程是：将废玻璃洗净、烘干与发泡剂等辅助原料按精确的配比混合后送入球磨机研磨。当物料达到规定粒度后，从球磨机中取出，倒入模框中，送入隧道窑，先在350～400℃预热0.5h，再加热至850℃使之熔化、膨胀、发泡、烧成，送入退火炉退火，冷却后按要求规格裁切成产品。泡沫玻璃常用配方为：废玻璃75%～80%，水淬渣10%～15%，发泡剂（石墨）1.0%～1.5%，促熔改性剂（$Na_2B_4O_7$）2%～4%，发泡促进剂（Sb_2O_3）1%～3%。

（3）生产玻璃纤维　玻璃纤维的化学成分为SiO_2 15.4%，Al_2O_3 17.5%，CaO 15.4%，MgO 4.2%，Na_2O 2%等。若废玻璃与上述组成不同可以在配料时作适当调整，在熔炉中熔化后通过自动制球机制成玻璃球，再将玻璃放入拉丝坩埚熔化，然后再通过喷丝孔和拉丝机制造玻璃纤维。利用废玻璃生产的玻璃纤维，可用来生产对玻璃纤维要求不严格的玻璃钢制品，如聚脂玻璃钢瓦和硅镁水泥瓦等产品。

（4）制造建筑材料　玻璃回炉再生时对废玻璃的纯净度和颜色等要求十分严格，因而限制了其大量使用。而用废玻璃生产建筑材料一般要求不十分严格，其用量也大，所以是玻璃包装废弃物最大的去向。

制造玻璃马赛克：它是具有一定孔隙而且表面光滑且具有防滑作用的装饰建筑材料，广泛用于建筑物室内外装修和防滑地面。其生产方法主要有压制成型低温烧结方法和熔融压延法两种。前者以废玻璃为主，也可因地制宜适当利用废渣和尾矿。废玻璃洗净后，去掉金属和非金属等杂物，然后再晾干送入球磨机中粉碎。粉碎后加入黏合剂、水、着色剂等，混合均匀，半干压成型，送入电热窑，在800～900℃左右温度中烧结，在500℃左右退火。冷却后，分离废品，在纸上晾干，最后包装入库；后者主要做法是：将废玻璃、硅砂、白云石、石灰石、纯碱等主要原料及乳浊剂，着色剂和助熔剂等辅助原料粉碎，按配方混合，用对辊式或链板式压延机成型，然后送入玻璃窑中熔化，熔化温度为1250～1400℃，成型后退火冷却，贴纸、晾干，包装入库。

制造人造大理石：人造大理石可以用废玻璃烧结而成，其强度比天然大理石高。其配方是：废玻璃50～60份，碎石100份，黏土20～50份。粒度80～100目，搅拌均匀后倒入模具中，压制成型置于窑内，在1200℃左右煅烧8h～10h，然后取出冷却。用烧结法生产仿大理石饰面板的技术关键在于适当控制好玻璃的颗粒级，制定合理的烧结温度曲线，并在析晶温度区进行适当保温，而后注意缓慢降温，进行退火。着色剂可采用搪瓷色料，可以制得具有结晶状花纹的各种彩色玻璃大理石面板。大理石的纹理和颜色的深浅，可用石灰石与滑石粉调配。

（5）生产玻璃肥料　玻璃肥料是将植物生长需要的微量元素（铁、锌、锰、硼、铜等）烧结在一起，使其缓慢释放，从而使植物在生长过程中及时得到适量的微量元素，以达到稳产高产的目的。它对玉米、稻谷、蔬菜和亚麻作用较佳。利用废玻璃炼制微量元素玻璃肥料，每亩只施1kg左右，可以维持植物生长数年不缺乏微量元素。其生产方法是：将废玻璃洗干净，磨成粉后70份，硼砂15份，Fe_2O_3 5.05份，ZnO 4.05份，CuO 5.05份和MnO_2 0.85份，混合均匀再细磨，然后放入石坩埚内，置耐火炉中加热炼制，待温度达到900～1200℃时全部原料溶化后，再用特制的金属棒进行搅拌，直到炼制成像铁水一样明亮时，放出水淬晾干，研磨成细粉，即得长效微量元素玻璃肥料。

项目2　金属包装材料的特性及成型

项目任务

通过教师课前准备和学生自己收集的各种金属包装材料和容器的实物展示，了解金属包装材料和容器的种类、特性及应用现状，重点掌握两片罐、三片罐的成型工艺。

◆ 了解钢质包装材料、铝质包装材料、金属包装容器等材料及容器的性能、特点和分类。

◆ 具有分析金属包装制品的制作工艺流程的能力。

◆ 掌握喷雾包装罐喷雾形成的基本原理。

人类早在5000年前就开始使用金属器皿，但现代金属包装则起源于100多年前。现代金属包装技术是以英国人1814年发明马口铁罐为标志，从而开创了现代金属包装的历史。金属材料广泛用于工业产品包装、运输包装和销售包装，已成为各种包装容器中最主要的包装材料之一。在金属包装材料中，除钢基板外，铝材也因其良好的可循环利用性，而具有较稳定的应用。金属包装是中国包装工业的重要组成部分，其产值约占中国包装工业总产值的10%，主要为食品、罐头、饮料、油脂、化工、药品及化妆品等行业提供包装服务。从20世纪80年代后期到20世纪90年代中期是金属容器兴旺发展时期，20世纪90年代后期金属包装平稳发展。

金属包装材料，主要是指将金属压延成薄片，用于商品包装的一种材料。金属包装材料具有高阻隔性，是传统的包装材料之一。与其他包装材料相比，金属包装材料有许多显著的性能和特点，它具有高的强度、刚度、韧性，组织结构致密性和良好的加工性等。

一、金属包装材料的性能特点

（1）优良的力学性能　金属包装材料的机械强度优于其他包装材料。用它制作的包装容器，尽管壁很薄，却有很高的耐压强度，不易破损。另外还表现为耐高温、耐温湿度变化、耐虫害、耐有害物质的侵蚀。

（2）综合保护性能好　金属包装材料有极好的阻隔性能，如阻气性（如氧气、二氧化碳、水蒸气等）、防潮性、遮光性（特别是阻隔紫外线）、保香性能，能长期保持商品的质量和风味不变，因此，广泛用于食品、药品、化工产品的包装。

（3）外观美观　金属包装材料具有自己独特的金属光泽，便于印刷、装饰，使商品外表华丽美观，提高商品的销售价值。另外，各种金属箔和镀金属薄膜，也是非常理想的商标印刷材料。

（4）加工性能好　金属材料加工性能好，且工艺较成熟，适于连续自动化生产。金属包装材料具有很好的延展性和强度，可以轧制成各种厚度的板材、箔材。箔材可与纸、塑料等进行复合，金属铝、金、银、铬、钛等材料还可在塑料和纸上镀膜。

（5）资源丰富　作为主要金属包装材料的铁和铝，在地球上的蕴藏量极为丰富，且已形成大规模工业化生产，材料品种繁多。

（6）废弃物处理性好　金属包装容器一般可以回炉再生，循环使用，减少环境污染。

金属包装材料虽然有上述优点，但也有很多不足之处。其缺点主要是：金属材料的化学稳定性差，尤其是钢材，耐腐蚀性差。一般钢材单独作为包装材料用途有限，大多需要在其表面镀覆耐蚀材料（如锡、铬、锌等），以防止来自外界和被包装物的腐蚀破坏作用，同时也要防止金属中的一些有害物质对商品的污染。此外，它的加工工艺比较复杂，小厂无法加工，相对成本较高，单位面积的质量较纸和塑料大，故制成的容器也较重。

二、金属包装材料的分类

金属材料的种类极多，但用于包装上的材料品种并不很多，包装用金属材料的品种有：钢铁、铝、铜、锡、铅等，其中使用较多的是钢材、铝材及其合金材料。包装用金属材料的形式主要有金属板材、带材、金属丝、箔片等。板材和箔材是按厚度来区分的，一般将厚度小于 0.2mm 的称箔材，大于 0.2mm 的称板材。金属板材和带材为厚度小于 1mm、大于 0.2mm 的称薄板材料。金属薄板主要用于制造罐、盒、桶类包装容器；金属薄带主要用于包装捆封；金属丝用于捆扎或制作包装用钉；金属箔材具有金属组织致密高的特定性能，即不透湿、不透气、能遮光。包装用金属箔材主要为铝箔。箔材主要用于与纸、塑料等材料制成具有特殊性能的软性复合包装材料，应用于各种包装商品包装。此外，金属材料还应用于电镀、真空镀膜等包装的装潢加工。铅及锡还用于制造包装用金属软管容器及钎焊焊料等。

三、钢质包装材料

钢质包装材料与其他金属包装材料相比，来源丰富，价格便宜，它的用量在金属包装材料中占首位。钢质包装材料主要是低碳薄钢板（含碳量≤0.25%）及其复合材料，低碳薄钢板具有良好的塑性和延展性，制罐工艺性好，有优良的综合保护性能，但冲拔性能不如铝材好。钢质包装材料的最大缺点是耐蚀性差、易生锈，表面经镀层和涂料处理后才能使用。

1. 镀锡薄钢板

镀锡薄钢板，俗称马口铁，是用量最大的一种金属包装板材。镀锡薄钢板是由钢基板，锡铁合金层、锡层、氧化膜和油膜五层构成（图 3-2-1），是在低碳薄钢板上两面镀锡而成，用热浸法生产的称为热镀锡板；用电镀法生产的称为电镀锡板。它是制罐的主要材料，大量用于罐头食品、饮料工业，也用来制作其他包装容器（图 3-2-2）。

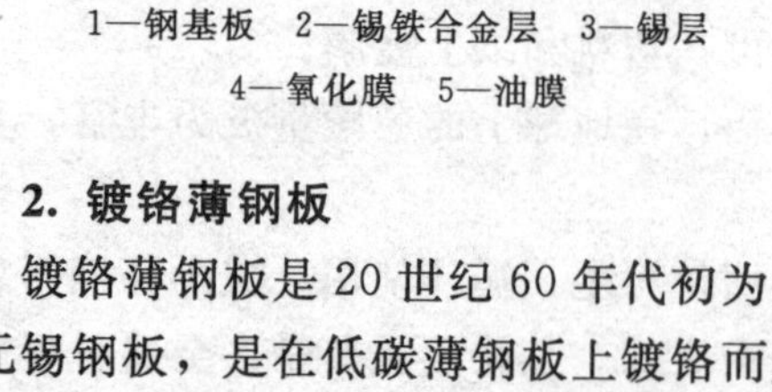

图 3-2-1　镀锡薄钢板的结构图

1—钢基板　2—锡铁合金层　3—锡层

4—氧化膜　5—油膜

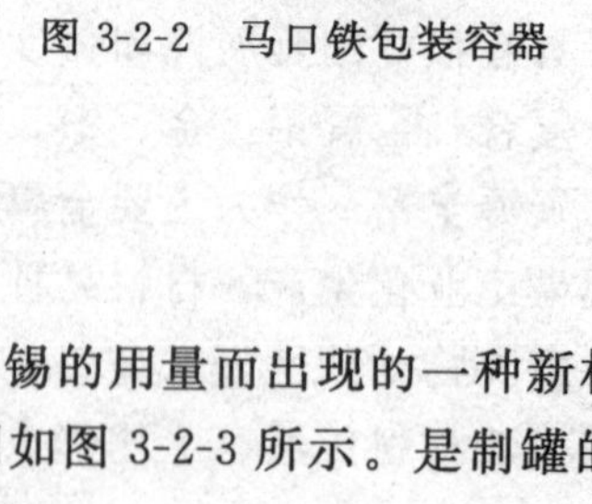

图 3-2-2　马口铁包装容器

2. 镀铬薄钢板

镀铬薄钢板是 20 世纪 60 年代初为减少价格较高的锡的用量而出现的一种新材料，又称无锡钢板，是在低碳薄钢板上镀铬而成，断面模型图如图 3-2-3 所示。是制罐的材料之一，可部分代替马口铁，主要用来制作饮料罐。但它的致命缺点是不能用焊接方法制造三片罐，这就使它的使用范围受到很大的限制。

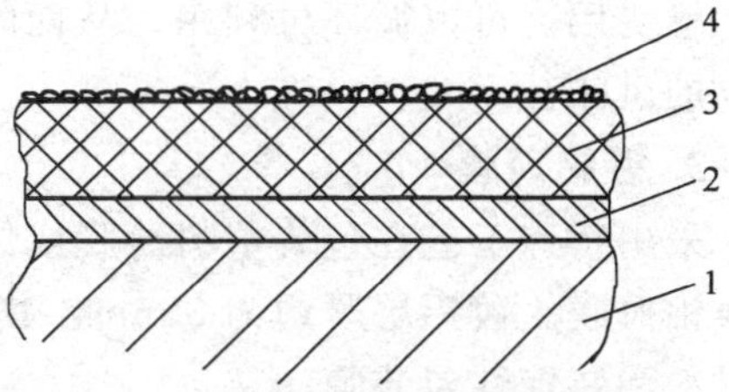

图 3-2-3　镀铬板断面模型图

1—钢基板　2—金属铬层

3—氧化铬层　4—油膜

3. 镀锌薄钢板

镀锌薄钢板俗称白铁皮，是在酸洗薄钢板表面镀上一层厚度为 0.02mm 以上的锌保护层而成。镀锌板的生产方法有热镀锌和电镀锌两种，热镀锌板的锌层厚度较大，能有效地防止大气腐蚀，主要用于建筑业、汽车制造业等方面；在包装行业中广泛用于制造各种容量的桶及其他容器。电镀锌板镀层很薄，主要用作涂塑料或涂漆的底层。镀锌板是应用较多的金属包装材料，多用于制造中型和大型工业包装容器。

4. 低碳薄钢板

低碳薄钢板俗称黑铁皮，含碳量≤0.25%，低碳薄钢板主要用于制造各种规格的桶型容器、集装箱和捆扎带等。

5. 超薄纯铁箔

超薄纯铁箔是一种含铁量为 GG/GH 以上的纯铁薄膜，具有许多优点：①机械强度高，相当于硬铝箔强度的 3 倍，软铝箔的 6 倍；②具有很高的磁导率、良好的磁吸收能力和电磁波屏蔽能力；③具有 1500℃的高熔点，耐火性能好；④有良好的防潮性能；⑤在上面很容易涂黏合剂和涂料；⑥这种厚度仅 20μm、宽度可达 1.2m 的铁箔可以大量生产。

6. 其他钢质包装材料

其他钢质包装材料主要有掺镍镀锡薄钢板、薄锡铁（LTS)、镀镍铁皮等，适用于各种包装容器的制作。

四、铝质包装材料

铝质包装材料主要有纯铝板、合金铝板、铝箔和镀铝薄膜等。

1. 纯铝板和合金铝板

纯铝板质软、强度低，故较少利用它作为包装材料，但也有用它作酒类容器。合金铝板的强度和硬度明显提高，多用于制造罐头容器和包装饮料用罐等。

2. 铝箔

铝箔是用纯度 99.5%以上的电解铝经压延而成，厚度在 0.005～0.2mm，铝箔在包装上应用十分广泛，它可以单独包装物品，更多的是与纸、塑料薄膜制成复合材料，作为阻隔层，提高阻隔性能。现代包装中几乎所有要求不透明或高阻隔性产品的复合材料中都采用铝箔作为阻隔层。铝箔包装材料的突出优点是外表光亮美观，具有银白色的金属光泽和良好的反射性，给人一种华贵的感觉，这是塑料薄膜所不具备的。因此，在商品包装中采用铝箔可以起到美化商品、提高商品档次的作用。同纸张、塑料薄膜相比，铝箔由于具有高度致密的金属晶体结构，所以具有优良的阻隔性，如防潮性、阻气性、遮光性和保香性等性能极高。当铝箔跟纸张、薄膜等复合后，几乎可以完全阻隔任何气体、水蒸气和光线的透过，能够有效地保护包装内容物，防止内容物因吸潮、氧化而发生腐败变质现象，从而能够大大延长包装内容物的保存期。铝箔传热速度快，且耐高温性和耐低温性好，因此在蒸煮包装中得到了广泛的应用。铝属轻重量金属，用铝箔作包装相对而言可以节省和降低运输费用。可以循环再利用，从而降低能耗，而且无毒、无臭、无味，不会影响包装内容物的风味。

3. 镀铝薄膜

采用特殊工艺在包装塑料薄膜或纸张表面（单面或双面）镀上一层极薄的金属铝，即为镀铝薄膜。镀铝层厚约为30nm，其阻隔性比铝箔差，但耐刺扎性优良，常用于制作衬袋材料和装饰性包装膜。

五、金属包装容器

金属包装容器制品是我国包装工业中的一个重要门类和组成部分，主要为食品、罐头、饮料、油脂、化工、药品及化妆品等行业提供包装服务。在金属容器中占比例较大的是金属罐，通常有三片罐和二片罐（图 3-2-4、图 3-2-5）。

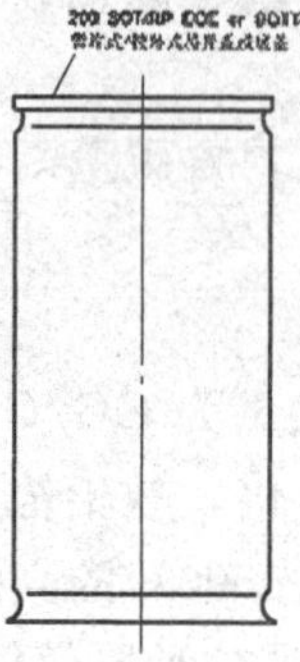

D-015
166mm×96mm×(233～239)mm

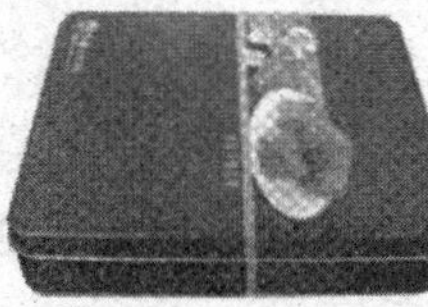

C-016a
257mm×213mm×(58～62)mm

C-024
222mm×137mm×(215～217)mm

图 3-2-4　三片罐实例及示意图

图 3-2-5　食品用两片罐及整体拉伸两片罐

金属包装产品可细分为印铁制品（听、盒）、易拉罐（包括铝制二片罐、钢制二片罐、马口铁三片罐）、气雾罐（马口铁制成精美的药用罐）、杀虫剂罐、化妆品罐等）、食品罐

（罐头、液体或固体食品罐等）和各类瓶盖（马口铁皇冠盖、旋开盖、铝质防盗盖）。另有1～20L马口铁制成的化工桶及冷轧板、镀锌板制成的20～200L的钢桶。

金属包装容器的分类方法很多，根据结构形状和容积大小的不同分类，如表3-2-1所示。如果按材质分类可分为：镀锡薄钢板、无锡薄钢板、铝合金薄板、镀锌薄钢板、铝板、不锈钢和钢板等。在金属容器中，金属罐用的最为广泛，特别是在食品罐头和饮料等商品的包装上。

表3-2-1　　金属包装容器的分类

类型	结构特点	形　状	工艺特点	代表性用途
金属罐	三片罐	圆形罐、方形罐或异形罐	电阻焊罐	各种饮料罐、食品罐、化工罐
			压接罐	食品罐、化工罐
			黏结罐	各种饮料罐
	二片罐		冲拔罐	肉罐头、水果蔬菜罐头等
			深冲罐	各种罐头
			薄壁拉伸罐	各种饮料为主
金属箱	通常为：三片、二片（容量大）	多为长方体	电阻焊接	多用于运输包装（如军用品等）
			压接	
			黏结	
金属桶	通常为：三片、二片（容量大）	圆柱形、方形、椭圆形	电阻焊接	食品原料及中间产品、化工原料桶等（如油漆、乳胶）
			压接	
			黏结	
金属盒	通常为：二片（容量小）	圆形、方形或异形	电阻焊接	日用化学品、食品
			冲压拉制	
金属软管	通常为：单片	管状（一端折合压封、另一端形成带螺纹的管嘴）	冲模挤压成型	日用化学品（牙膏等）、食品
其他类型	各种结构	喷雾容器、盘状、筐状等	各种工艺	各种用途

1. 三片罐

三片罐是分别将罐盖、罐底和罐身连接而成的金属罐。根据罐身制造工艺的不同，可以分为压接罐、黏结罐和焊接罐三种，这三种罐的区别在于罐身侧缝的结合方法不同，而罐身、罐底，以及罐盖和罐底与罐身的结合方法基本相同。

压接罐的罐身是沿用传统的切角、端折、成圆、压平等工艺制造，主要用于对密封要求不严的食品罐，如茶叶罐、月饼罐、糖果巧克力和饼干罐等；如果是对密封要求较严格的包装，则要增加一道焊锡工序，以确保罐身侧缝的密封性能。以圆形罐为例，其典型的制造工艺过程为：印铁→烘干→裁剪→切角、切缺→去应力→端折→成圆→压平→焊锡（对密封要求严格的罐）→翻边→滚筋→罐身。压接罐的制造工艺流程如图3-2-6所示。

焊接罐是罐身纵缝采用焊接密封制造的金属罐。焊接方法通常是电阻焊，即：将待焊接的两层金属板重叠置于连续转动的两滚轮电极之间，通电后靠电阻产生的热使滚轮之间

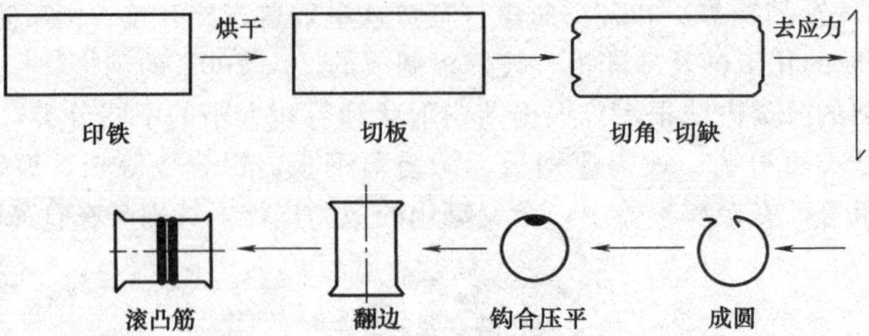

图 3-2-6　压接罐的工艺流程示意图

的被焊金属接近熔化状态，并在滚轮的压力下连成一体，形成焊线。镀锡薄钢板和镀铬薄钢板均可用电阻焊接法制罐。电阻焊节约了贵重的锡，并避免了铅锡等对内装食品的污染；焊缝强度高，密封性好；焊缝搭接宽度小（不超过 1mm），节约了材料；焊缝小，印彩面积大，外形美观；焊缝宽度薄，便于翻边、缩颈和封口等后续工序的操作，生产效率高。因此焊接罐已成为三片罐的主导产品，大量用于加热杀菌食品等商品的包装。焊接罐罐身制造工艺如图 3-2-7 所示。

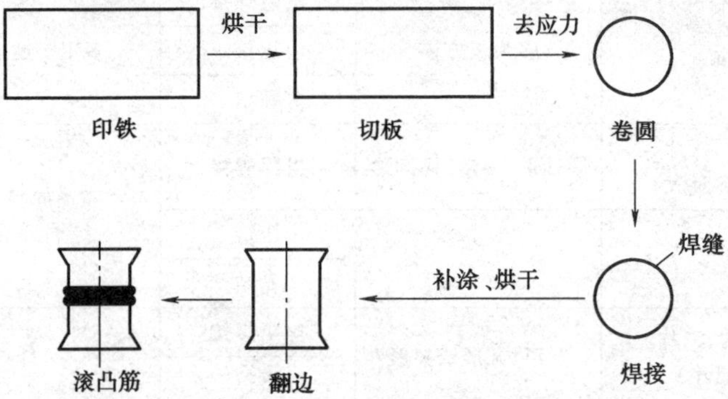

图 3-2-7　焊接罐的制造工艺流程示意图

黏结罐是采用有机黏合剂（主要是耐高温的聚酰胺树脂系黏合剂）黏结罐身缝制的制罐工艺。与电阻焊相比，它的特点是：印刷时不留空白，因而罐身外形美观；采用价格便宜的无锡钢板，可以降低成本。根据黏结工艺不同，制罐工艺分黏合剂压合法和黏合剂层合法两种。黏合剂压合法是在镀铬薄板的端部涂上约 5mm 宽的尼龙系黏合剂，成圆时，使涂有黏合剂的部位重合后加热到 260℃，然后充分压紧，使接合处的黏合剂固化再冷却。黏合剂层合法是将镀铬板先剪成中板，在中板两端层压上薄膜状黏合剂，黏结薄膜的内侧把薄板的端面包起来，再把中板剪切成罐身板，为黏合工序做准备，接着完成罐身制造工序。黏结是一种有前途的制罐方法，其制罐主要工艺步骤为：薄板上涂布黏合剂→切罐身板→切角→成圆→罐身黏结压紧→急冷→翻边→封底→喷补内外涂料→烘干。黏合剂压合法合黏合剂层合法制罐工艺流程分别如图 3-2-8 和图 3-2-9 所示。

三片罐的主要生产技术集中于焊接和卷封两个工序，这两个工序的技术目前已基本成熟。因此三片罐技术的发展动态主要倾向于节省资源以降低成本、提高生产速度和效率、改变形状以增加美感、使用便利且利于环保、改进检测手段和加强质量控制等方面。三片罐技术的主要发展动态如下。

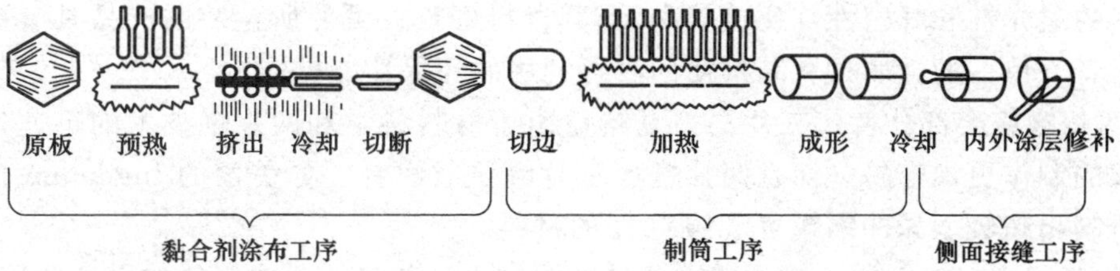

图 3-2-8　黏合剂压合法制罐工艺流程

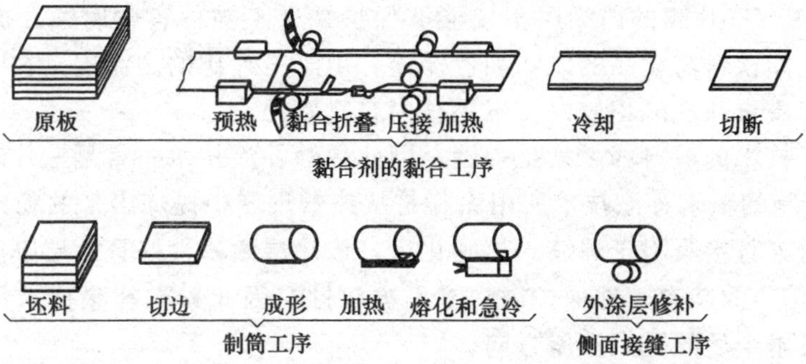

图 3-2-9　黏合剂层合法制罐工艺流程

① 采用更薄的马口铁材料。三片罐制造成本的70%为原材料成本，其原材料主要为马口铁，因此空罐制造商和设备制造商都在努力寻求降低马口铁厚度的新技术。

焊机制造商和缩颈翻边设备制造商都在降低三片罐的马口铁厚度方面取得了很大的进展。瑞士的Gemann＋Frei公司已能制造出0.13mm厚的马口铁三片罐。但随着马口铁厚度的降低，空罐的抗碰撞能力将随之减弱。不过这可通过滚筋以增加罐身的强度来解决。滚筋在国内常见于奶粉罐，它不仅可增加罐身强度，还可增加外形的美观。目前饮料罐也在逐步采用滚筋加工如露露牌杏仁露的包装罐。滚筋三片罐将会随马口铁厚度的降低而被更加广泛地采用。

② 采用大缩颈和多级缩颈。德国Krupp的缩颈技术在欧洲得到了广泛应用。通过一次二道缩颈可将211mm的直径缩小到202mm，同样可使214mm的直径缩小到202mm。根据瑞士Ihly公司统计，从直径83mm缩小至73mm，可降低材料消耗30%。

③ 生产速度更趋高速化。缩颈、翻边、卷封和检漏的高速生产大多采用多头模具来解决。目前各工序的最高设计速度约为1200份/min。

④ 使用便利的新设计。三片罐将会更多地应用于包装固体食品和儿童玩具。消费者希望这种罐型使用更方便，可随时打开和盖紧罐盖。目前的便利设计主要有压入式、旋开式两种。固体食品和儿童玩具的包装罐盖多采用压入式，而液体饮料的包装罐盖一般采用旋开式。

⑤ 优化罐型设计，增强罐体美感。三片罐特殊的成型工艺，使其易于加工成异形罐。采用异形罐较多的是饮料行业。异形罐不仅可增加罐体的美感，还对仿制形成了一定的难度。因此在一定的意义上还具有防伪功效。目前仿制成杯形和啤酒桶形的异形罐较多。日本第二大包装企业Daiwa公司已研制出了瓶形罐。该罐外形好似玻璃瓶，而且具有旋开盖功能，给消费者带来使用瓶子的便利，而且其重量只有同容积PET瓶的65%，另外，

金属材料的避光性和气密性均比玻璃和 PET 材料好，故可使所包装的产品具有更长的保质期；再者，单一的金属材料结构使回收再利用的环保性能更佳。

⑥ 两片罐将会部分替代三片马口铁罐。由于材料科学和两片罐技术的迅速发展，使得两片罐的制作更加容易，而且两片罐比三片罐更省材料。如美国的 Ingenium 包装有限公司已研制出超轻型深冲钢罐可节约 42%的材料。

⑦ 精美印刷。由于两片罐受印刷条件的限制无法与三片罐成型前的平片印刷相媲美，故三片罐的优越性将会更加依赖于印铁技术的发展。

⑧ 粉末补涂。三片罐的内涂层不仅能够保护罐壁不被内容物腐蚀，而且还能保护内容物的原有特性如饮料与食品的风味和色泽等。由于三片罐的内涂层是在平片状态下涂布的，因此其涂布质量和性能均较好，不易被内容物腐蚀。

三片罐生产技术的最薄弱之处是焊缝，因此焊缝补涂技术一直是三片罐技术研究的重点。Frei AG 研制的粉末补涂技术所用涂料是从热塑聚酯中提炼出来的粉末，其补涂工艺是通过静电将粉末直接吸附于焊缝。热固化后，该涂层致密性好且涂层厚度可达到液体补涂厚度的 3～4 倍，故能有效地保护内焊缝不被腐蚀。因此粉末补涂技术将会是马口铁三片罐焊缝补涂技术今后的重点发展方向。

2. 二片罐

二片罐的罐身和罐底为一体，没有罐身纵缝和罐底卷边，所以称二片罐。二片罐生产周期短，工艺简单，密封性好，广泛应用于啤酒及含汽饮料的包装。

由于罐身成型工艺不同，目前二片罐主要分为：浅冲罐、拉伸罐和变薄拉伸罐等三种。金属二片罐按其材质可分为铝罐、马口铁罐、镀锡板罐和镀铝板罐。

金属二片罐由于密封性好、重量轻、使用方便、包装容器可回收再利用，随着人民生活水平的不断提高以及对环境保护要求的提高其需求量将会进一步增长。

① 浅冲罐。浅冲罐常用的材料是镀锡板和镀铬板，浅冲罐是罐底与罐身用浅拉伸法将镀锡板或镀铬板等金属薄板一次拉拔成型而制成。通常罐高与罐径之比小于 1，其形状可为圆形、方形、椭圆形等，由于罐身较浅无接缝，多用于鱼、贝、虾、蟹类罐头等包装，可以减少罐壁的腐蚀。浅冲罐主要是利用镀锡板和镀铬板的延展性，在冲模的挤压作用下产生塑性变形，制成所需的容器形状，工艺流程比较简单，关键工序为冲压罐身与修整切边。在冲床上借助不同的冲压模具，可完成不同形状容器的成型。其典型制造工艺流程如图 3-2-10 所示。

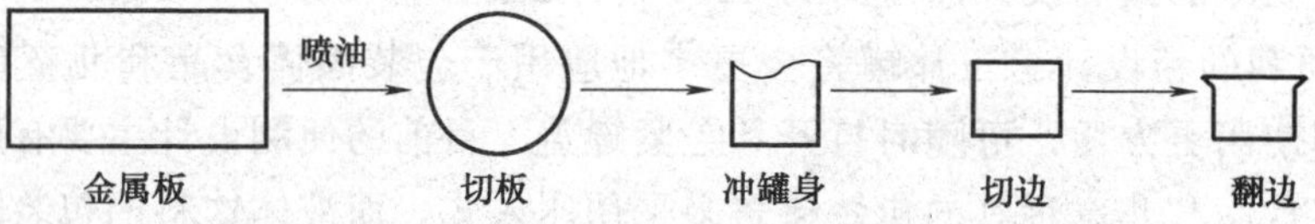

图 3-2-10　浅冲罐工艺流程示意图

② 拉伸罐。拉伸罐又称深冲罐，它的特点是壁厚均等，强度刚性好，因此它适应的包装范围广，它的长径比可以大于 1，一般可达 1.5∶1，它的表面涂料可以在成型前的平板上进行涂布。除此之外，它的设备成本较低，而且规格尺寸更易适应不同的需要。深冲罐适合的材料主要是铝、TFS 和马口铁，它的形状可以是圆形，也可以是异形，主要用于热加工食品的包装。深冲罐的工艺流程为：金属板材涂油→切板→冲成杯状→再次冲杯

(依据罐高可能若干次)→冲压罐底膨胀圈→修边→翻边→滚加强筋→表面装饰→检漏。

③ 变薄拉伸罐。变薄拉伸罐又称冲拔罐，最大特点是长径比很大（一般为2∶1，最大可达5∶1)，罐壁经多次拉伸后变薄，因此，这种罐身结构很适合于含气饮料的包装，由于内压的存在而支撑罐壁。当用来盛装非含气饮料或固体食品时，可以借助充加少量液态氮进行包装，液态氮的汽化倍数可达700以上。微量的液态氮汽化后的压力足以用来支撑罐壁。另外，它还具有设备简单、生产效率高等特点。冲拔罐的制造主要经过两个重要过程，即预冲压和多次变薄拉伸，故称变薄拉伸罐，其大致工艺过程如下：卷材涂润滑油→下料→冲压预拉伸成杯状→多次拉伸变薄→冲底成型→修边→清洗润滑油→烘干→涂白色珐琅质→表面印刷→涂内壁→烘干→缩颈翻边→检漏。

3. 金属桶

金属桶一般指用较厚的金属板（大于0.5mm）制成的容量较大（大于20L）的容器。按照桶材料的不同，可分为钢桶、铝桶、不锈钢桶等。金属桶有良好的力学性能，能耐压、耐冲击、耐碰撞；有良好的密封性，不易泄漏；对环境有良好的适应性，耐热、耐寒；装取内装物、贮运方便；根据内装物的不同，某些金属桶有较好的耐蚀性；有的金属桶可多次重复使用等。金属桶用于贮运液体、浆料、粉体、粉料或固体的食品及轻化工原料，包括易燃、易爆、有毒的原料。

金属桶的形状主要有圆柱形、方形、椭圆形等，其中圆柱形的比较常见。金属包装桶的制法类似三片罐，桶身有纵缝，制得桶身后翻边再与桶底和桶盖双重卷边连接。卷边处要注入密封胶，多采用聚乙烯醇缩醛或橡胶类合成高分子材料封缝胶。其制造工艺如下：板料→剪切→磨边→卷圆→点焊→缝焊→翻边→滚波纹→胀环筋。根据桶的用途、性能和制造工艺要求，所选用金属材料应具有良好的塑性、可焊性。一般可选用优质碳素结构钢、低碳薄钢板、镀锡薄钢板或镀锌薄钢板、铝合金和不锈钢等。

4. 金属软管

金属软管是指用挠性金属材料制成的圆柱形包装容器。软管一端折合压封或焊封，另一端形成管肩和管嘴，通过挤压管壁使得内装物从管嘴流出。金属软管主要由管身、管肩、管嘴、管底封摺和管盖组成（图3-2-11)。

图 3-2-11 金属软管

1—管嘴 2—管肩 3—管身 4—管尾

金属软管主要分为四类：铅锡管、纯锡管、铝管和铝塑复合软管。我国金属软管生产经历了铅锡管、纯锡管、多层包装锡管，到20世纪70年代全部用铝管的整个演变过程，生产设备也大都已是铝管自动生产线。软管的发展趋势是采用高纯铝软管和全塑软管。金属软管主要用于日化产品，如牙膏、鞋油、药膏、水彩和颜料等商品的包装。现在铝质软管及铝箔复合材料软管也用于果酱、果冻、调味品等半流体黏稠食品的包装。金属软管的制造比较简单，主要工艺是金属片毛坯冲压挤出成形。各种金属软管的结构大同小异，加工工艺也基本相同，典型制造工艺过程如下：金属片状毛坯→涂布润滑剂→冲压挤出成形→车削→退火→内涂覆→干燥→外涂覆→干燥→印刷→干燥→封盖。金属软管的材料可选用高纯度铝或铝箔、锡或铅锡合金等。此外，还选用在金属包装容器制造中用到的焊料、密封填料、涂料等辅助材料。

5. 金属喷雾罐

喷雾包装从原理上讲是将目的物（有效的内装物）和推进剂（压缩气体或液化气）混合后，装入带有阀门的耐压容器中，利用推进剂的压力，把内装物从阀门中喷出来，喷射出来的为有效内装物或有效内装物与推进剂的混合物。这些内装物可以喷雾、泡沫或射流的形态喷放出来。喷雾包装广泛用于医药品、化妆品、家庭用品、食品、汽车用品、工艺用品等商品包装。

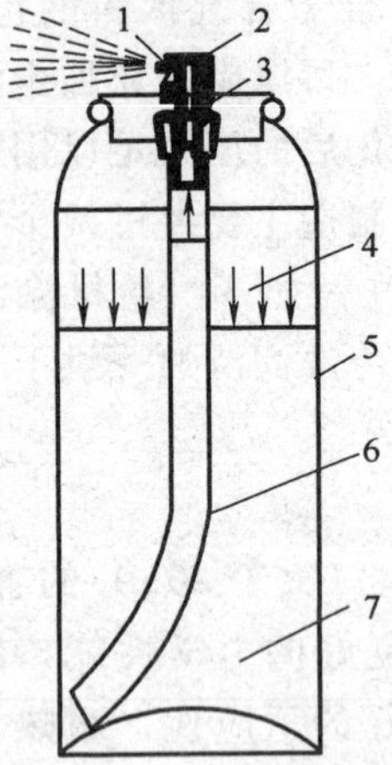

图 3-2-12　喷雾罐结构
1—喷嘴　2—按钮　3—阀门
4—推进器气相　5—罐体
6—导管　7—推进剂与内装物

喷雾包装所特有的喷雾，其形成的基本原理是当用手按下按钮、打开阀门时，由于推进剂（液化气体或压缩气体等）的压力，使内装液通过导管，从阀的喷射嘴喷射出来（图 3-2-12）。此时，内装液由喷嘴的细孔喷出成雾状；同时雾化粒子中与原液混合的液化气体在大气中急剧气化，并把原液粒进一步破碎成微细的雾化粒子。随着罐中的溶液不断地放出，容器中的气相空间变大，压力下降，使内装液中部分液化气体汽化，以维持容器内的压力一定，直到内装液喷完为止。通过设计与选择按钮开关的喷嘴、阀门的小孔尺寸和结构，以及推进剂和原液各自的比例，可以得到适用于各种用途的雾化粒子的形态，如从微细粒子到粗大粒子的喷雾、泡沫、射流、液滴状等。通常对阀门和喷嘴部分要加以保护，防止内装物误喷出。在这部分安有阀盖来保护（图 3-2-13），最近多采用将整个部分盖上大盖的形式。

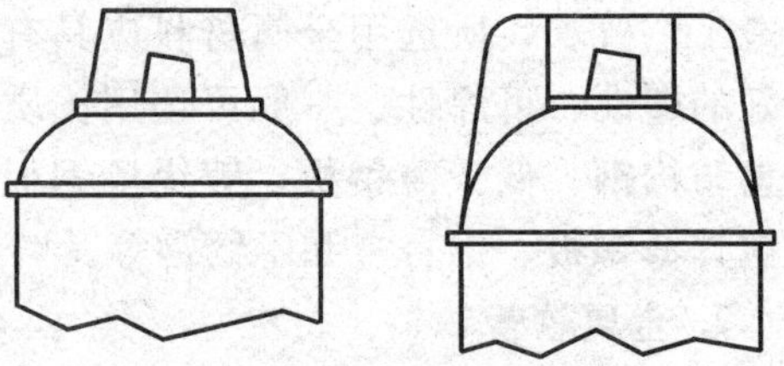
图 3-2-13　安全阀状态

喷雾包装内装物有能量（压力、膨胀力），而且有阀门，因此在操作时，用手按动阀门，即可很容易地按所需要的状态将内装物从容器中取出来。作为能源的推进剂同时封在容器中，将此与原液组合，能比较容易地得到其他的包装所得不到的内装物取出状态。而且在其容器上还设有能自动开关的阀门，除取出所需的量外，其他总是保持密封状态。所以就其商品价值来看，具有准确、有效、简便、卫生等特点。表 3-2-2 为喷雾包装分类及特点。喷雾包装的推进剂和原液组合状态的分类如表 3-2-3 所示。

表 3-2-2　　**喷雾包装的分类及特点**

喷出状态	分　类	特　点	
喷雾	空间喷雾（微粒喷雾）	通过推进剂的作用，使原液以微细粒子的形式向空间漂浮，在三维空间发挥作用，如灭苍蝇、蚊子的杀虫剂，室内空气清新剂等	可通过改变推进剂和原液的比例及阀孔的大小而得到不同的喷雾
	表面喷雾（粗粒喷雾）	喷出原液的粒子比较粗，以涂在物体的表面为目的，避免向空间漂浮，如喷涂油漆、涂料、皮肤外敷药等	

续表

喷出状态	分类	特点
泡沫	稳定泡	主要以O/W型乳液(水包油型乳液)作为原液,可得到稳定的泡。其所用的阀采用使泡充分膨胀后再喷出的泡沫喷嘴,如剔须膏等
	不稳定泡(立刻破碎泡沫)	喷出时是泡沫状,不易流淌,便于涂到指定的部位。但泡沫在体温、机械力等作用下立刻消失,转变为液状作用于指定的部位,如护发摩丝、洗发剂等
	非水性泡	不宜用水基的药剂等制品,发泡时可采用非水性泡
粉末(喷粉)		只把有效的粉末喷射到需要的地方时,可采用此种方式,如干粉灭火器、粉剂外敷药、香粉等
射流(柱状)		主要是利用射流的势头,将内装物喷射到手伸不到的地方时使用此种方法,原液是以柱状流的形式喷出,如洗涤剂、润滑油等
液滴		喷出液滴,如维生素、糖浆、香精等
膏状		好像从软管中挤出那样喷出,如牙膏、化妆膏等
定量		一次只喷出一定量,靠阀的结构保证,如药液、香水等

表 3-2-3　　喷雾包装的推进剂和原液组合状态的分类

组合状态系	气相	液相	说明
1	液化气	液状液化气和原液均匀混合的溶液	喷成雾状的喷雾制品几乎都属于这一系列。要得到微粒喷雾时,液化气约占80%以上,粗粒喷雾时为25%~80%,这可由用途及与阀的组合而定
2	压缩气体	原液	通常以射流状、液滴、膏状的形式喷出。如N_2O、CO_2之类在原液中部分溶解的喷雾制品,使用机械破碎按钮能够得到粗雾,有些原液也可呈泡沫状喷出。另外,压缩气体的压力,受温度变化影响很小,可用于极低温度下使用的喷雾制品,如防冻剂、发动机起动剂、食品、牙膏、化妆品
3	压缩气体	粉末	常用于干粉灭火器
4	液化气 压缩气体	液状液化气和原液均匀混合的溶液	在寒冷地区使用喷雾制品时,因液化气汽化蒸发能力降低,通常使用压缩气体或使液化气与蒸气与N_2O、CO_2(压缩气体)并用
5	液化气	液状液化气和原液分离态	主要用水基制品,大多是装入液化气体以压出内装物并保持容器内压力一定,在阀上使用蒸汽分流孔时,液化气蒸气具有喷雾载体的作用。利用机械破碎按钮可得到粗粒喷雾
6	液化气	原液液滴分散到液状液化气中	对于O/W乳液,液状液化气和油构成一体,以油相的形式分散在水相中,当把它喷到大气中时,分散了的液状液化气液滴汽化膨胀产生泡沫,用于剃须膏、地毯清洗剂等。利用带机械破碎触动器、蒸汽分流孔的阀可以得到较细的雾,如杀虫剂、除臭剂等。这些制品随时间的推移,液状液化气和原液会分离,所以使用时需要摇动,使其再分散
7	液化气	粉末分散	当不能使用溶剂而只喷出所需的粉末时使用。粉末的粒子最好在325号以下,为使粉末的凝集及再分散性更好,必须选用适当的辅剂和阀,如喷药、涂料、香粉等

六、金属包装材料的回收与利用

金属包装容器具有很好的机械性能,比纸和纸板、塑料、木材、玻璃等容器的抗冲击能力都强，而且不容易碎裂破损，且有良好的加工性能和美丽的光泽，因而广泛地应用于食品、医药、化工、轻工和燃料等行业中。金属包装容器常用材料主要是薄钢板（黑铁皮）、镀锡薄钢板（马口铁）、镀锌薄钢板（白铁皮）、铝及铝合金皮等。常见的金属包装容器有金属桶、金属罐、金属盒、金属瓶、金属管和软性饮料所使用的铝箔罐、超薄型罐和无缝罐等。金属包装废弃物的综合治理是指对金属包装废弃物进行处理和利用从金属包装废弃物中提取或者使其转化为可以利用的资源和其他原材料。

1. 金属包装废弃物的分选技术

金属包装废弃物经常与其他包装废弃物以及其他城市生活垃圾混杂在一起，除了传统的人工分选外，还可以采用现代技术进行分选。

利用磁性进行分选。钢铁具有磁性，不少国家在处理大量城市生活垃圾时，将各式各样的工业磁铁装在运输和专送设备上，以便分选出大大小小的钢铁废弃物。

利用重力进行分选。首先利用物质的不同密度，通过空气分离设备，将密度小的物质和密度大的物质材料初步分离，然后将掉落在容器底部的密度大的物质进一步分选。例如密度大的金属和玻璃就常用振动筛进行再次分选。除上述之外，也可以采用惯性方法进行分选，常用设备有弹道分选机、反弹道分选机和斜板运输分选机等；还可以采用离心分选法从大量密度较小的材料中分选出密度较大的金属。其设备可使用环形筛或滚圈，依靠旋转离心力作用使金属移向外面，密度较小的物质移向里面。

利用回转炉熔化分选。因为不同的金属有不同的熔点，所以可以利用金属的这一特性进行分选。其方法是：将金属混合料投入形状像回转窑那样的回转炉内，严格控制炉温使低熔点的金属从靠近窑炉底处流出回收，而熔点较高的金属则从端部流出。该方法可将熔点差别较大的金属进行分离。

有色金属的分选。金属包装废弃物中主要是钢铁和铝及其合金。钢铁利用磁选法很容易地从其他物质中分离，而铝及其合金的分离就困难得多。铝及其合金包装废弃物的分离分选方法主要有重力分离、静电分离和热分离三种方法。重力分离方法是利用压缩空气在曲曲折折的分离器中把铝从其他密度较大的物质中分离出来；静电分离法是给物质施加静电荷后，导体很快失去电荷而非导体却保持着它的电荷，带有相反电荷的转鼓将吸住非导体，而导体会很快落下去被分离；热分离是利用各种金属的不同熔点将铝和锌分离出来。

2. 金属包装废弃物的回收与利用

金属包装废弃物有黑色金属和有色金属两大类。黑色金属主要是镀锡钢板（马口铁）、镀锌钢板（白铁皮）等钢铁材料；有色金属主要是铝及其合金和锡等材料。

（1）钢铁桶的回收和利用　钢铁桶回收后首先要按用途和规格进行分类，然后进行清洗，可以重新包装产品。至于污染严重、变形显著的桶还应进行翻新、洗净、烘干和喷漆后再使用。回收的废钢铁桶如生锈严重，可采用少量的稀酸液擦除，然后用碱水和清水立即进行清洗。

（2）钢铁包装废弃物的回炉冶炼　对不能修复再用的钢铁包装废弃物可以回炉冶炼。钢铁容易识别，并具有磁性，所以用人工或磁选设备将其分离。废钢铁的回炉冶炼，平炉可用20%～60%废钢；电弧炉可用100%废钢；氧气转炉可用15%～25%废钢。但实际操作时要特别慎重，因为包装废钢铁桶和罐中的铅、锡、铝等熔点低，易与炼钢炉壁的耐火材料反应，造成炉壁损伤，有的还会降低钢铁质量。例如炉内含有0.01%锡就会使钢铁硬化，造成轧钢困难，混入钢材中还会导致钢锭开裂和热加工时产生裂纹等。

（3）铝及其合金包装废弃物的回收利用　铝的产量仅次于钢铁，铝在包装中的地位也仅次于钢铁。铝呈银白色，质地轻，延展性好，拉伸强度低于钢，但具有较高的比强度（拉伸强度与密度的比值）。其缺点是疲劳极限不高，熔点低（660℃），高温强度差，硬度低，耐磨性差。

铝作为包装材料，一般使用铝板、铝箔和镀铝薄膜。铝板通常作为制罐材料或作为制盖材料；铝箔一般用来做防潮内包装或制作复合材料以及软包装等。铝板多为铝合金，即在纯铝中加入少量的锰、镁、钛等元素以改变纯铝的物理性能，厚度一般为 0.2～1.0mm；铝箔也是纯铝，一般纯度为 99.3%～99.5%，用于复合材料的铝箔厚度为 7～30μm，用于制作铝容器的厚度常为 30～130μm。

铝及其合金包装废弃物的回收具有良好的社会效益和经济效益。每回收 1t 废铝，可炼电解铝 0.9t。可节约铝矾土 0.42t，纯碱 0.08t，电极材料 0.06t，可节省大量电能，还可以减少环境污染。

① 铝及其合金包装废弃物的回炉再生。废铝在逆流两室反射炉、外敞口熔炼室反射炉或其他形式炉中熔炼，可以得到含有某种成分的合金，其关键技术是加熔剂吸收阻碍铝滴聚集的氧化铝膜。加入的熔剂氯化钠与氯化钾按 1∶1，再加冰晶石 10%。熔剂加入后要加强搅拌，促进铝滴的聚集。一般而言，废铝可以熔炼成可锻铝合金、铸造铝合金和供冶炼钢、铁合金用的脱氧剂。除上述之外，废铝还可以用浸出法和干法从浮渣和溶渣中回收小铝粒。干法工艺过程是指先将废铝破碎，再进行筛分和磁选等。废铝回炉再生时，为了熔炼一致，有时加一些铝锭一起冶炼。冶炼时还需用氯化铝或者氯化钾和氯化钠作熔剂进行脱镁。废铝回炉再生时，必须清除干净废铝罐上的涂层和其他污染物，以免造成熔体损失。清除的方法：其一是用有机溶剂，如用丙酮将漆类、油类和其他表面污染物清除；其二是用脱漆炉清除废铝上的涂层。即将废铝料由运输带连续流经高温控制区，逐渐加热至 538℃左右脱漆。但要严格控制温度，因为铝的熔化温度是 660℃。

② 利用铝制品包装废弃物开发新产品。其一，铝制品包装废弃物多为纯铝，如牙膏皮之类可以不必回炉冶炼，只需通过专用的挤压设备就可以制成价值很高的铝粒。但在挤压之前，必须将塑料盖分离出来；其二，铝制品包装废弃物，如复合铝纸，防潮镀铝，废牙膏皮等都可以生产铝粉。铝粉俗称银粉，质量轻，稳定性好，反射光和热性能良好，而且遮盖能力强，所以可以用于制造油漆和油墨等产品。其加工方法是将回收的废铝去除污物，晾干后与润滑剂混合（每 100kg 铝中加入石蜡 1～2kg），然后用捣碎机捣碎或在槽中碾碎。在破碎过程中要不断地搅拌（每 10～15min 翻动一次），直至将捣碎的料碾成硬饼状为止。而后将硬饼状的料加入磨粉机中磨，用 10～20 目的箩筛筛过后再磨，磨至可通过 120～150 目的箩筛为止。这时用石油醚洗涤或抛光，达到要求的光泽，晾干后即成铝粉。铝粉是易燃易爆品，小包装后不仅要放入铁皮桶内，而且要通风干燥保存；其三，铝制品包装废弃物还可以用来开发新产品聚合氯化铝。该产品为无色树脂状物，其密度随聚合度而经常变化，而且易溶于水、酸和碱。溶于水后，水解生成胶体溶液。主要用途是作生活用水和工业用水的净水剂，也可以用于净化工业废水。其生产方法是将废铝材放入水池中浸泡 2～3 天，用人工或其他方法将一切可溶物清除，再晾干放入坩埚内熔化（熔化温度约 710℃），然后在溶液中加入少量氟硼酸钠或硼铝合金块，不断搅拌使渣浮出。

清除上述浮渣后，再将铝液铸成块状或条状，加工成铝屑后再制取聚合氯化铝。制取聚合氯化铝的工艺流程是酸溶、水解、过滤、聚合。

(4) 锡制品包装废弃物的回收利用　锡在包装制品中主要是用来生产马口铁（即钢板表层镀锡），其次是生产锡箔。纯锡是银白色略带蓝色光泽的金属，硬度比铝大，延展性很好，具有良好的抗腐蚀性能，不易氧化，一般锡及其化合物对人体无害。锡液化与汽化温度间距大（熔点为 231.96℃，沸点为 2227℃）。

锡制品包装废弃物的回收利用可采取下述三种方法：

① 改用。一般马口铁包装废弃物只要锈蚀不严重，完全可以改制小的马口铁罐。

② 回收锡。我国马口铁消耗量还是较大的（60 万 t/年），而 125 吨罐头盒或马口铁饮料罐可提取 1t 锡，所以马口铁上的锡回收是有经济效益的。由于马口铁具有磁性，较铝罐易回收。马口铁中锡的回收方法有两种，一是在有氧化剂存在的条件下先将废料用热的苛性碱液进行化学处理，锡参加反应（钢未参加反应）生成锡酸钠（Na_2SnO_2），再用电解法从所生成的锡盐溶液中回收锡；二是将废马口铁罐用干燥的氯气处理，锡生成氯化锡（$SnCl_4$），而钢未被侵蚀，从而将锡和钢分离开来。

③ 废马口铁作为废钢铁回炉。钢铁中含有少量的锡（低于 0.1%），可以改善铸铁的性能。

复习思考题

1. 简述玻璃包装材料的特性及种类。
2. 金属玻璃与普通玻璃比较有何特点？
3. 无色透明且能遮隔紫外线的玻璃容器如何制作？它在包装食品时有何优点？
4. 简述金属包装材料的特点。
5. 什么是二片罐？什么是三片罐？什么是浅冲罐？
6. 金属软管的分类及其制作工艺？
7. 查阅三片罐相关检验标准。

学习情境4　商品整体包装材料与容器的选用及性能检测

知识目标

1. 巩固纸张、塑料薄膜、塑料容器、复合软包装材料的各种性能和特点。
2. 巩固纸张、塑料薄膜、塑料容器、复合软包装材料的检测方法。

能力目标

1. 能够正确分析商品所用包装材料种类。
2. 能够提出商品包装检测建议。

学习情境介绍

通常商品的包装都不是由一种材料完成的，包装材料对商品起到保护、宣传、便利等作用。商品自生产到最终被消费，期间经历运输、贮存、销售等环节，每一个环节和过程包装材料都起到重要作用。因此要想对不同包装材料性能有较深的认识，必须从商品的整体性考虑，才能具有认识不同包装材料所起到的作用的能力。

该学习情境共包括1个教学项目：包装材料选用及评价综合训练。通过项目学习过程，培养学生综合运用各种包装材料完成商品包装的能力；使学生具有判断不同材料作用及所要采用的检测方法的能力；培养学生了解、查阅包装相关标准的能力。

项目1　包装材料选用及评价综合训练

项目任务

通过教师课前准备和学生自己收集的各种商品包装的实物展示，了解商品整体包装材料选用的原则，认识不同材料在不同的商品包装中所起到的不同作用。

- ◆ 能够正确分析商品所用包装材料种类。
- ◆ 能够提出商品包装检测建议。

一、酸奶整体包装分析

图 4-1-1 为伊利八连杯家庭装酸奶外包装图片，从图中可以看出，该商品整体包装可以分为三个部分，即：外包装纸盒和塑料薄膜，酸奶包装杯和吸管包装，每部分包装所用材料各不相同，学生在教师的指导下完成表 4-1-1，教师给予评价，并和学生共同总结同类商品的包装材料选用原则和检测项目。

图 4-1-1 伊利八连杯家庭装酸奶

表 4-1-1 商品整体包装分析表

序号	包装材料名称	所属类别	作用	检测项目	测试标准
1	瓦楞纸板	E 型	运输方便，保护酸奶杯	抗压强度、戳穿强度	GB/T 4857.4

表 4-1-1 中教师给出样例，学生根据样例完成表格，最后写出总结报告。

二、奶粉包装分析

奶粉与人们的生活息息相关，虽属干燥食品，但极易变质，奶粉包装是保证奶粉品质的重要途径。目前所使用的奶粉包装中除马口铁罐外，大部分都采用软包装，通过对奶粉软包装检测技术要求做一浅析，让学生了解同类产品包装特点。

1. 外观

奶粉包装袋外观应平整，无气泡、皱折、白点、损伤等。印刷质量应优于 GB/T 7707 凹版装潢印刷品的有关规定要求。表面质量状态可以通过人工辨别来进行检查，但对墨层结合牢度方面的质量控制，如果仅仅依靠技术人员手工剥离来评价，会因人为影响因素大而无法提供数据化分析，须按规范规定采用“圆盘剥离试验机”进行测试。

2. 复合强度（剥离力）和热封强度（封口剥离力）

根据奶粉包装的分类，一般有 BOPP/PE、BOPP/VM/PET、PET/AL/PA/PE 等结构。采用不同的复合材料对复合强度要求也不一致，一般要求印刷层与中间层的复合强度大于 1.5N/15mm，热封层之间或中间层之间大于 2.0N/15mm（现多数企业都将标准提高到大于 2.5N/15mm）。封合强度需大于 35N/15mm。对于剥离强度需执行 GB 8808 标准，试验速度为 300mm/min，试样宽度为 15mm，在试验中为确保试验数据的有效性，需严格按照标准规定对测试数据进行掐头与去尾处理，也就是说前 25mm 与后 10mm 测试区间的数据必须抛除不进行统计。

3. 耐压和密封性能

产品耐压性能要求符合 GB 10005 有关规定，容量为 100～400g 的产品耐压力要达到 400～500N，401～1000g 产品为 600～700N。对包装密封性能的控制需参照 GB/T 15171 标准，采用满足标准要求的“密封性测试仪”进行测试。由于包装袋封口处最易发生泄漏，一般检测方法是在封合后放在水中施压，用目测的方法来比较和评价整体密封工艺及密封效果。

4. 阻氧、阻水性测试

奶粉是极易氧化变质的食品，氧化后将无法保证营养；同时奶粉作为干燥食品，湿气对其影响极大，若材料阻湿性能不好轻则受潮结块，重则霉变。因此对奶粉包装的阻氧与阻湿性能进行检测是确保产品货架期质量的重要手段。检测方法应参照国标 GB/T 1038—2000、GB/T 1037—1998 的相关规定执行。

5. 卫生性能

卫生指标需符合 GB9687 的有关规定，且不得出现异物。对于残留溶剂国标规定要求总量小于 10mg/m^2，当前企业一般都将标准定于不超过 5mg/m^2。

三、商品包装选材实训

学生自行选择商品，按照要求完成对商品包装的整体分析，写出分析报告。

分析报告要求：

1. 明确商品名称及所属大类（例如食品、药品、日用品等）。
2. 分析商品特性。
3. 分析同类产品包装现状。
4. 选择一种自己喜欢的包装形式，列举出所用到的包装材料，分析每种材料应该满足的性能要求，检测项目及所用到的检测设备，应符合的国家标准。
5. 写出分析报告书，每人一份。

附录1　包装材料相关专业术语中英文对照

包装容器及材料 packaging container and material

纸包装 paper packaging

竹、木包装 bamboo or wood packaging

金属包装 metal packaging

陶瓷包装 ceramic packaging

塑料包装 plastic packaging

玻璃包装 glass packaging

复合包装 multi-layer packaging

纸 paper

纸板 paper board

牛皮纸 kraft paper

铜版纸 fine paper

羊皮纸 vegetable parchment

防油纸 greaseproof paper

玻璃纸 cellophane

定量 grammage

厚度 thickness

紧度 apparent density

水分 moisture content

抗张性能 tensile properties

耐破度 bursting strength

耐折度 folding endurance

挺度 stiffness

纸箱 carton

瓦楞 flute

瓦楞纸箱 corrugated carton

瓦楞纸板 corrugated board

面纸 face layer

芯纸 paper core

夹层 inner liner

里纸 inner layer

单面瓦楞 single face corrugated board

三层瓦楞 single wall corrugated

五层瓦楞 double wall corrugated

七层瓦楞 triple wall corrugated

蛇形瓦楞纸板 serpentine corrugated board

瓦楞原纸 corrugating medium

环压强度 ring crush Test

瓦楞芯平压强度 concora medium test

边压强度 edge crush resistance

平压强度 flat crush test

戳穿强度 puncture resistance

粘结强度 adhesion strength

白纸板 white board

原纸 body paper

涂布原纸 coating base

涂布纸和纸板 coated paper and board

涂布白卡纸 coated card board

箱纸板 liner board

普通箱纸板 liner

牛皮箱纸板 kraft liner board

牛皮挂面箱纸板 kraft faced liner

盒 box

木箱 wooden case

木盒 wooden box

铁盒 iron box

塑料透明盒 plastic transparency box

聚乙烯薄膜 polyethylene film

低密度聚乙烯 LDPE

高密度聚乙烯 HDPE

线性低密度聚乙烯 LLDPE

聚丙烯薄膜 Polypropylene film

聚苯乙烯薄膜 Polystyrene film

聚氯乙烯薄膜 Polyvinyl Chloride film

聚偏氯乙烯共聚物薄膜 Polyvinylidene

Chloride film

聚酰胺薄膜 Polyamide film

聚对苯二甲酸乙二醇酯薄膜 Polyethylene Terephthalate film

聚碳酸酯薄膜 Polycarbonate，PC

乙烯-醋酸乙烯酯共聚物薄膜 Ethylene Vinylacetate Copolymer film

乙烯-丙烯酸乙酯共聚物薄膜 Ethylene/ethyl Acrylate Copolymer film

聚乙烯醇薄膜 Polyvinyl Alcohol film

乙烯-乙烯醇共聚物薄膜 Ethylene-Vinyl Alcohol Copolymer film

离子交联聚合物薄膜 ionomer film

苯乙烯盒 styrol box

袋 bag（sack）

布袋 cloth bag

草袋 straw bag

麻袋 gunny bag/jute bag

旧麻袋 used gunny bag/old gunny bag

新麻袋 new gunny bag

尼龙袋 nylon bag

聚丙烯袋 polypropylene bag

聚乙烯袋 polythene bag

塑料袋 poly bag

塑料编织袋 polywoven bag

纤维袋 fibre bag

玻璃纤维袋 glass fibre bag

玻璃纸袋 callophane bag

防潮纸袋 moisture proof pager bag

乳胶袋子 emulsion bag

三层牛皮纸袋 3Layers Kraft Paper Bag

锡箔袋 fresco bag

特大袋 jumbo bag

单层完整袋子 single sound bag

桶 drum

塑料桶 plastic drum

铁桶 iron drum

镀锌铁桶 galvanized iron drum

铝箔包 aluminium foil package

铝瓶 aluminum bottle

陶瓶 earthen bottle

瓷瓶 porcelain bottle

罐 can

听 tin

集装箱 container

集装包/集装袋 flexible container

托盘 pallet

安瓿 amp（o）ule（药针支）

包装形状 shapes of packing

长 long

宽 wide

高 high

深 deep

厚 thick

长度 length

宽度 width

高度 height

深度 depth

厚度 thickness

包装外表标志 marks on packing

下端，底部 bottom

顶部（上部）top（Upper）

小心 care

勿掷 don't cast

易碎 fragile

小心轻放，小心装运 handle with care

起吊点（此处起吊）heave here

易燃物，避火 inflammable

保持干燥，防泾 keep dry

防潮 keep away from moisture

贮存于阴冷处 keep in a cool place

储存于干燥处 keep in a dry place

请勿倒置 keep upright

请勿倾倒 not to be tipped

附录2 包装材料与容器标准目录

纸和纸板包装材料与容器标准目录

序号	项目名称	依据的标准名称、代号(不含年号)
1	瓦楞纸板	出口产品包装用瓦楞纸板 GB/T 5034
		包装材料　瓦楞纸板 GB/T 6544
		包装材料　重型瓦楞纸板 GB/T 16718
2	纸袋纸	纸袋纸 GB/T 7968
3	瓦楞原纸	瓦楞原纸 GB/T 13023
4	箱纸板	箱纸板 GB/T 13024
5	标准纸板	标准纸板 QB/T 1314
6	厚纸板	厚纸板 QB/T 1315
7	蜂窝纸板	包装材料　蜂窝纸板 BB/T 0016
8	纸和纸板	纸和纸板定量的测定 GB/T 451.2
		纸和纸板水分的测定法 GB/T 462
		纸和纸板撕裂度的测定 GB/T 455
		纸和纸板的干热加速老化的方法(120℃±2℃或150℃±2℃)GB/T 464.2
		纸板耐破度的测定法 GB/T 1539
		纸和纸板吸水性的测定(可勃法)GB/T 1540
		纸、纸板和纸浆水抽提液 pH 的测定法 GB/T 1545.2
		瓦楞纸板耐破强度的测定法 GB/T 6545
		瓦楞纸板边压强度的测定法 GB/T 6546
		瓦楞纸板厚度的测定法 GB/T 6547
		纸和纸板　白度测定法(漫射/垂直法)GB/T 7974
		纸和纸板镜面光泽度 GB/T 8941.1～3
		纸和纸板弯曲挺度的测定法(共振法)GB/T 12909
		纸和纸板耐折度的测定 GB/T 457
9	瓦楞纸箱	出口产品包装用瓦楞纸箱 GB/T 5033
		运输包装用单瓦楞纸箱和双瓦楞纸箱 GB/T 6543
		包装容器　重型瓦楞纸箱 GB/T 16717
		军用瓦楞纸箱 GJB 1109A
10	纸管	纸管 GB/T 12124
11	纸桶	包装容器　纸桶 GB/T 14187
12	一次性可降解餐饮具	铁路快餐盒供货通用技术条件 TB/T 2611
13	纸杯	纸杯 QB/T 2294

塑料包装材料与容器标准目录

序号	项目名称	依据的标准名称、代号(不含年号)
1	聚氯乙烯薄膜和片材	软聚氯乙烯压延薄膜和片材 GB/T 3830
		药用聚氯乙烯(PVC)硬片 GB 5663
		食品包装用硬质聚氯乙烯薄膜 GB/T 10805
		硬质聚氯乙烯挤出板材 GB/T 13520
		食品包装用聚氯乙烯硬片、膜 GB/T 15267
		软聚氯乙烯吹塑薄膜 QB 1257
		软聚氯乙烯复合膜 QB/T 1260
2	聚乙烯薄膜	包装用聚乙烯吹塑薄膜 GB/T 4456
		聚乙烯自粘保鲜膜 GB 10457
		高密度聚乙烯吹塑薄膜 GB/T 12025
		聚乙烯热收缩薄膜 GB/T 13519
		未拉伸聚乙烯未拉伸聚丙烯薄膜 QB/T 1125
		单向拉伸高密度聚乙烯薄膜 QB/T 1128
		液体包装用聚乙烯吹塑薄膜 QB 1231
		聚乙烯气垫薄膜 QB/T 1259
		聚乙烯低发泡防水阻隔薄膜 BB/T 0011
3	双向拉伸聚丙烯薄膜	普通型双向拉伸聚丙烯薄膜 GB/T 10003
		热封型双向拉伸聚丙烯薄膜 GB/T 12026
		双向拉伸聚丙烯珠光薄膜 BB/T 0002
4	双向拉伸聚苯乙烯片材	双向拉伸聚苯乙烯(BOPS)片材 GB/T 16719
5	双向拉伸聚酯薄膜	包装用双向拉伸聚酯(BOPET)薄膜(GB/T 16958—1997)
6	聚偏二氯乙烯薄膜	食品包装用聚偏二氯乙烯(PVDC)片状肠衣膜 GB/T 17030
		聚偏二氯乙烯(PVDC)涂布薄膜 BB/T 0012
7	药用包装复合膜	药品包装复合膜(通则)YY0236
8	食品包装用塑料成型品	食品包装用聚乙烯、聚苯乙烯、聚丙烯成型品卫生标准的分析方法 GB/T 5009.60
		食品包装用三聚氰胺成型品卫生标准的分析方法 GB/T 5009.61
9	塑料薄膜和薄片	塑料薄膜和薄片耐撕裂性试验方法　埃莱门多夫法 GB/T 11999
		塑料薄膜和薄片耐撕裂性能试验方法　裤形撕裂法 GB/T 16578
		塑料直角撕裂性能试验方法 QB/T 1130
10	塑料周转箱	食品塑料周转箱 GB/T 5737
		瓶装酒、饮料塑料周转箱 GB/T 5738
11	钙塑瓦楞箱	钙塑瓦楞箱 GB/T 6980
		出口商品运输包装钙塑料瓦楞箱检验规程 SN/T 0266
12	塑料编织袋	塑料编织袋 GB/T 8946
		复合塑料编织袋 GB/T 8947
		复合塑料编织布 QB/T 3808

续表

序号	项目名称	依据的标准名称、代号(不含年号)
12	塑料编织袋	出口商品运输包装塑料编织袋检验规程 SN/T 0274
		出口商品运输包装复合塑料编织袋检验规程 SN/T 0275
13	复合膜、袋	耐蒸煮复合膜、袋 GB/T 10004
		双向拉伸聚丙烯(BOPP)/低密度聚乙烯(LDPE)复合膜、袋 GB/T 10005
		双向拉伸尼龙(BOPA)低密度聚乙烯(LDPE)复合膜、袋 QB/T 1871
		液体食品无菌包装用复合袋 GB 18454
14	集装袋	集装袋 GB/T 104540
		出口商品运输包装柔性集装袋检验规程 SN/T 0264
15	防护用内包装材料	防护用内包装材料 GB 12339
16	聚乙烯吹塑桶	聚乙烯吹塑桶 GB/T 13508
		包装容器　危险品包装用塑料桶 GB 18191
		出口商品运输包装塑料容器检验规程 SN/T 0271
17	聚酯(PET)软饮料瓶	聚酯(PET)软饮料瓶 QB 1868
		聚酯(PET)无气饮料瓶 QB 2357
18	聚碳酸酯(PC)软水罐	聚碳酸酯(PC)饮水罐 QB 2460
19	塑料网眼袋	塑料网眼袋 QB/T 3810
20	塑料打包带	塑料打包带 QB/T 3811
21	软塑折叠包装容器	软塑折叠包装容器 BB/T 0013
22	夹链自封袋	夹链自封袋 BB/T 0014
23	军队油料包装	军队油料包装通用规范 GJB 4131

金属包装材料与容器标准目录

序号	项目名称	依据的标准名称、代号(不含年号)
1	金属桶罐	包装容器　钢桶 GB/T 325
		包装容器　钢提桶 GB 13252
		出口电石包装钢桶 GB/T 14492
		工业用薄钢板圆罐 GB/T 15170
		包装容器　固碱钢桶 GB/T 15915
		包装容器　方桶 GB/T 17343
		海运出口电石包装钢桶性能检验规程 SN 0182.2
		出口商品运输包装闭口钢桶检验规程 SN/T 0265
		出口商品运输包装开口钢桶检验规程 SN/T 0272
		包装容器　方罐与扁圆罐 BB/T 0019
2	两片罐、三片罐	包装容器　铝易开盖两片罐 GB/T 9106
		易开盖三片罐 GB/T 17590
3	圆柱形复合罐	圆柱形复合罐 GB 10440
4	气雾罐	包装容器　气雾罐 GB 13042
		包装容器　20mm 口径铝喷雾罐 BB 0006
5	钢桶封闭器	包装容器　钢桶封闭器 GB/T 13251

参考文献

1. 高德，孙智慧．可降解缓冲包装材料的现状及发展前景．包装工程，2002（23）5：141～144
2. 蔡明池．我国塑料包装材料现状与发展趋势．塑料包装，2004（14）2：1～13
3. 余皎．聚乙烯市场现状及发展预测．现代化工，2003（23）9：54～57
4. 祝和亚．我国聚丙烯工业的现状与发展趋势．安徽化工，2004（129）3：5～8
5. 孙义明，周建刚等．薄膜用聚乙烯醇改性的研究现状及进展．包装工程．2004（25）3：4～6
6. 向贤伟．玻璃包装的发展及其现代化技术和应用．中国包装工业，1996（30）12：25～27
7. 孙昭友．玻璃包装容器技术开发动向．中国包装，2000（6）：93
8. 马兰．铝箔在复合软包装中的应用．中国包装工业．2004，2：62～65
9. 钱文阳．三片罐的市场前景及技术动态．印刷技术，2001，6：82～84
10. 和克智．金属两片罐的生产状况与前景．印刷技术，2001，6：81
11. 辛巧娟．我国喷雾罐质量现状堪忧．湖南包装，2002，2：3～5
12. 韩锦平．纳米包装技术新进展．中国包装工业，2002（97）6：7～10
13. 刘仁庆．复合包装材料．中国包装，2003（4）：101～104
14. 韦公远．包装木材的改性技术．湖南包装，2002．2
15. 张书彬，杨明伦．我国木包装材料的现状与发展．中国包装工业．2002（10）100：32～33
16. 刘国信．美用废旧塑料木材制成复合包装材料．再生资源研究，2001，2：41～42
17. 尹章伟主编．包装材料、容器与选用．北京：化学工业出版社，2003
18. 罗发兴，黄强，杨连生．淀粉基胶黏剂研究进展．化学与粘合，2003（2）：78～90
19. 谭京梅，梁坤，孙可伟．包装废弃物的处理．中国资源综合利用．2003，04：31～34
20. 赵延伟．塑料包装废弃物综合治理研究．塑料包装．2002，（12）3：6～14
21. 赵延伟，范军红．金属包装废弃物综合治理研究．中国包装工业．2000（70）4：24～30
22. 蒋文玖．废弃玻璃的回收再利用．建材工业信息．2003，9：39～40
23. 武军，李和平编著．绿色包装．北京：中国轻工业出版社，2000
24. 谭国民主编．纸包装材料与制品．北京：化学工业出版社，2002
25. 陈祖云主编．包装材料及容器手册．广州：广东科技出版社，1998
26. 王建清主编．包装材料学．北京：国防工业出版社，2004
27. 周祥兴编著．软质塑料包装技术．北京：化学工业出版社，2002
28. 尹章伟主编．包装概论．北京：化学工业出版社，2003
29. 刘武辉主编．塑料包装印刷技术．北京：化学工业出版社，2004
30. 包装国家标准汇编．北京：中国标准出版社，1997
31. 许键南编著．塑料材料．北京：中国轻工业出版社，1999
32. 刘喜生主编．包装材料学．长春：吉林大学出版社，1997
33. 向阳等编著．印刷材料及适性．北京：印刷工业出版社，2000
34. 阎素斋编著．印刷材料．北京：印刷工业出版社，2002
35. 骆光林主编．印刷包装材料．北京：中国轻工业出版社，2002
36. 徐文达等编著．食品软包装材料与技术．北京：机械工业出版社，2003
37. 董占华，李飞．瓦楞纸箱检测项目汇总．全球瓦楞工业，2008（6）：27～30
38. 郑安．瓦楞纸箱主要质量指标的检测方法和设备．全球瓦楞工业，2006（11）：114～119
39. 陈永常．纸和纸板性能的检测（一）．全球瓦楞工业，2008（3）：52～55

40. 陈永常. 纸和纸板性能的检测（二）. 全球瓦楞工业，2008（4）：61～64
41. 陈永常. 纸和纸板性能的检测（三）. 全球瓦楞工业，2008（5）：65～69
42. 方文丽. 浅谈瓦楞纸箱耐压强度. 创新技术，2008（5）：11～12
43. 韩娟，于江. 绿色包装材料-纸浆模塑. 上海包装，2009（1）：28～29
44. 薛福连. 纸类包装材料发展走向. 中国包装，2008（5）：91～92
45. 何新快，胡更生，吴璐烨编著. 软包装材料复合工艺及设备. 北京：印刷工业出版社，2007
46. 管亦武. 化妆品塑料包装容器的结构设计. 中国包装工业，2008，6：43～45
47. 江谷编著. 复合软包装材料与工艺. 南京：江苏科学技术出版社，2002
48. 陈昌杰，张烈银，阴其倩编著. 塑料薄膜的印刷与复合. 北京：化学工业出版社，2002
49. 吴人洁编著. 复合材料. 天津：天津大学出版社，2000
50. 周南桥，彭响方编著. 塑料复合制品成型技术与设备. 北京：化学工业出版社，2003
51. 王效岳，蒋继宏，华珍等编著. 塑料挤出机头典型结构 120 例. 北京：中国轻工业出版社，2001
52. 章建浩主编. 食品包装技术. 北京：中国轻工业出版社，2001
53. 郝晓秀主编. 包装材料学. 北京：印刷工业出版社，2006

印刷包装专业　新书/重点书

本科教材

1. 印后加工技术（第二版）——“十三五”普通高等教育印刷专业规划教材　唐万有　主编　16开　48.00元　ISBN 978-7-5184-0890-0

2. 印刷原理与工艺——普通高等教育“十一五”国家级规划教材　魏先福　主编　16开　36.00元　ISBN 978-7-5019-8164-9

3. 印刷材料学——普通高等教育“十一五”国家级规划教材　陈蕴智　主编　16开　47.00元　ISBN 978-7-5019-8253-0

4. 印刷质量检测与控制——普通高等教育“十一五”国家级规划教材　何晓辉　主编　16开　26.00元　ISBN 978-7-5019-8187-8

5. 包装印刷技术（第二版）——“十二五”普通高等教育本科国家级规划教材　许文才　编著　16开　59.00元　ISBN 978-7-5184-0054-6

6. 包装机械概论——普通高等教育“十一五”国家级规划教材　卢立新　主编　16开　43.00元　ISBN 978-7-5019-8133-5

7. 数字印前原理与技术（带课件）——普通高等教育“十一五”国家级规划教材　刘真　等著　16开　32.00元　ISBN 978-7-5019-7612-6

8. 包装机械（第二版）——“十二五”普通高等教育本科国家级规划教材　孙智慧　高德　主编　16开　59.00元　ISBN 978-7-5184-1163-4

9. 数字印刷——普通高等教育“十一五”国家级规划教材　姚海根　主编　16开　28.00元　ISBN 978-7-5019-7093-3

10. 包装工艺技术与设备——普通高等教育“十一五”国家级规划教材　金国斌　主编　16开　44.00元　ISBN 978-7-5019-6638-7

11. 包装材料学（第二版）（带课件）——“十二五”普通高等教育本科国家级规划教材　国家精品课程主讲教材　王建清　主编　16开　58.00元　ISBN 978-7-5019-9752-7

12. 印刷色彩学（带课件）——普通高等教育“十一五”国家级规划教材　刘浩学　主编　16开　40.00元　ISBN 978-7-5019-6434-7

13. 包装结构设计（第四版）（带课件）——“十二五”普通高等教育本科国家级规划教材国家精品课程主讲教材　孙诚　主编　16开　69.00元　ISBN 978-7-5019-9031-3

14. 包装应用力学——普通高等教育包装工程专业规划教材　高德　主编　16开　30.00元　ISBN 978-7-5019-9223-2

15. 包装装潢与造型设计——普通高等教育包装工程专业规划教材　王家民　主编　16开　56.00元　ISBN 978-7-5019-9378-9

16. 特种印刷技术——普通高等教育“十一五”国家级规划教材　智文广　主编　16开　45.00元　ISBN 978-7-5019-6270-9

17. 包装英语教程（第三版）（带课件）——普通高等教育包装工程专业“十二五”规划材料　金国斌　李蓓蓓　编著　16开　48.00元　ISBN 978-7-5019-8863-1

18. 数字出版——普通高等教育“十二五”规划教材　司占军　顾翀　主编　16开　38.00元　ISBN 978-7-5019-9067-2

19. 柔性版印刷技术（第二版）——“十二五”普通高等教育印刷工程专业规划教材　赵秀萍　主编　16开　36.00元　ISBN 978-7-5019-9638-0

20. 印刷色彩管理（带课件）——普通高等教育印刷工程专业“十二五”规划材料　张霞　编著

16开　35.00元　ISBN 978-7-5019-8062-8

21. 印后加工技术——“十二五”普通高等教育印刷工程专业规划教材　高波　编著　16开　34.00元　ISBN 978-7-5019-9220-1

22. 包装CAD——普通高等教育包装工程专业“十二五”规划教材　王冬梅　主编　16开　28.00元　ISBN 978-7-5019-7860-1

23. 包装概论——普通高等教育“十一五”国家级规划教材　蔡惠平　主编　16开　22.00元　ISBN 978-7-5019-6277-8

24. 印刷工艺学——普通高等教育印刷工程专业“十一五”规划教材　齐晓堃　主编　16开　38.00元　ISBN 978-7-5019-5799-6

25. 印刷设备概论——北京市高等教育精品教材立项项目　陈虹　主编　16开　52.00元　ISBN 978-7-5019-7376-7

26. 包装动力学（带课件）——普通高等教育包装工程专业“十一五”规划教材　高德　计宏伟　主编　16开　28.00元　ISBN 978-7-5019-7447-4

27. 包装工程专业实验指导书——普通高等教育包装工程专业“十一五”规划教材　鲁建东　主编　16开　22.00元　ISBN 978-7-5019-7419-1

28. 包装自动控制技术及应用——普通高等教育包装工程专业“十一五”规划教材　杨仲林　主编　16开　34.00元　ISBN 978-7-5019-6125-2

29. 现代印刷机械原理与设计——普通高等教育印刷工程专业“十一五”规划教材　陈虹　主编　16开　50.00元　ISBN 978-7-5019-5800-9

30. 方正书版/飞腾排版教程——普通高等教育印刷工程专业“十一五”规划教材　王金玲　等　编著　16开　40.00元　ISBN 978-7-5019-5901-3

31. 印刷设计——普通高等教育“十二五”规划教材　李慧媛　主编　大16开　38.00元　ISBN 978-7-5019-8065-9

32. 包装印刷与印后加工——“十二五”普通高等教育本科国家级规划教材　许文才　主编　16开　45.00元　ISBN 7-5019-3260-3

33. 药品包装学——高等学校专业教材　孙智慧　主编　16开　40.00元　ISBN 7-5019-5262-0

34. 新编包装科技英语——高等学校专业教材　金国斌　主编　大32开　28.00元　ISBN 978-7-5019-4641-8

35. 物流与包装技术——高等学校专业教材　彭彦平　主编　大32开　23.00元　ISBN 7-5019-4292-7

36. 绿色包装（第二版）——高等学校专业教材　武军　等　编著　16开　26.00元　ISBN 978-7-5019-5816-0

37. 丝网印刷原理与工艺——高等学校专业教材　武军　主编　32开　20.00元　ISBN 7-5019-4023-1

38. 柔性版印刷技术——普通高等教育专业教材　赵秀萍　等　编　大32开　20.00元　ISBN 7-5019-3892-X

高等职业教育教材

39. 印刷材料（第二版）（带课件）——教育部高职高专印刷与包装专业教学指导委员会双元制示范教材　艾海荣　主编　16开　48.00元　ISBN 978-7-5184-0974-7

40. 印前图文信息处理（带课件）——教育部高职高专印刷与包装专业教学指导委员会双元制示范教材　诸应照　主编　16开　42.00元　ISBN 978-7-5019-7440-5

41. 包装印刷设备（带课件）——教育部高职高专印刷与包装专业教学指导委员会双元制示范教

材　国家精品课程主讲教材　余成发　主编　16 开　42.00 元　ISBN 978 – 7 – 5019 – 7461 – 0

42. 包装工艺（带课件）——教育部高职高专印刷与包装专业教学指导委员会双元制示范教材　吴艳芬　等　编著　16 开　39.00 元　ISBN 978 – 7 – 5019 – 7048 – 3

43. 包装材料质量检测与评价——教育部高职高专印刷与包装专业教学指导委员会双元制示范教材　郑美琴　主编　16 开　28.00 元　ISBN 978 – 7 – 5019 – 9338 – 3

44. 现代胶印机的使用与调节（带课件）——教育部高职高专印刷与包装专业教学指导委员会双元制示范教材　周玉松　主编　16 开　39.00 元　ISBN 978 – 7 – 5019 – 6840 – 4

45. 印刷包装专业实训指导书——教育部高职高专印刷与包装专业教学指导委员会双元制示范教材　周玉松　主编　16 开　29.00 元　ISBN 978 – 7 – 5019 – 6335 – 5

46. 印刷概论——“十二五”职业教育国家规划教材　国家精品课程“印刷概论”主讲教材　顾萍　编著　16 开　34.00　ISBN 978 – 7 – 5019 – 9379 – 6

47. 印刷工艺——“十二五”职业教育国家规划教材　国家级精品课程、国家精品资源共享课程建设教材　王利婕　主编　16 开　79.00　ISBN 978 – 7 – 5184 – 0598 – 5

48. 印刷设备（第二版）——“十二五”职业教育国家级规划教材　潘光华　主编　16 开　39.00 元　ISBN 978 – 5019 – 9995 – 8

49. 印刷色彩控制技术（印刷色彩管理）——全国高职高专印刷与包装专业教学指导委员会规划统编教材　国家精品课程主讲教材　魏庆葆　主编　16 开　35.00 元　ISBN 978 – 7 – 5019 – 8874 – 7

50. 运输包装设计——全国高职高专印刷与包装专业教学指导委员会规划统编教材　曹国荣　编著　16 开　28.00 元　ISBN 978 – 7 – 5019 – 8514 – 2

51. 印刷质量检测与控制——全国高职高专印刷与包装专业教学指导委员会规划统编教材　李荣　编著　16 开　42.00 元　ISBN 978 – 7 – 5019 – 9374 – 1

52. 印刷色彩——全国高职高专印刷与包装类专业“十二五”规划教材　朱元泓　等　编著　16 开　49.00 元　ISBN 978 – 7 – 5019 – 9104 – 4

53. 现代印刷企业管理——全国高职高专印刷与包装类专业“十二五”规划教材　熊伟斌　等　主编　16 开　40.00 元　ISBN 978 – 7 – 5019 – 8841 – 9

54. 包装材料性能检测及选用（带课件）——全国高职高专印刷与包装专业教学指导委员会规划统编教材　国家精品课程主讲教材　郝晓秀　主编　16 开　22.00 元　ISBN 978 – 7 – 5019 – 7449 – 8

55. 包装结构与模切版设计（第二版）（带课件）——“十二五”职业教育国家级规划教材　国家精品课程主讲教材　孙诚　主编　16 开　58.00 元　ISBN 978 – 7 – 5019 – 9698 – 8

56. 印刷色彩与色彩管理·色彩管理——全国职业教育印刷包装专业教改示范教材　吴欣　主编　16 开　38.00　ISBN 978 – 7 – 5019 – 9771 – 9

57. 印刷色彩与色彩管理·色彩基础——全国职业教育印刷包装专业教改示范教材　吴欣　主编　16 开　59.00　ISBN 978 – 7 – 5019 – 9770 – 1

58. 纸包装设计与制作实训教程——全国高职高专印刷与包装类专业教学指导委员会规划统编教材　曹国荣　编著　16 开　22.00 元　ISBN 978 – 75019 – 7838 – 0

59. 数字化印前技术——全国高职高专印刷与包装专业教学指导委员会规划统编教材　赵海生等　编　16 开　26.00 元　ISBN 978 – 7 – 5019 – 6248 – 6

60. 设计应用软件系列教程 IllustratorCS——全国高职高专印刷与包装专业教学指导委员会规划统编教材　向锦朋　编著　16 开　45.00 元　ISBN 978 – 7 – 5019 – 6780 – 3

61. 包装材料测试技术——全国高职高专印刷与包装专业教学指导委员会规划统编教材　林润惠　主编　16 开　30.00 元　ISBN 978 – 7 – 5019 – 6313 – 3

62. 书籍设计——全国高职高专印刷与包装专业教学指导委员会规划统编教材　曹武亦　编著　16 开　30.00 元　ISBN 7 – 5019 – 5563 – 8

63. 包装概论——全国高职高专印刷与包装专业教学指导委员会规划统编教材　郝晓秀　主编　16开　18.00元　ISBN 978－7－5019－5989－1

64. 印刷色彩——高等职业教育教材　武兵　编著　大32开　15.00元　ISBN 7－5019－3611－0

65. 印后加工技术——高等职业教育教材　唐万有　蔡圣燕　主编　16开　25.00元　ISBN 7－5019－3353－7

66. 印前图文处理——高等职业教育教材　王强　主编　16开　30.00元　ISBN 7－5019－3259－7

67. 网版印刷技术——高等职业教育教材　郑德海　编著　大32开　25.00元　ISBN 7－5019－3243－3

68. 印刷工艺——高等职业教育教材　金银河　编　16开　27.00元　ISBN 978－7－5019－3309－X

69. 包装印刷材料——高等职业教育教材　武军　主编　16开　24.00元　ISBN 7－5019－3260－3

70. 印刷机电气自动控制——高等职业教育教材　孙玉秋　主编　大32开　15.00元　ISBN 7－5019－3617－X

71. 印刷设计概论——高等职业教育教材/职业教育与成人教育教材　徐建军　主编　大32开　15.00元　ISBN 7－5019－4457－1

中等职业教育教材

72. 印前制版工艺——全国中等职业教育印刷包装专业教改示范教材　王连军　主编　16开　54.00元　ISBN 978－7－5019－8880－8

73. 平版印刷机使用与调节——全国中等职业教育印刷包装专业教改示范教材　孙星　主编　16开　39.00元　ISBN 978－7－5019－9063－4

74. 印刷概论（带课件）——全国中等职业教育印刷包装专业教改示范教材　唐宇平　主编　16开　25.00元　ISBN 978－7－5019－7951－6

75. 印后加工（带课件）——全国中等职业教育印刷包装专业教改示范教材　刘舜雄　主编　16开　24.00元　ISBN 978－7－5019－7444－3

76. 印刷电工基础（带课件）——全国中等职业教育印刷包装专业教改示范教材　林俊欢　等　编著　16开　28.00元　ISBN 978－7－5019－7429－0

77. 印刷英语（带课件）——全国中等职业教育印刷包装专业教改示范材　许向宏　编著　16开　18.00元　ISBN 978－7－5019－7441－2

78. 最新实用印刷色彩（附光盘）——印刷专业中等职业教育教材　吴欣　编著　16开　38.00元　ISBN 7－5019－5415－5

79. 包装印刷工艺·特种装潢印刷——中等职业教育教材　管德福　主编　大32开　23.00元　ISBN 7－5019－4406－7

80. 包装印刷工艺·平版胶印——中等职业教育教材　蔡文平　主编　大32开　23.00元　ISBN 7－5019－2896－7

81. 印版制作工艺——中等职业教育教材　李荣　主编　大32开　15.00元　ISBN 7－5019－2932－7

82. 文字图像处理技术·文字处理——中等职业教育教材　吴欣　主编　16开　38.00元　ISBN 7－5019－4425－3

83. 印刷概论——中等职业教育教材　王野光　主编　大32开　20.00元　ISBN 7－5019－3199－2

84. 包装印刷色彩——中等职业教育教材　李炳芳　主编　大32开　12.00元　ISBN 7－5019－3201－8

85. 包装印刷材料——中等职业教育教材　孟刚　主编　大32开　15.00元　ISBN 7－5019－

3347－2

86. 印刷机械电路——中等职业教育教材　徐宏飞　主编　16开　23.00元　ISBN 7－5019－3200－X

研究生

87. 印刷包装功能材料——普通高等教育“十二五”精品规划研究生系列教材　李路海　编著　16开　46.00元　ISBN 978－7－5019－8971－3

88. 塑料软包装材料结构与性能——普通高等教育“十二五”精品规划研究生系列教材　李东立　编著　16开　34.00元　ISBN 978－7－5019－9929－3

科技书

89. 纸包装结构设计（第三版）　孙诚　主编　16开　58.00元　ISBN 978－7－5184－0449－0

90. 科技查新工作与创新体系　江南大学　编著　异16开　29.00元　ISBN 978－7－5019－6837－4

91. 数字图书馆　江南大学　著　异16开　36.00元　ISBN 978－7－5019－6286－0

92. 现代实用胶印技术——印刷技术精品丛书　张逸新　主编　16开　40.00元　ISBN 978－7－5019－7100－8

93. 计算机互联网在印刷出版的应用与数字化原理——印刷技术精品丛书　俞向东　编著　16开　38.00元　ISBN 978－7－5019－6285－3

94. 印前图像复制技术——印刷技术精品丛书　孙中华　等　编著　16开　24.00元　ISBN 7－5019－5438－0

95. 复合软包装材料的制作与印刷——印刷技术精品丛书　陈永常　编　16开　45.00元　ISBN 7－5019－5582－4

96. 现代胶印原理与工艺控制——印刷技术精品丛书　孙中华　编著　16开　28.00元　ISBN 7－5019－5616－2

97. 现代印刷防伪技术——印刷技术精品丛书　张逸新　编著　16开　30.00元　ISBN 7－5019－5657－X

98. 胶印设备与工艺——印刷技术精品丛书　唐万有　等　编　16开　34.00元　ISBN 7－5019－5710－X

99. 数字印刷原理与工艺——印刷技术精品丛书　张逸新　编著　16开　30.00元　ISBN 978－7－5019－5921－1

100. 图文处理与印刷设计——印刷技术精品丛书　陈永常　主编　16开　39.00元　ISBN 978－7－5019－6068－2

101. 印后加工技术与设备——印刷工程专业职业技能培训教材　李文育　等　编　16开　32.00元　ISBN 978－7－5019－6948－7

102. 平版胶印机使用与调节——印刷工程专业职业技能培训教材　冷彩凤　等　编　16开　40.00元　ISBN 978－7－5019－5990－7

103. 印前制作工艺及设备——印刷工程专业职业技能培训教材　李文育　主编　16开　40.00元　ISBN 978－7－5019－6137－5

104. 包装印刷设备——印刷工程专业职业技能培训教材　郭凌华　主编　16开　49.00元　ISBN 978－7－5019－6466－6

105. 特种印刷新技术　钱军浩　编著　16开　36.00元　ISBN 7－5019－3222－054

106. 现代印刷机与质量控制技术（上）　钱军浩　编著　16开　34.00元　ISBN 7－5019－3053－8

包装材料性能检测及选用

PACKAGING MATERIALS QUALITY TESTS & SELECTIONS

全国高职高专印刷与包装类专业教学指导委员会规划统编教材

国家精品课程『包装材料性能检测及选用』主讲教材

国家示范性高等职业院校建设计划重点建设专业核心课程教材

封面设计：白利波

上架建议：包装技术

了解更多...

轻工教学服务网二维码

ISBN 978-7-5019-7449-8

定价：34.00元